剑指Offer  专项突破版

数据结构与算法
名企面试题精讲

何海涛◎著

电子工业出版社
Publishing House of Electronics Industry
北京·BEIJING

内容简介

本书全面、系统地总结了程序员在准备面试过程中必备的数据结构与算法知识。本书首先详细讨论整数、数组、字符串、链表、哈希表、栈、队列、树、堆和前缀树等内容，然后深入讨论二分查找、排序、回溯法、动态规划和图搜索等算法。除了介绍相应的基础知识，每章还通过大量的高频面试题系统地总结了各种数据结构与算法的应用场景及解题技巧。

本书适合所有正在准备面试的程序员阅读。无论是计算机相关专业的应届毕业生还是初入职场的程序员，本书总结的数据结构和算法的基础知识及解题技巧不仅可以帮助他们提高准备面试的效率，还可以增加他们通过面试的成功率。

图书在版编目（CIP）数据

剑指 Offer：专项突破版. 数据结构与算法名企面试题精讲 / 何海涛著. —北京：电子工业出版社，2021.8

ISBN 978-7-121-41520-3

Ⅰ. ①剑… Ⅱ. ①何… Ⅲ. ①数据结构－资格考试－习题集 ②算法分析－资格考试－习题集

Ⅳ.①TP311-44

中国版本图书馆 CIP 数据核字（2021）第 132388 号

责任编辑：张春雨　　　　　特约编辑：田学清

印　　刷：三河市良远印务有限公司

装　　订：三河市良远印务有限公司

出版发行：电子工业出版社

　　　　　北京市海淀区万寿路 173 信箱　　　邮编：100036

开　　本：787×980　　1/16　　印张：22.75　　字数：408 千字

版　　次：2021 年 8 月第 1 版

印　　次：2024 年 5 月第 6 次印刷

定　　价：89.00 元

凡所购买电子工业出版社图书有缺损问题，请向购买书店调换。若书店售缺，请与本社发行部联系，联系及邮购电话：（010）88254888，88258888。

质量投诉请发邮件至 zlts@phei.com.cn，盗版侵权举报请发邮件至 dbqq@phei.com.cn。

本书咨询联系方式：010-51260888-819，faq@phei.com.cn。

前　言

2021 年 1 月 22 日，我从工作超过 10 年的微软离职，并将于 25 日入职一家相对而言规模要小很多的初创公司，开始一段新的职业旅程。

与所有程序员一样，换公司工作我也需要经历一轮又一轮的面试，而算法面试是面试中的重头戏。这次换工作的准备与面试阶段正好与本书的撰写阶段重合。在此之前，我作为面试官在微软已经面试了很多应聘者。在撰写本书的过程中，我结合自己多年来被他人面试及面试他人的经验，一直在思考如何高效地学习数据结构和算法，如何在面试短短的几十分钟内快速找到解题思路并写出高质量的代码。

以这十几年对程序员面试这个领域的观察，我的结论是面试的难度正在逐年增加，准备面试需要花费的时间和精力也越来越多。几年前如果听说谁为了准备面试刷了 200 道算法题，大家都会觉得非常惊讶。现在每个应聘者都在刷题，应届毕业生准备面试刷 400 道算法题基本上只能算是起步。由于应聘者刷题越来越熟练，因此程序员面试的标准自然也随之水涨船高。

我个人不喜欢也不建议采用题海战术。我们真正需要的是系统学习并深刻理解不同数据结构和算法的特征及适用场景。在真正掌握了每种数据结构及算法的精髓之后，如果针对典型的面试题进行必要的练习，在面试时就能以不变应万变，不管什么样的面试题都能迎刃而解。帮助读者系统学习并深刻理解不同数据结构和算法的特征及适用场景，是我撰写本书的初衷；帮助读者在算法面试过程中快速找到解题思路并写出高质量的代码，是我撰写本书的目的。

　　学习数据结构，需要先熟练掌握插入、删除和查找等基本操作，这些基本操作往往是解决很多面试题的关键。例如，如果我们熟练掌握了前缀树的插入和查找操作，那么很多与字符串前缀相关的问题都很容易解决。

　　同样，对于基础算法我们也需要深刻理解它们的原理及其实现代码。例如，二分查找通常只需要 10 行左右的代码就能实现，我们要理解它的循环条件的比较运算符什么时候用 "<"，以及什么时候用 "<="，确定下一步查找前半部分或后半部分的标准是什么。在理解了这些原理之后，不管面试题如何变化，最终解决问题的代码都大同小异。

　　学习数据结构，还要深刻理解每种数据结构的特点及其适用场景，这样才能在面试过程中合理选择数据结构解决问题。例如，哈希表是时间效率非常高的数据结构，它的插入、删除和查找操作的时间复杂度都是 $O(1)$。虽然哈希表的时间效率非常高，但并不是所有的问题都能用哈希表来解决。如果存储的元素是字符串，并且需要根据字符串的前缀进行查找，那么前缀树是更好的选择。如果存储的元素是数值，并且解决问题需要知道数据集合中的最大值或最小值，那么堆可能是更好的选择。如果需要对动态数据集合排序，并且需要根据数值的大小进行查找，那么平衡的二叉搜索树（Java 中的 TreeSet 或 TreeMap）可能是更好的选择。

　　同样，学习算法也要理解每种算法的特点及其适用场景。例如，回溯法和动态规划适合解决的问题看起来很类似。如果解决一个问题需要多个步骤，并且每个步骤都面临多个选择，那么我们可以考虑使用回溯法或动态规划来解决问题。如果要求列举出问题所有的解，那么我们应该采用回溯法来解决问题。如果只是要求计算某个最优解（通常是最大值或最小值）或计算解的数目，那么我们应该采用动态规划来解决问题。

　　本书的关注点是算法面试，因此，和常规的算法类书籍相比，本书更加注重面试准备的实用性。本书注重总结常用的解题思路。例如，如果面试题提到与二叉树相关的概念，那么我们可以尝试用广度优先搜索算法来解决这个问题。本书的"解题小经验"条目总结了常用的解题思路，建议读者留意。

　　本书还着重总结了一些常用的代码模板，希望读者能够理解这些代码模板的来龙去脉，这样在面试过程中如果遇到类似的问题就能套用相应的模板来解决，轻松做到举一反三。例如，用并查集解决问题时合并和查找操作的代码大同小异，在合适的时候套用函数 union 和 findFather 就能解决很多与图相关的问题。

在撰写本书的过程中我得到了很多朋友的帮助。类似于程序员在递交代码之前需要通过代码审查，在将书稿交付给出版社编辑修改、排版之前，我邀请了很多朋友帮忙审阅，其中包括微软的陈黎明、贾志勇、王洪臣、高天翔、袁源、李兴华，谷歌的田超，脸书的董朝、何涛，苹果的吴斌，阿里巴巴的韩伟东、殷焰，字节跳动的尹彦，以及诺基亚贝尔的吴永康等。他们仔细审阅了书稿并提出大量建议，大幅度提高了本书的质量。在此谨向他们表示由衷的感谢。

当然，我的时间和能力有限，书中难免存在一些疏漏之处。如果读者发现书中的问题，请通过电子邮件（zhedahht@hotmail.com）和我联系。

感谢电子工业出版社的工作人员，尤其是张春雨的帮助。他们大到全书的架构，小到文字的推敲，都给予了我极大的帮助，从而使本书的质量得到了极大的提升。

本书还得到了很多朋友的支持和帮助，由于篇幅有限，在此不一一列举，但我一样对他们心存感激。

最后，我要衷心地感谢我的爱人刘素云。感谢她多年来对我的理解和支持，为我营造了一个温馨而又浪漫的家，让我能够静下心来读书和写作。我也同样感谢我们两个可爱的儿子，他们脸上纯真、灿烂的笑容是我每天工作的动力。我无以为谢，谨以此书献给他们。

何海涛

2021 年 1 月 24 日于西雅图

读者服务

微信扫码回复：41520

- 获取本书配套代码

- 加入本书读者交流群，与本书作者互动

- 获取【百场业界大咖直播合集】（永久更新），仅需 1 元

目 录

第 1 章

整数

整数的基础知识

整数是一种基本的数据类型。编程语言可能会提供占据不同内存空间的整数类型,每种类型能表示的整数的范围也不相同。例如,Java 中有 4 种不同的整数类型,分别为 8 位的 byte($-2^7\sim2^7-1$)、16 位的 short($-2^{15}\sim2^{15}-1$)、32 位的 int($-2^{31}\sim2^{31}-1$)和 64 位的 long($-2^{63}\sim2^{63}-1$)。

Java 中的整数类型都是有符号整数,即如果整数的二进制表示的最高位为 0 则表示其为正数,如果整数的二进制表示的最高位为 1 则表示其为负数。有些语言(如 C/C++)支持无符号整数。无符号整数无论二进制表示的最高位是 0 还是 1,都表示其为一个正数。无符号的 32 位整数的范围是 $0\sim2^{32}-1$。

通常,编程语言中的整数运算都遵循四则运算规则,可以使用任意嵌套的小括号。需要注意的是,由于整数的范围限制,如果计算结果超出了范围就会产生溢出。产生溢出时运行不会出错,但结果可能会出乎意料。如果除数为 0,那么整数的除法在运行时将报错。

面试题 1:整数除法

题目:输入 2 个 int 型整数,它们进行除法计算并返回商,要求不得使用乘号'*'、除号'/'及求余符号'%'。当发生溢出时,返回最大的整数值。假设除数不为 0。例如,输入 15 和 2,输出 15/2 的结果,即 7。

分析： 这个题目限制我们不能使用乘号和除号进行运算。一个直观的解法是基于减法实现除法。例如，为了求得 15/2 的商，可以不断地从 15 里减去 2，当减去 7 个 2 之后余数是 1，此时不能再减去更多的 2，因此 15/2 的商是 7。我们可以用一个循环实现这个过程。

但这个直观的解法存在一个问题。当被除数很大但除数很小时，减法操作执行的次数会很多。例如，求$(2^{31}-1)/1$，减 1 的操作将执行 $2^{32}-1$ 次，需要很长的时间。如果被除数是 n，那么这种解法的时间复杂度为 $O(n)$。我们需要对这种解法进行优化。

可以将上述解法稍做调整。当被除数大于除数时，继续比较判断被除数是否大于除数的 2 倍，如果是，则继续判断被除数是否大于除数的 4 倍、8 倍等。如果被除数最多大于除数的 2^k 倍，那么将被除数减去除数的 2^k 倍，然后将剩余的被除数重复前面的步骤。由于每次将除数翻倍，因此优化后的时间复杂度是 $O(\log n)$。

下面以 15/2 为例讨论计算的过程。15 大于 2，也大于 2 的 2 倍（即 4），还大于 2 的 4 倍（即 8），但小于 2 的 8 倍（即 16）。于是先将 15 减去 8，还剩余 7。由于减去的是除数的 4 倍，减去这部分对应的商是 4。接下来对剩余的 7 和除数 2 进行比较，7 大于 2，大于 2 的 2 倍（即 4），但小于 2 的 4 倍（即 8），于是将 7 减去 4，还剩余 3。这一次减去的是除数 2 的 2 倍，对应的商是 2。然后对剩余的 3 和除数 2 进行比较，3 大于 2，但小于 2 的 2 倍（即 4），于是将 3 减去 2，还剩余 1。这一次减去的是除数的 1 倍，对应的商是 1。最后剩余的数字是 1，比除数小，不能再减去除数了。于是 15/2 的商是 4+2+1，即 7。

上述讨论假设被除数和除数都是正整数。如果有负数则可以将它们先转换成正数，计算正数的除法之后再根据需要调整商的正负号。例如，如果计算-15/2，则可以先计算 15/2，得到的商是 7。由于被除数和除数中有一个负数，因此商应该是负数，于是商应该是-7。

将负数转换成正数存在一个小问题。对于 32 位的整数而言，最小的整数是-2^{31}，最大的整数是 $2^{31}-1$。因此，如果将-2^{31}转换为正数则会导致溢出。由于将任意正数转换为负数都不会溢出，因此可以先将正数都转换成负数，用前面优化之后的减法计算两个负数的除法，然后根据需要调整商的正负号。

最后讨论可能的溢出。由于是整数的除法并且除数不等于 0，因此商的绝对值一定小于或等于被除数的绝对值。因此，int 型整数的除法只有一种情况会导致溢出，即$(-2^{31})/(-1)$。这是因为最大的正数为 $2^{31}-1$，2^{31} 超出了正数的范围。

在全面地分析了使用减法实现除法的细节之后，我们可以开始编写代码。参考代码如下所示：

```java
public int divide(int dividend, int divisor) {
    if (dividend == 0x80000000 && divisor == -1){
        return Integer.MAX_VALUE;
    }

    int negative = 2;
    if (dividend > 0) {
        negative--;
        dividend = -dividend;
    }

    if (divisor > 0) {
        negative--;
        divisor = -divisor;
    }

    int result = divideCore(dividend, divisor);
    return negative == 1 ? -result : result;
}

private int divideCore(int dividend, int divisor) {
    int result = 0;
    while (dividend <= divisor) {
        int value = divisor;
        int quotient = 1;
        while (value >= 0xc0000000 && dividend <= value + value) {
            quotient += quotient;
            value += value;
        }

        result += quotient;
        dividend -= value;
    }

    return result;
}
```

上述代码中的 0x80000000 为最小的 int 型整数，即-2^{31}，0xc0000000 是它的一半，即-2^{30}。

函数 divideCore 使用减法实现两个负数的除法。当除数和被除数中有一个负数时，商为负数。因此，在使用函数 divideCore 计算商之后，需要再根据除数和被除数的负数的个数调整商的正负号。

1.2 二进制

整数在计算机中是以二进制的形式表示的。二进制是指数字的每位都是 0 或 1。例如，十进制形式的 2 转化为二进制形式之后是 10，而十进制形式的 10 转换成二进制形式之后是 1010。

位运算是把数字用二进制形式表示之后，对每位上 0 或 1 的运算。二进制及其位运算是现代计算机学科的基石，很多底层的技术都离不开位运算，因此与位运算相关的题目也经常出现在面试中。由于人们在日常生活中习惯使用十进制形式，因此二进制及位运算让很多人很难适应。

其实二进制的位运算并不是很难掌握，因为位运算只有 6 种：非、与、或、异或、左移和右移。非运算对整数的二进制按位取反，0 取反得 1，1 取反得 0。下面对 8 位整数进行非运算：

~00001010 = 11110101

~10001010 = 01110101

与、或和异或的运算规律如表 1.1 所示。

表 1.1　与、或和异或的运算规律

与（&）	0 & 0 = 0	1 & 0 = 0	0 & 1 = 0	1 & 1 = 1
或（|）	0 | 0 =0	1 | 0 = 1	0 | 1 = 1	1 | 1 = 1
异或（^）	0 ^ 0 = 0	1 ^ 0 = 1	0 ^ 1 = 1	1 ^ 1 = 0

左移运算符 $m << n$ 表示把 m 左移 n 位。如果左移 n 位，那么最左边的 n 位将被丢弃，同时在最右边补上 n 个 0。具体示例如下：

00001010 << 2 = 00101000

10001010 << 3 = 01010000

右移运算符 $m >> n$ 表示把 m 右移 n 位。如果右移 n 位，则最右边的 n 位将被丢弃。但右移时处理最左边位的情形比较复杂。如果数字是一个无符号数值，则用 0 填补最左边的 n 位。如果数字是一个有符号数值，则用数字的符号位填补最左边的 n 位。也就是说，如果数字原先是一个正数，则右移之后在最左边补 n 个 0；如果数字原先是一个负数，则右移之后在最

左边补 n 个 1。下面是对 8 位有符号数值（Java 中的 byte 型整数）进行右移的例子：

00001010 >> 2 = 00000010

10001010 >> 3 = 11110001

Java 中增加了一种无符号右移位操作符 ">>>"。无论是对正数还是负数进行无符号右移操作，都将在最左边插入 0。下面是对 Java 中 byte 型整数进行无符号右移操作的例子：

00001010 >>> 2 = 00000010

10001010 >>> 3 = 00010001

其他编程语言（如 C 或 C++）中没有无符号右移位操作符。

面试题 2：二进制加法

题目：输入两个表示二进制的字符串，请计算它们的和，并以二进制字符串的形式输出。例如，输入的二进制字符串分别是"11"和"10"，则输出"101"。

分析：有不少人看到这个题目的第一反应是将二进制字符串转换成 int 型整数或 long 型整数，然后把两个整数相加得到和之后再将和转换成二进制字符串。例如，将二进制字符串"11"转换成 3，"10"转换成 2，两个整数的和为 5，将之转换成二进制字符串就得到"101"。这种解法可能会导致溢出。这个题目没有限制二进制字符串的长度。当二进制字符串比较长时，它表示的整数可能会超出 int 型整数或 long 型整数的范围，此时不能直接将其转换成整数。

因此，加法操作只能针对两个字符串进行。可以参照十进制加法来完成二进制加法。在进行十进制加法时，总是将两个数字的右端对齐，然后从它们的个位开始从右向左相加同一位置的两个数位，如果前一位有进位还要加上进位。

二进制加法也可以采用类似的方法，从字符串的右端出发向左做加法。与十进制不同的是，二进制是逢二进一，当两个数位加起来等于 2 时就会产生进位。可以用如下所示的参考代码实现二进制加法：

```java
public String addBinary(String a, String b) {
    StringBuilder result = new StringBuilder();
```

```
int i = a.length() - 1;
int j = b.length() - 1;
int carry = 0;
while (i >= 0 || j >= 0) {
    int digitA = i >= 0 ? a.charAt(i--) - '0' : 0;
    int digitB = j >= 0 ? b.charAt(j--) - '0' : 0;
    int sum = digitA + digitB + carry;
    carry = sum >= 2 ? 1 : 0;
    sum = sum >= 2 ? sum - 2 : sum;
    result.append(sum);
}

if (carry == 1) {
    result.append(1);
}

return result.reverse().toString();
}
```

上述代码中的加法是从字符串的右端开始的，最低位保存在 result 的最左边，而通常数字最左边保存的是最高位，因此，函数 addBinary 在返回之前要将 result 进行翻转。

面试题 3：前 n 个数字二进制形式中 1 的个数

题目：输入一个非负数 n，请计算 0 到 n 之间每个数字的二进制形式中 1 的个数，并输出一个数组。例如，输入的 n 为 4，由于 0、1、2、3、4 的二进制形式中 1 的个数分别为 0、1、1、2、1，因此输出数组[0, 1, 1, 2, 1]。

分析：很多人在面试的时候都能想到直观的解法，使用一个 for 循环来计算从 0 到 n 的每个整数 i 的二进制形式中 1 的个数。于是问题转换成如何求一个整数 i 的二进制形式中 1 的个数。

❖ 简单计算每个整数的二进制形式中 1 的个数

计算整数 i 的二进制形式中 1 的个数有多种不同的方法，其中一种比较高效的方法是每次用 "i & (i - 1)" 将整数 i 的最右边的 1 变成 0。整数 i 减去 1，那么它最右边的 1 变成 0。如果它的右边还有 0，则右边所有的 0 都变成 1，而其左边所有位都保持不变。下面对 i 和 $i-1$ 进行位与运算，相当于将其最右边的 1 变成 0。以二进制的 1100 为例，它减去 1 的结果是 1011。1100 和 1011 的位与运算的结果正好是 1000。二进制的 1100 最右边的 1 变为 0，结果刚好就是 1000。

这种思路可以用如下代码实现：

```
public int[] countBits(int num) {
    int[] result = new int[num + 1];
    for (int i = 0; i <= num; ++i) {
        int j = i;
        while (j != 0) {
            result[i]++;
            j = j & (j - 1);
        }
    }

    return result;
}
```

如果一个整数共有 k 位，那么它的二进制形式中可能有 $O(k)$ 个 1。在上述代码中，while 循环中的代码对每个整数将执行 $O(k)$ 次，因此，上述代码的时间复杂度是 $O(nk)$。

❖ 根据 "i & (i − 1)" 计算 i 的二进制形式中 1 的个数

根据前面的分析可知，"i & (i − 1)" 将 i 的二进制形式中最右边的 1 变成 0，也就是说，整数 i 的二进制形式中 1 的个数比 "i & (i − 1)" 的二进制形式中 1 的个数多 1。我们可以利用这个规律写出如下代码：

```
public int[] countBits(int num) {
    int[] result = new int[num + 1];
    for (int i = 1; i <= num; ++i) {
        result[i] = result[i & (i - 1)] + 1;
    }

    return result;
}
```

不管整数 i 的二进制形式中有多少个 1，上述代码只根据 O(1) 的时间就能得出整数 i 的二进制形式中 1 的数目，因此时间复杂度是 $O(n)$。

❖ 根据 "i/2" 计算 i 的二进制形式中 1 的个数

还可以使用另一种思路来解决这个问题。如果正整数 i 是一个偶数，那么 i 相当于将 "i/2" 左移一位的结果，因此偶数 i 和 "i/2" 的二进制形式中 1 的个数是相同的。如果 i 是奇数，那么 i 相当于将 "i/2" 左移一位之后再将最右边一位设为 1 的结果，因此奇数 i 的二进制形式中 1 的个数比 "i/2" 的 1 的个数多 1。例如，整数 3 的二进制形式是 11，有 2 个 1。偶数 6 的二进制形式是 110，有 2 个 1。奇数 7 的二进制形式是 111，有 3 个 1。我们可以根据 3 的二进制形式中 1 的个数直接求出 6 和 7 的二进制形式中 1 的个数。这种解法的参考代码如下所示：

```
public int[] countBits(int num) {
    int[] result = new int[num + 1];
    for (int i = 1; i <= num; ++i) {
        result[i] = result[i >> 1] + (i & 1);
    }

    return result;
}
```

上述代码用"i >> 1"计算"i/2"，用"i & 1"计算"i%2"，这是因为位运算比除法运算和求余运算更高效。这个题目是关于位运算的，因此应该尽量运用位运算优化代码，以展示对位运算相关知识的理解。

这种解法的时间复杂度也是 $O(n)$。

面试题 4：只出现一次的数字

题目：输入一个整数数组，数组中只有一个数字出现了一次，而其他数字都出现了 3 次。请找出那个只出现一次的数字。例如，如果输入的数组为[0, 1, 0, 1, 0, 1, 100]，则只出现一次的数字是 100。

分析：这个题目有一个简化版的类似的题目"输入数组中除一个数字只出现一次之外其他数字都出现两次，请找出只出现一次的数字"。任何一个数字异或它自己的结果都是 0。如果将数组中所有数字进行异或运算，那么最终的结果就是那个只出现一次的数字。

在这个题目中只有一个数字出现了一次，其他数字出现了 3 次。相同的 3 个数字异或的结果是数字本身，但是将数组中所有数字进行异或运算并不能消除出现 3 次的数字。因此，需要想其他办法。

一个整数是由 32 个 0 或 1 组成的。我们可以将数组中所有数字的同一位置的数位相加。如果将出现 3 次的数字单独拿出来，那么这些出现了 3 次的数字的任意第 i 个数位之和都能被 3 整除。因此，如果数组中所有数字的第 i 个数位相加之和能被 3 整除，那么只出现一次的数字的第 i 个数位一定是 0；如果数组中所有数字的第 i 个数位相加之和被 3 除余 1，那么只出现一次的数字的第 i 个数位一定是 1。这样只出现一次的任意第 i 个数位可以由数组中所有数字的第 i 个数位之和推算出来。当我们知道一个整数任意一位是 0 还是 1 之后，就可以知道它的数值。

　　基于这种思路可以写出如下代码：

```java
public int singleNumber(int[] nums) {
    int[] bitSums = new int[32];
    for (int num : nums) {
        for (int i = 0; i < 32; i++) {
            bitSums[i] += (num >> (31 - i)) & 1;
        }
    }

    int result = 0;
    for (int i = 0; i < 32; i++) {
        result = (result << 1) + bitSums[i] % 3;
    }

    return result;
}
```

　　Java 的 int 型整数有 32 位，因此上述代码创建了一个长度为 32 的数组 bitSums，其中"bitSums[i]"用来保存数组 nums 中所有整数的二进制形式中第 i 个数位之和。

　　代码"(num >> (31 - i)) & 1"用来得到整数 num 的二进制形式中从左数起第 i 个数位。整数 i 先被右移 31–i 位，原来从左数起第 i 个数位右移之后位于最右边。接下来与 1 做位与运算。整数 1 除了最右边一位是 1，其余数位都是 0，它与任何一个数字做位与运算的结果都是保留数字的最右边一位，其他数位都被清零。如果整数 num 从左数起第 i 个数位是 1，那么"(num >> (31 – i)) & 1"的最终结果就是 1；否则最终结果为 0。

　　下面求 8 位二进制整数 01101100 从左数起的第 2 个（从 0 开始计数）数位。我们先将 01101100 右移 5 位（7-2=5）得到 00000011，再将它和 00000001 做位与运算，结果为 00000001，即 1。8 位二进制整数 01101100 从左边数起的第 2 个数位的确是 1。

 举一反三

　　题目：输入一个整数数组，数组中只有一个数字出现 m 次，其他数字都出现 n 次。请找出那个唯一出现 m 次的数字。假设 m 不能被 n 整除。

　　分析：解决面试题 4 的方法可以用来解决同类型的问题。如果数组中所有数字的第 i 个数位相加之和能被 n 整除，那么出现 m 次的数字的第 i 个数位一定是 0；否则出现 m 次的数字的第 i 个数位一定是 1。

面试题 5：单词长度的最大乘积

> 题目：输入一个字符串数组 words，请计算不包含相同字符的两个字符串 words[i] 和 words[j] 的长度乘积的最大值。如果所有字符串都包含至少一个相同字符，那么返回 0。假设字符串中只包含英文小写字母。例如，输入的字符串数组 words 为["abcw", "foo", "bar", "fxyz","abcdef"]，数组中的字符串"bar"与"foo"没有相同的字符，它们长度的乘积为 9。"abcw"与"fxyz"也没有相同的字符，它们长度的乘积为 16，这是该数组不包含相同字符的一对字符串的长度乘积的最大值。

分析：解决这个问题的关键在于如何判断两个字符串 str1 和 str2 中没有相同的字符。一个直观的想法是基于字符串 str1 中的每个字符 ch，扫描字符串 str2 判断字符 ch 是否出现在 str2 中。如果两个字符串的长度分别为 p 和 q，那么这种蛮力法的时间复杂度是 $O(pq)$。

❖ 用哈希表记录字符串中出现的字符

也可以用哈希表来优化时间效率。对于每个字符串，可以用一个哈希表记录出现在该字符串中的所有字符。在判断两个字符串 str1 和 str2 中是否有相同的字符时，只需要从'a'到'z'判断某个字符是否在两个字符串对应的哈希表中都出现了。在哈希表中查找的时间复杂度是 $O(1)$。这个题目假设所有字符都是英文小写字母，只有 26 个可能的字符，因此最多只需要在每个字符串对应的哈希表中查询 26 次就能判断两个字符串是否包含相同的字符。26 是一个常数，因此可以认为应用哈希表后判断两个字符串是否包含相同的字符的时间复杂度是 $O(1)$。

由于这个题目只需要考虑 26 个英文小写字母，因此可以用一个长度为 26 的布尔型数组来模拟哈希表。数组下标为 0 的值表示字符'a'是否出现，下标为 1 的值表示字符'b'是否出现，其余以此类推。

这种思路的参考代码如下所示：

```
public int maxProduct(String[] words) {
    boolean[][] flags = new boolean[words.length][26];
    for (int i = 0; i < words.length; i++) {
        for(char c: words[i].toCharArray()) {
            flags[i][c - 'a'] = true;
        }
    }
```

```
    int result = 0;
    for (int i = 0; i < words.length; i++) {
        for (int j = i + 1; j < words.length; j++) {
            int k = 0;
            for (; k < 26; k++) {
                if (flags[i][k] && flags[j][k]) {
                    break;
                }
            }

            if (k == 26) {
                int prod = words[i].length() * words[j].length();
                result = Math.max(result, prod);
            }
        }
    }

    return result;
}
```

　　上述代码分为两步。第 1 步，初始化每个字符串对应的哈希表。如果数组 words 的长度为 n，平均每个字符串的长度为 k，那么初始化哈希表的时间复杂度是 $O(nk)$。第 2 步，根据哈希表判断每对字符串是否包含相同的字符。总共有 $O(n^2)$ 对字符串，判断每对字符串是否包含相同的字符需要的时间为 $O(1)$，因此这一步的时间复杂度是 $O(n^2)$。于是这种解法的总体时间复杂度是 $O(nk+n^2)$。

　　上述代码为每个字符串创建一个长度为 26 的数组，用来记录字符串中出现的字符。如果数组 words 的长度为 n，那么这种解法的空间复杂度就是 $O(n)$。

❖ 用整数的二进制数位记录字符串中出现的字符

　　前面的解法是用一个长度为 26 的布尔型数组记录字符串中出现的字符。布尔值只有两种可能，即 true 或 false。这与二进制有些类似，在二进制中数字的每个数位要么是 0 要么是 1。因此，可以将长度为 26 的布尔型数组用 26 个二进制的数位代替，二进制的 0 对应布尔值 false，而 1 对应 true。

　　Java 中 int 型整数的二进制形式有 32 位，但只需要 26 位就能表示一个字符串中出现的字符，因此可以用一个 int 型整数记录某个字符串中出现的字符。如果字符串中包含'a'，那么整数最右边的数位为 1；如果字符串中包含'b'，那么整数的倒数第 2 位为 1，其余以此类推。这样做的好处是能更快地判断两个字符串是否包含相同的字符。如果两个字符串中包含相同的字

符，那么它们对应的整数相同的某个数位都为 1，两个整数的与运算将不会
等于 0。如果两个字符串没有相同的字符，那么它们对应的整数的与运算的
结果等于 0。

基于这种思路可以写出如下代码：

```java
public int maxProduct(String[] words) {
    int[] flags = new int[words.length];
    for (int i = 0; i < words.length; i++) {
        for(char ch: words[i].toCharArray()) {
            flags[i] |= 1 << (ch - 'a');
        }
    }

    int result = 0;
    for (int i = 0; i < words.length; i++) {
        for (int j = i + 1; j < words.length; j++) {
            if ((flags[i] & flags[j]) == 0) {
                int prod = words[i].length() * words[j].length();
                result = Math.max(result, prod);
            }
        }
    }

    return result;
}
```

上述代码中的整数"flags[i]"用来记录字符串"words[i]"中出现的字
符。如果"words[i]"中出现了某个字符 ch，则对应的整数"flags[i]"中从
右边数起第 ch-'a'个数位（即'a'对应最右边的数位，'b'对应倒数第 2 个数位，
其余以此类推）将被标记为 1。

如果两个整数"flags[i]"和"flags[j]"的与运算的结果为 0，那么它们
对应的字符串"words[i]"和"words[j]"一定没有相同的字符。此时可以计
算它们长度的乘积，并与其他不含相同字符的字符串对的长度乘积相比较，
最终得到长度乘积的最大值。

如果数组 words 的长度为 n，平均每个字符串的长度为 k，那么这种解
法的时间复杂度是 $O(nk+n^2)$，空间复杂度是 $O(n)$。虽然两种解法的时间复
杂度和空间复杂度是同一个量级的，但前面的解法在判断两个字符串是否
包含相同的字符时，可能需要 26 次布尔运算，而新的解法只需要 1 次位运
算，因此新的解法的时间效率更高。

1.3 本章小结

本章讨论了最基本的数据类型——整数。编程语言（如 Java）可能定义了多种占据不同内存空间的整数类型，内存空间不同的整数类型的值的范围也不相同。

整数在计算机中使用二进制形式表示，每位不是 0 就是 1。位运算是对二进制整数的运算，包括与运算、或运算、非运算、异或运算、左移运算和右移运算。只有深刻理解每种位运算的特点才能在需要的时候灵活地应用合适的位运算解决相应的问题。

第 2 章

数组

2.1 数组的基础知识

数组是一种简单的数据结构，是由相同类型的元素组成的数据集合，并且占据一块连续的内存并按照顺序存储数据。面试中出现的数组通常是一维或二维的。最简单的数组是一维的，其中元素的存取以单一的下标表示。二维数组对应于数学上矩阵的概念，其中元素的存取需要行和列两个下标。

创建数组时需要先指定数组的容量大小，然后根据容量大小分配内存。即使只在数组中存储一个数字，也需要为所有的数据预先分配内存。因此，数组的空间效率不一定很高，可能会有空闲的区域没有得到充分利用。

为了解决数组空间效率不高的问题，人们又设计实现了动态数组，如 Java 中的 ArrayList。动态数组既保留了数组时间效率高的特性，又能够在数组中不断添加新的元素。为了避免浪费，可以先为数组分配较小的内存空间，然后在需要的时候在数组中添加新的数据。当数据的数目增加导致数组的容量不足时，需要重新分配一块更大的空间（通常新的容量是之前容量的 2 倍），把之前的数据复制到新的数组中，再把之前的内存释放。这样能减少内存的浪费，但每次扩充数组容量时都有大量的额外操作，这对时间性能有负面影响。

2.2 双指针

双指针是一种常用的解题思路，可以使用两个相反方向或相同方向的指针扫描数组从而达到解题目的。值得注意的是，本书在不同的章节都提到了双指针。本书中的"指针"并不专指 C 语言中的指针，而是一个相对宽泛的概念，是能定位数据容器中某个数据的手段。在数组中它实际上是数字的下标。

方向相反的双指针经常用来求排序数组中的两个数字之和。一个指针 P_1 指向数组的第 1 个数字，另一个指针 P_2 指向数组的最后一个数字，然后比较两个指针指向的数字之和及一个目标值。如果两个指针指向的数字之和大于目标值，则向左移动指针 P_2；如果两个指针指向的数字之和小于目标值，则向右移动指针 P_1。此时两个指针的移动方向是相反的。

方向相同的双指针通常用来求正数数组中子数组的和或乘积。初始化的时候两个指针 P_1 和 P_2 都指向数组的第 1 个数字。如果两个指针之间的子数组的和或乘积大于目标值，则向右移动指针 P_1 删除子数组最左边的数字；如果两个指针之间的子数组的和或乘积小于目标值，则向右移动指针 P_2 在子数组的右边增加新的数字。此时两个指针的移动方向是相同的。

下面用双指针来解决几道典型的数组面试题。

面试题 6：排序数组中的两个数字之和

> 题目：输入一个递增排序的数组和一个值 k，请问如何在数组中找出两个和为 k 的数字并返回它们的下标？假设数组中存在且只存在一对符合条件的数字，同时一个数字不能使用两次。例如，输入数组[1, 2, 4, 6, 10]，k 的值为 8，数组中的数字 2 与 6 的和为 8，它们的下标分别为 1 与 3。

分析：在面试的时候很多人都能想到这个问题最直观的解法，就是先在数组中固定一个数字，再依次判断数组中其余的数字与它的和是不是等于 k。如果数组的长度是 n，由于需要对每个数字和其他 $n-1$ 个数字求和，因此这种解法的时间复杂度是 $O(n^2)$。

上述解法可以用二分查找来优化。假设扫描到数字 i，如果数组中存在另一个数字 $k-i$，那么就找到了一对和为 k 的数字。我们没有必要通过从头到尾逐个扫描数组中的每个数字来判断数组中是否存在 $k-i$。由于数组是递增排序的，因此可以用二分查找在数组中搜索 $k-i$。二分查找的时间复杂度是 $O(\log n)$，因此优化之后的解法的时间复杂度是 $O(n\log n)$。

上述解法还可以用空间换时间进行优化。可以先将数组中的所有数字都放入一个哈希表，然后逐一扫描数组中的每个数字。假设扫描到数字 i，如果哈希表中存在另一个数字 $k-i$，那么就找到了一对和为 k 的数字。判断哈希表中是否存在一个数字的时间复杂度是 $O(1)$，因此新解法的时间复杂度是 $O(n)$，同时它需要一个大小为 $O(n)$ 的哈希表，空间复杂度也是 $O(n)$。

存在时间复杂度是 $O(n)$、空间复杂度是 $O(1)$ 的解法。我们用两个指针 P_1 和 P_2 分别指向数组中的两个数字。指针 P_1 初始化指向数组的第 1 个（下标为 0）数字，指针 P_2 初始化指向数组的最后一个数字。如果指针 P_1 和 P_2 指向的两个数字之和等于输入的 k，那么就找到了符合条件的两个数字。如果指针 P_1 和 P_2 指向的两个数字之和小于 k，那么我们希望两个数字的和再大一点。由于数组已经排好序，因此可以考虑把指针 P_1 向右移动。因为在排序数组中右边的数字要大一些，所以两个数字的和也要大一些，这样就有可能等于输入的数字 k。同样，当两个数字的和大于输入的数字 k 时，可以把指针 P_2 向左移动，因为在排序数组中左边的数字要小一些。

下面以数组[1, 2, 4, 6, 10]及目标期待的和 8 为例详细分析这个过程。首先定义两个指针，第 1 个指针 P_1 指向数组的第 1 个数字 1（下标为 0 的数字），第 2 个指针 P_2 指向数组的最后一个数字 10。这两个数字的和 11 大于 8，因此把第 2 个指针 P_2 向左移动一个数字，让它指向 6。这个时候两个数字 1 与 6 的和是 7，小于 8。接下来把指针 P_1 向右移动一个数字指向 2。此时两个数字 2 与 6 的和是 8，正是我们期待的结果。表 2.1 总结了在数组[1, 2, 4, 6, 10]中查找和为 8 的数对的过程。

表 2.1　在数组[1, 2, 4, 6, 10]中查找和为 8 的数对的过程

步骤	第 1 个指针 P_1	第 2 个指针 P_2	两个数字之和	与 k 相比较	下一步操作
1	1	10	11	大于	向左移动第 2 个指针 P_2
2	1	6	7	小于	向右移动第 1 个指针 P_1
3	2	6	8	等于	

这种利用两个指针的解法可以用如下 Java 代码实现：

```
public int[] twoSum(int[] numbers, int target) {
    int i = 0;
```

```
    int j = numbers.length - 1;
    while (i < j && numbers[i] + numbers[j] != target) {
        if (numbers[i] + numbers[j] < target) {
            i++;
        } else {
            j--;
        }
    }

    return new int[] {i, j};
}
```

在上述代码中，变量 i 相当于指针 P_1，变量 j 相当于指针 P_2。由于上述代码中只有一个 while 循环，循环执行的次数最多等于数组的长度，因此这种思路的时间复杂度是 $O(n)$。

面试题 7：数组中和为 0 的 3 个数字

> 题目：输入一个数组，如何找出数组中所有和为 0 的 3 个数字的三元组？需要注意的是，返回值中不得包含重复的三元组。例如，在数组[-1, 0, 1, 2, -1, -4]中有两个三元组的和为 0，它们分别是[-1, 0, 1]和[-1, -1, 2]。

分析：这个题目是面试题 6 的加强版。如果输入的数组是排序的，就可以先固定一个数字 i，然后在排序数组中查找和为-i 的两个数字。我们已经有了用 $O(n)$时间在排序数组中找出和为给定值的两个数字的方法，由于需要固定数组中的每个数字，因此查找三元组的时间复杂度是 $O(n^2)$。

前面只需要 $O(n)$时间在数组中找出和为给定值的两个数字的方法只适用于排序数组。可是这个题目并没有说给出的数组是排序的，因此需要先对数组排序。排序算法的时间复杂度通常是 $O(n\log n)$，因此这种解法的总的时间复杂度是 $O(n\log n)+ O(n^2)$，仍然是 $O(n^2)$。

还剩下一个问题是如何去除重复的三元组。前面提到需要使用两个指针来找出和为给定值的两个数字。在找到一个和为 0 的三元组之后，就需要移动这两个指针，以便找出其他符合条件的三元组。在移动指针的时候需要跳过所有相同的值，以便过滤掉重复的三元组。

```
public List<List<Integer>> threeSum(int[] nums) {
    List<List<Integer>> result = new LinkedList<List<Integer>>();
    if (nums.length >= 3) {
        Arrays.sort(nums);

        int i = 0;
        while(i < nums.length - 2) {
            twoSum(nums, i, result);
```

```
                            int temp = nums[i];
                            while(i < nums.length && nums[i] == temp) {
                                ++i;
                            }
                        }
                    }

                    return result;
                }

        private void twoSum(int[] nums, int i, List<List<Integer>> result) {
            int j = i + 1;
            int k = nums.length - 1;
            while (j < k) {
                if (nums[i] + nums[j] + nums[k] == 0) {
                    result.add(Arrays.asList(nums[i], nums[j], nums[k]));

                    int temp = nums[j];
                    while (nums[j] == temp && j < k) {
                        ++j;
                    }
                } else if (nums[i] + nums[j] + nums[k] < 0) {
                    ++j;
                } else {
                    --k;
                }
            }
        }
```

上述代码先对数组进行排序。在固定用变量 i 指向的数字之后，函数 twoSum 在排序后的数组中找出所有下标大于 i 并且和为-nums[i]的两个数字（下标分别为 j 和 k）。如果 nums[i]、nums[j]、nums[k]的和大于 0，那么下标 k 向左移动；如果 nums[i]、nums[j]、nums[k]的和小于 0，那么下标 j 向右移动。如果 3 个数字之和正好等于 0，那么向右移动下标 j，以便找到其他和为-nums[i]的两个数字。

由于要避免重复的三元组，因此函数 twoSum 使用一个 while 循环让下标 j 跳过重复的数字。基于同样的原因，函数 threeSum 中也有一个 while 循环让下标 i 跳过重复的数字。

面试题 8：和大于或等于 k 的最短子数组

题目：输入一个正整数组成的数组和一个正整数 k，请问数组中和大于或等于 k 的连续子数组的最短长度是多少？如果不存在所有数字之和大于或等于 k 的子数组，则返回 0。例如，输入数组[5, 1, 4, 3]，k 的值为 7，和大于或等于 7 的最短连续子数组是[4, 3]，因此输出它的长度 2。

分析：子数组由数组中一个或连续的多个数字组成。一个子数组可以用两个指针表示。如果第 1 个指针 P_1 指向子数组的第 1 个数字，第 2 个指针 P_2 指向子数组的最后一个数字，那么子数组就是由这两个指针之间的所有数字组成的。

指针 P_1 和 P_2 初始化的时候都指向数组的第 1 个元素。如果两个指针之间的子数组中所有数字之和大于或等于 k，那么把指针 P_1 向右移动。每向右移动指针 P_1 一步，相当于从子数组的最左边删除一个数字，子数组的长度也减 1。由于数组中的数字都是正整数，从子数组中删除一些数字就能减小子数组之和。由于目标是找出和大于或等于 k 的最短子数组，因此一直向右移动指针 P_1，直到子数组的和小于 k 为止。

如果两个指针之间的子数组中所有数字之和小于 k，那么把指针 P_2 向右移动。指针 P_2 每向右移动一步就相当于在子数组的最右边添加一个新的数字，子数组的长度加 1。由于数组中的所有数字都是正整数，因此在子数组中添加新的数字能得到更大的子数组之和。

下面以数组 [5, 1, 4, 3] 为例一步步分析用两个指针找出和大于或等于 7 的最短子数组的过程。首先，指针 P_1 和 P_2 都指向数组中的第 1 个数字 5。此时子数组中只有一个数字 5，因此子数组中的所有数字之和也是 5，小于 7。然后把指针 P_2 向右移动一步指向数字 1。此时子数组中包含两个数字，即 5 和 1，它们的和为 6，仍然小于 7。因此，再把指针 P_2 向右移动一步指向数字 6，此时数组中包含 3 个数字，即 5、1 和 4，它们的和是 10，大于 7。由此找到了一个和大于 7 的子数组，它的长度是 3。

下面尝试把指针 P_1 向右移动一步，确定是否能找到更短的符合要求的子数组。移动指针 P_1 之后，子数组中包含两个数字，即 1 和 4，小于 7。然后将指针 P_2 向右移动一步指向数字 3。此时子数组中包含 3 个数字，即 1、4 和 3，它们的和为 8。此时又找到了和大于 7 的子数组，它的长度也是 3。

下面尝试再把指针 P_1 向右移动一步，使指针 P_1 指向数字 4。此时子数组中包含两个数字，即 4 和 3，它们的和是 7。这个子数组的长度是 2。

如果再一次把指针 P_1 向右移动一步指向数字 3，那么子数组中只包含一个数字 3，子数组中的所有数字之和为 3，小于 7。按照移动指针的规则，此时应该把指针 P_2 向右移动。由于此时指针 P_2 已经指向数组中的最后一个数字，因此无法再向右移动。这说明已经尝试了所有的可能性，可以结束这个查找过程了。

上述思路可以总结如下：当指针 P_1 和 P_2 之间的子数组数字之和小于 k 时，向右移动指针 P_2，直到两个指针之间的子数组数字之和大于 k，否则向右移动指针 P_1，直到两个指针之间的子数组数字之和小于 k。表 2.2 总结了查找数组[5, 1, 4, 3]中和大于或等于 7 的最短子数组的过程。

表 2.2　查找数组[5, 1, 4, 3]中和大于或等于 7 的最短子数组的过程

步骤	指针 P_1	指针 P_2	子数组之和	与 k 相比较	子数组长度	下一步操作
1	5	5	5	小于	—	向右移动指针 P_2
2	5	1	6	小于	—	向右移动指针 P_2
3	5	4	10	大于	3	向右移动指针 P_1
4	1	4	5	小于	—	向右移动指针 P_2
5	1	3	8	大于	3	向右移动指针 P_1
6	4	3	7	等于	2	向右移动指针 P_1
7	3	3	3	小于	—	

有了清晰的思路之后再编写代码就比较容易。参考代码如下：

```
public int minSubArrayLen(int k, int[] nums) {
    int left = 0;
    int sum = 0;
    int minLength = Integer.MAX_VALUE;
    for (int right = 0; right < nums.length; right++) {
        sum += nums[right];
        while (left <= right && sum >= k) {
            minLength = Math.min(minLength, right - left + 1);
            sum -= nums[left++];
        }
    }

    return minLength == Integer.MAX_VALUE ? 0 : minLength;
}
```

在上述代码中，变量 left 是子数组中第 1 个数字的下标，相当于指针 P_1，而变量 right 是子数组中最后一个数字的下标，相当于指针 P_2。变量 sum 是位于两个指针之间的子数组中的所有数字之和。

最后分析这种解法的时间复杂度。假设数组的长度为 n，尽管上述代码中有两个嵌套的循环，该解法的时间复杂度仍然是 $O(n)$。这是因为在这两个循环中，变量 left 和 right 都是只增加不减少，变量 right 从 0 增加到 $n-1$，变量 left 从 0 最多增加到 $n-1$，因此总的执行次数是 $O(n)$。

面试题 9：乘积小于 k 的子数组

> **题目**：输入一个由正整数组成的数组和一个正整数 k，请问数组中有多少个数字乘积小于 k 的连续子数组？例如，输入数组[10, 5, 2, 6]，k 的值为 100，有 8 个子数组的所有数字的乘积小于 100，它们分别是[10]、[5]、[2]、[6]、[10, 5]、[5, 2]、[2, 6]和[5, 2, 6]。

分析：虽然这个题目是关于子数组数字的乘积的，和面试题 8（关于子数组数字之和）看起来不太一样，但求解的思路大同小异，仍然可以利用两个指针求解。

和面试题 8 一样，用指针 P_1 和 P_2 指向数组中的两个数字，两个指针之间的数字组成一个子数组。指针 P_1 永远不会走到指针 P_2 的右边。两个指针初始化都指向数组的第 1 个数字（下标为 0 的数字）。

如果两个指针之间的子数组中数字的乘积小于 k，则向右移动指针 P_2。向右移动指针 P_2 相当于在子数组中添加一个新的数字，由于数组中的数字都是正整数，因此子数组中数字的乘积就会变大。

如果两个指针之间的子数组中数字的乘积大于或等于 k，则向右移动指针 P_1。向右移动指针 P_1 相当于从子数组中删除最左边的数字，由于数组中的数字都是正整数，因此子数组中数字的乘积就会变小。

由于我们的目标是求出所有数字乘积小于 k 的子数组的个数，一旦向右移动指针 P_1 到某个位置时子数组的乘积小于 k，就不需要再向右移动指针 P_1。这是因为只要保持指针 P_2 不动，向右移动指针 P_1 形成的所有子数组的数字乘积就一定小于 k。此时两个指针之间有多少个数字，就找到了多少个数字乘积小于 k 的子数组。

基于这种思路的 Java 代码如下所示：

```java
public int numSubarrayProductLessThanK(int[] nums, int k) {
    long product = 1;
    int left = 0;
    int count = 0;
    for (int right = 0; right < nums.length; ++right) {
        product *= nums[right];
        while (left <= right && product >= k) {
            product /= nums[left++];
        }

        count += right >= left ? right - left + 1 : 0;
    }
```

```
        return count;
}
```

和面试题 8 的代码类似，在上述代码中，变量 left 是子数组中第 1 个数字的下标，相当于指针 P_1，而变量 right 是子数组中最后一个数字的下标，相当于指针 P_2。变量 product 是位于两个指针之间的子数组中的所有数字的乘积。

和面试题 8 一样，这种解法的时间复杂度也是 $O(n)$。请读者自行分析，这里不再重复介绍。

2.3 累加数组数字求子数组之和

使用双指针解决子数组之和的面试题有一个前提条件——数组中的所有数字都是正数。如果数组中的数字有正数、负数和零，那么双指针的思路并不适用，这是因为当数组中有负数时在子数组中添加数字不一定能增加子数组之和，从子数组中删除数字也不一定能减少子数组之和。

下面换一种思路求子数组之和。假设整个数组的长度为 n，它的某个子数组的第 1 个数字的下标是 i，最后一个数字的下标是 j。为了计算子数组之和，需要先做预处理，计算从数组下标为 0 的数字开始到以每个数字为结尾的子数组之和。预处理只需要从头到尾扫描一次，就能求出从下标 0 开始到下标 0 结束的子数组之和 S_0，从下标 0 开始到下标 1 结束的子数组之和 S_1，以此类推，直到求出从下标 0 开始到最后一个数字的子数组之和 S_{n-1}。因此，从下标为 i 开始到下标为 j 结束的子数组的和就是 S_j-S_{i-1}。

例如，在数组[1, 2, 3, 4, 5, 6]中，从下标 0 开始到下标 2 结束的子数组[1, 2, 3]之和是 6，从下标 0 开始到下标 4 结束的子数组[1, 2, 3, 4, 5]之和为 15，从下标 3 开始到下标 4 结束的子数组[4, 5]之和是 9，正好 15-9=6。

下面用累加数组数字求子数组之和的思路来解决几道典型的算法面试题。

面试题 10：和为 k 的子数组

> 题目：输入一个整数数组和一个整数 k，请问数组中有多少个数字之和等于 k 的连续子数组？例如，输入数组[1, 1, 1]，k 的值为 2，有 2 个连续子数组之和等于 2。

分析：这个题目看起来也可以利用双指针来解决。我们还是用指针 P_1 和 P_2 指向数组中的两个数字，两个指针之间的数字组成一个子数组。如果两个指针之间的子数组的数字之和大于或等于 k 就向右移动指针 P_1，如果子数组的数字之和小于 k 就向右移动指针 P_2。

这个使用双指针的解法基于如下假设：向右移动指针 P_2 相当于在子数组中添加一个新的数字，从而得到更大的子数组的数字之和。如果新添加的数字是正数，那么这个假设是成立的。但本题中的数组并没有说明是由正整数组成的，因此不能保证在子数组中添加新的数字就能得到和更大的子数组。同样，也不能保证删除子数组最左边的数字就能得到和更小的子数组。

既然双指针的解法不适用于这个题目，就只能尝试其他的解法。下面先分析蛮力法的时间复杂度。在一个长度为 n 的数组中有 $O(n^2)$ 个子数组，如果求每个子数组的和需要 $O(n)$ 的时间，那么总共需要 $O(n^3)$ 的时间就能求出所有子数组的和。

如果稍微做一些优化，那么用 $O(1)$ 的时间就能求出一个子数组的所有数字之和。在求一个长度为 i 的子数组的数字之和时，应该把该子数组看成在长度为 i-1 的子数组的基础上添加一个新的数字。如果之前已经求出了长度为 i-1 的子数组的数字之和，那么只要再加上新添加的数字就能得出长度为 i 的子数组的数字之和，只需要一次加法，因此需要 $O(1)$ 的时间。优化之后总的时间复杂度是 $O(n^2)$。

下面换一种思路，在从头到尾逐个扫描数组中的数字时求出前 i 个数字之和，并且将和保存下来。数组的前 i 个数字之和记为 x。如果存在一个 j（$j<i$），数组的前 j 个数字之和为 x-k，那么数组中从第 i+1 个数字开始到第 j 个数字结束的子数组之和为 k。

这个题目需要计算和为 k 的子数组的个数。当扫描到数组的第 i 个数字并求得前 i 个数字之和是 x 时，需要知道在 i 之前存在多少个 j 并且前 j 个数字之和等于 x-k。所以，对每个 i，不但要保存前 i 个数字之和，还要保存每个和出现的次数。分析到这里就会知道我们需要一个哈希表，哈希表的键是前 i 个数字之和，值为每个和出现的次数。

基于计算并保存数组前 i 个数字之和的思路可以写出如下代码：

```java
public int subarraySum(int[] nums, int k) {
    Map<Integer, Integer> sumToCount = new HashMap<>();
    sumToCount.put(0, 1);
```

```
    int sum = 0;
    int count = 0;
    for (int num : nums) {
        sum += num;
        count += sumToCount.getOrDefault(sum - k, 0);
        sumToCount.put(sum, sumToCount.getOrDefault(sum, 0) + 1);
    }

    return count;
}
```

上述代码中只有一个循环从头到尾扫描数组一次，因此时间复杂度是 $O(n)$。由于使用一个哈希表保存从第 1 个数字到当前扫描到的数字之间的数字之和，因此需要 $O(n)$ 的辅助空间。

面试题 11：0 和 1 个数相同的子数组

> 题目：输入一个只包含 0 和 1 的数组，请问如何求 0 和 1 的个数相同的最长连续子数组的长度？例如，在数组[0, 1, 0]中有两个子数组包含相同个数的 0 和 1，分别是[0, 1]和[1, 0]，它们的长度都是 2，因此输出 2。

分析：只要把这个题目稍微变换一下就能重用解决面试题 10 的解题思路。首先把输入数组中所有的 0 都替换成-1，那么题目就变成求包含相同数目的-1 和 1 的最长子数组的长度。在一个只包含数字 1 和-1 的数组中，如果子数组中-1 和 1 的数目相同，那么子数组的所有数字之和就是 0，因此这个题目就变成求数字之和为 0 的最长子数组的长度。

和前面的解法类似，可以在扫描数组时累加已经扫描过的数字之和。如果数组中前 i 个数字之和为 m，前 j 个数字（$j>i$）之和也为 m，那么从第 $i+1$ 个数字到第 j 个数字的子数组的数字之和为 0，这个和为 0 的子数组的长度是 $j-i$。

如果扫描到数组的第 j 个数字并累加得到前 j 个数字之和 m，那么就需要知道是否存在一个 i（$i<j$）使数组中前 i 个数字之和也为 m。可以把数组从第 1 个数字开始到当前扫描的数字累加之和保存到一个哈希表中。由于我们的目标是求出数字之和为 0 的最长子数组的长度，因此还需要知道第 1 次出现累加之和为 m 时扫描到的数字的下标。因此，哈希表的键是从第 1 个数字开始累加到当前扫描到的数字之和，而值是当前扫描的数字的下标。

有了清晰的思路之后再编写代码就比较容易。参考代码如下：

```
public int findMaxLength(int[] nums) {
```

```
Map<Integer, Integer> sumToIndex = new HashMap();
sumToIndex.put(0, -1);
int sum = 0;
int maxLength = 0;
for (int i = 0; i < nums.length; ++i) {
    sum += nums[i] == 0 ? -1 : 1;
    if (sumToIndex.containsKey(sum)) {
        maxLength = Math.max(maxLength, i - sumToIndex.get(sum));
    } else {
        sumToIndex.put(sum, i);
    }
}

return maxLength;
}
```

函数 findMaxLength 中只有一个循环，显然时间复杂度是 $O(n)$。由于需要一个哈希表 sumToIndex 保存数组中前面若干数字的累加之和，因此空间复杂度也是 $O(n)$。

面试题 12：左右两边子数组的和相等

题目：输入一个整数数组，如果一个数字左边的子数组的数字之和等于右边的子数组的数字之和，那么返回该数字的下标。如果存在多个这样的数字，则返回最左边一个数字的下标。如果不存在这样的数字，则返回 -1。例如，在数组[1, 7, 3, 6, 2, 9]中，下标为 3 的数字（值为 6）的左边 3 个数字 1、7、3 的和与右边两个数字 2 和 9 的和相等，都是 11，因此正确的输出值是 3。

分析：这也是一道关于子数组的和的面试题。假设从头到尾扫描数组中的每个数字。当扫描到第 i 个数字时，它左边的子数组的数字之和就是从第 1 个数字开始累加到第 $i-1$ 个数字的和。此时它右边的子数组的数字之和就是从第 $i+1$ 个数字开始累加到最后一个数字的和，这个和等于数组中所有数字之和减去从第 1 个数字累加到第 i 个数字的和。

如果从数组的第 1 个数字开始扫描并逐一累加扫描到的数字，当扫描到第 i 个数字的时候，就可以知道累加到第 i 个数字的和，这个和减去第 i 个数字就是累加到第 $i-1$ 个数字的和。同时，要知道数组中的所有数字之和，只需要从头到尾扫描一次数组就可以。

有了清晰的思路之后再编写代码就比较容易。参考代码如下：

```
public int pivotIndex(int[] nums) {
    int total = 0;
```

```
    for (int num : nums) {
        total += num;
    }

    int sum = 0;
    for (int i = 0; i < nums.length; ++i) {
        sum += nums[i];
        if (sum - nums[i] == total - sum) {
            return i;
        }
    }

    return -1;
}
```

上述代码有两个时间复杂度为 $O(n)$ 的循环，因此总的时间复杂度为 $O(n)$。函数 pivotIndex 中只用到了若干临时变量，并没有使用数组、哈希表之类的辅助数据容器，因此空间复杂度是 $O(1)$。

面试题 13：二维子矩阵的数字之和

题目：输入一个二维矩阵，如何计算给定左上角坐标和右下角坐标的子矩阵的数字之和？对于同一个二维矩阵，计算子矩阵的数字之和的函数可能由于输入不同的坐标而被反复调用多次。例如，输入图 2.1 中的二维矩阵，以及左上角坐标为(2, 1)和右下角坐标为(4, 3)的子矩阵，该函数输出 8。

3	0	1	4	2
5	6	3	2	1
1	2	0	1	5
4	1	0	1	7
1	0	3	0	5

图 2.1　一个 5×5 的二维数组

说明：左上角坐标为(2, 1)、右下角坐标为(4, 3)的子矩阵（有灰色背景部分）的数字之和等于 8

分析：如果不考虑时间复杂度，则采用蛮力法用两个嵌套的循环总是可以求出一个二维矩阵的数字之和。如果矩阵的行数和列数分别是 m 和 n，那么这种蛮力法的时间复杂度是 $O(mn)$。

只是这个题目提到，对于一个二维矩阵，可能由于输入不同的坐标而反复求不同子矩阵的数字之和，这说明应该优化求和的过程，要尽可能快地实现子矩阵的数字求和。

如果仔细分析子矩阵的数字之和的规律，就可以发现左上角坐标为(r_1, c_1)、右下角坐标为(r_2, c_2)的子矩阵的数字之和可以用 4 个左上角坐标为(0, 0)的子矩阵的数字之和求得。图 2.2 中的阴影部分表示左上角坐标为(r_1, c_1)、右下角坐标为(r_2, c_2)的子矩阵。该子矩阵的数字之和等于左上角坐标为(0, 0)、右下角坐标为(r_2, c_2)的子矩阵的数字之和减去左上角坐标为(0, 0)、右下角坐标为(r_1-1, c_2)的子矩阵的数字之和，再减去左上角坐标为(0, 0)、右下角坐标为(r_2, c_1-1)的子矩阵的数字之和，最后加上左上角坐标为(0, 0)、右下角坐标为(r_1-1, c_1-1)的子矩阵的数字之和。

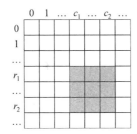

图 2.2　左上角坐标为(r_1, c_1)、右下角坐标为(r_2, c_2)的子矩阵

因此，可以在预处理阶段求出从左上角坐标为(0,0)到每个右下角坐标的子矩阵的数字之和。首先创建一个和输入矩阵大小相同的辅助矩阵 sums，该矩阵中的坐标(i, j)的数值为输入矩阵中从左上角坐标(0,0)到右下角坐标(i, j)的子矩阵的数字之和。

有了这个辅助矩阵 sums，再求左上角坐标为(r_1, c_1)、右下角坐标为(r_2, c_2)的子矩阵的数字之和就变得比较容易。该子矩阵的数字之和等于 sums[r_2][c_2] + sums[r_1-1][c_2] - sums[r_2][c_1-1] + sums[r_1-1][c_1-1]。

下面分析如何生成辅助矩阵 sums，即求得数组中的每个数字 sums[i][j]。按照生成辅助矩阵 sums 的规则，sums[i][j]的值等于输入矩阵中从左上角坐标为(0,0)到右下角坐标为(i, j)的子矩阵的数字之和。可以把从左上角坐标为(0,0)到右下角坐标为(i, j)的子矩阵的数字看成由两部分组成。第 1 部分是从左上角坐标为(0,0)到右下角坐标为(i-1, j)的子矩阵，该子矩阵的数字之和等于 sums[i-1][j]。第 2 部分是输入矩阵中第 i 行中列号从 0 到 j 的所有数字。如果按照从左到右的顺序计算 sums[i][j]，则可以逐个累加第 i 行的数字，从而得到子矩阵第 2 部分的数字之和。

根据上面的分析可以编写出如下所示的 Java 代码：

```
class NumMatrix {

    private int[][] sums;

    public NumMatrix(int[][] matrix) {
        if (matrix.length == 0 || matrix[0].length == 0) {
            return;
        }

        sums = new int[matrix.length + 1][matrix[0].length + 1];
        for (int i = 0; i < matrix.length; ++i) {
            int rowSum = 0;
            for (int j = 0; j < matrix[0].length; ++j) {
                rowSum += matrix[i][j];
                sums[i + 1][j + 1] = sums[i][j + 1] + rowSum;
            }
        }
    }

    public int sumRegion(int row1, int col1, int row2, int col2) {
        return sums[row2 + 1][col2 + 1] - sums[row1][col2 + 1]
            - sums[row2 + 1][col1] + sums[row1][col1];
    }
}
```

如果输入矩阵的行数和列数分别是 m 和 n，那么辅助数组 sums 的行数和列数分别为 $m+1$ 和 $n+1$，这样只是为了简化代码逻辑。如果用公式 $sums[r_2][c_2] + sums[r_1-1][c_2] - sums[r_2][c_1-1] + sums[r_1-1][c_1-1]$ 求解左上角坐标为(r_1, c_1)、右下角坐标为(r_2, c_2)的子矩阵的数字之和，由于坐标值 r_1 或 c_1 有可能等于 0，因此 r_1-1 或 c_1-1 可能是负数，不再是有效的数组下标。如果在矩阵的最上面增加一行，最左面增加一列，这样就不必担心出现数组下标为-1 的情形。

函数 sumRegion 用来求子矩阵的数字之和，该函数只是从数组 sums 中读取几个数字做加法和减法，因此每次调用的时间复杂度都是 $O(1)$。

类型 NumMatrix 的构造函数用来做预处理，根据输入矩阵生成辅助矩阵 sums。该构造函数使用两个嵌套的循环计算辅助函数 sums 中的每个数字，因此时间复杂度是 $O(mn)$。同时，数组 sums 需要的辅助空间为 $O(mn)$。

2.4 本章小结

本章详细讨论了一种基础的数据结构——数组。由于数组中的元素在内存中的地址是连续的，因此只需要使用 $O(1)$ 的时间就可以随机访问数组中的任意元素。

双指针是解决与数组相关的面试题的一种常用技术。如果数组是排序的，那么应用双指针技术就能够用 $O(n)$ 的时间在数组中找出两个和为给定值的数字。如果数组中的所有数字都是整数，那么应用双指针技术就可以用 $O(1)$ 的辅助空间找出和为给定值的子数组。

如果关于子数组的数字之和的面试题并没有限定数组中的所有数字都是正数，那么可以尝试从第 1 个数字开始累加数组中前面若干数字之和，两个累加的和的差值对应一个子数组的数字之和。这种累加数组中前面若干数字之和的思路，不仅适用于一维数组，还适用于二维数组。

第 3 章

字符串

3.1 字符串的基础知识

字符串由任意长度（长度可能为 0）的字符组成，是编程语言中表示文本的数据类型。Java 中用定义的类型 String 来表示字符串。表 3.1 列举了 String 类型的常用函数。

表 3.1　String 类型的常用函数

序号	函数	函数功能
1	charAt	返回指定下标处的字符
2	compareTo	按照字典顺序比较两个字符串
3	equals	判断两个字符串的长度和内容是否相同
4	indexOf	返回字符串中某个字符或子字符串首次出现的下标位置
5	lastIndexOf	返回字符串中某个字符或子字符串最后出现的下标位置
6	length	返回字符串的长度
7	split	将字符串按照指定的分隔符进行分隔
8	substring	根据下标截取子字符串
9	toLowerCase/toUpperCase	将字符串中的所有大写（或小写）字母改写为小写（或大写）字母

Java 中的 String 类型所表达的字符串是无法改变的，也就是说，只能对字符串进行读操作。如果对字符串进行写操作，那么修改的内容在返回值的字符串中，原来的字符串保持不变。

例如，在下面的 Java 代码中，使用字符串 str1 调用函数 toUpperCase，该函数执行之后字符串 str1 的内容仍然是"Offer"。转换成大写字母的内容通过返回值传给变量 str2，变量 str2 的内容为"OFFER"：

```
public static void test() {
    String str1 = "Offer";
    String str2 = str1.toUpperCase();
    System.out.println(str1);
    System.out.println(str2);
}
```

由于每次对 String 实例进行修改将创建一个新的 String 实例，因此如果连续多次对 String 实例进行修改将连续创建多个新的 String 实例，不必要的内存开销较大。所以可以创建一个 StringBuilder 实例，因为它能容纳修改后的结果。

3.2 双指针

第 2 章用两个指针来定位一个子数组，其中一个指针指向数组的第 1 个数字，另一个指针指向数组的最后一个数字，那么两个指针之间所包含的就是一个子数组。

如果将字符串看成一个由字符组成的数组，那么也可以用两个指针来定位一个子字符串，其中一个指针指向字符串的第 1 个字符，另一个指针指向字符串的最后一个字符，两个指针之间所包含的就是一个子字符串。

可以在移动这两个指针的同时，统计两个指针之间的字符串中字符出现的次数，这样可以解决很多常见的面试题，如在一个字符串中定位另一个字符串的变位词等。

由于这种类型的面试题都与统计字母出现的次数有关，我们经常使用哈希表来存储每个元素出现的次数，因此解决这种类型的面试题通常需要同时使用双指针和哈希表。

面试题 14：字符串中的变位词

题目：输入字符串 s1 和 s2，如何判断字符串 s2 中是否包含字符串 s1 的某个变位词？如果字符串 s2 中包含字符串 s1 的某个变位词，则字符串 s1 至少有一个变位词是字符串 s2 的子字符串。假设两个字符串中只包含英文小写字母。例如，字符串 s1 为"ac"，字符串 s2 为"dgcaf"，由于字符串 s2

中包含字符串 s1 的变位词"ca"，因此输出为 true。如果字符串 s1 为"ab"，字符串 s2 为"dgcaf"，则输出为 false。

分析：变位词是与字符串相关的面试题中经常出现的一个概念。所谓的变位词是指组成各个单词的字母及每个字母出现的次数完全相同，只是字母排列的顺序不同。例如，"pots"、"stop"和"tops"就是一组变位词。

由变位词的定义可知，变位词具有以下几个特点。首先，一组变位词的长度一定相同；其次，组成变位词的字母集合一定相同，并且每个字母出现的次数也相同。

这个题目如果不考虑时间复杂度，用暴力法就可以解决。实际上，一个字符串的变位词是字符串的排列。可以先求出字符串 s1 的所有排列，然后判断每个排列是不是字符串 s2 的子字符串。如果一个字符串有 n 个字符，那么它一共有 $n!$（n 的阶乘）个排列，因此这种解法的时间复杂度不会低于 $O(n!)$。

下面尝试寻找更高效的算法。既然题目是关于变位词的，而变位词与字母及字母出现的次数有关，那么就应该统计字符串中包含的字母及每个字母出现的次数。如果一个哈希表的键是字母，而哈希表中的值是对应字母出现的次数，那么这样一个哈希表很适合用来统计字符串中每个字母出现的次数。

由于这个题目强调字符串中只包含英文小写字母，而英文小写字母的个数是确定的，一共 26 个，因此可以用数组模拟一个简单的哈希表。数组的下标 0 对应字母'a'，它的值对应字母'a'出现的次数。数组的下标 1 对应字母'b'，它的值对应字母'b'出现的次数。以此类推，数组的下标 25 对应字母'z'，它的值对应字母'z'出现的次数。

首先扫描字符串 s1。每扫描到一个字符，就找到它在哈希表中的位置，并把它对应的值加 1。如果字符串 s1 为"ac"，那么扫描该字符串并统计每个字母出现的次数之后的哈希表如图 3.1（a）所示。在该哈希表中，只有字母'a'和字母'c'对应的值是 1，其他值都是 0，这是因为只有这两个字母在字符串中各出现了 1 次。

然后考虑如何判断字符串 s2 中是否包含字符串 s1 的变位词。假设字符串 s2 中有一个子字符串是字符串 s1 的变位词，逐个扫描这个变位词中的字母，并把字母在哈希表中对应的值减 1。由于字符串 s1 的变位词和字符串 s1 包含相同的字母，并且每个字母出现的次数也相同，因此扫描完字符串

s1 的变位词之后，哈希表中所有的值都是 0。

　　字符串 s1 的变位词和字符串 s1 的长度一样。假设字符串 s1 的长度是 n，下面逐一判断字符串 s2 中长度为 n 的子字符串是不是字符串 s1 的变位词。判断的办法就是扫描子字符串中的每个字母，把该字母在哈希表中对应的值减 1。如果哈希表中的所有值是 0，那么该子字符串就是字符串 s1 的一个变位词。

　　下面以字符串"dgcaf"为 s2 作为例子来逐步分析这个过程。可以用双指针来定位一个子字符串，其中一个指针指向子字符串的第 1 个字符，另一个指针指向子字符串的最后一个字符。首先，双指针定位的子字符串为"dg"。如果扫描该子字符串中的两个字母'd'和'g'，那么在哈希表中把它们对应的值减 1。此时哈希表的状态如图 3.1（b）所示。

　　接下来把这两个指针都向右移动 1 位，让它们定位子字符串"gc"。每次移动这两个指针时都相当于在原来的子字符串的最右边添加一个新的字符，并且从原来子字符串中删除最左边的字符。每当在子字符串中添加一个字符时，就把哈希表中对应位置的值减 1。同样，每当在子字符串中删除一个字符时，就把哈希表中对应位置的值加 1。在把字母'c'的值减 1、字母'd'的值加 1 之后，哈希表的状态如图 3.1（c）所示。

　　再把两个指针都向右移动 1 位，让它们定位子字符串"ca"。这相当于在原来子字符串"gc"的最右边添加字母'a'，同时删除最左边的字母'g'。在把字母'a'的值减 1、字母'g'的值加 1 之后，哈希表的状态如图 3.1（d）所示。此时哈希表中所有的值都是 0，因此这两个指针指向的子字符串就是字符串 s1 的一个变位词。

	'a'	'b'	'c'	'd'	'e'	'f'	'g'	…
(a)	1	0	1	0	0	0	0	…
(b)	1	0	1	-1	0	0	-1	…
(c)	1	0	0	0	0	0	-1	…
(d)	0	0	0	0	0	0	0	…

图 3.1　统计字母出现次数的哈希表的变化过程，哈希表用数组模拟

说明：（a）统计字符串"ac"中字母出现次数的哈希表；（b）双指针指向字符串"dgcaf"中前两个字符"dg"之后的哈希表；（c）双指针指向字符串"dgcaf"的子字符串"gc"之后的哈希表；（d）双指针指向字符串"dgcaf"的子字符串"ca"之后的哈希表

可以基于双指针和哈希表的思路编写如下所示的代码：

```java
public boolean checkInclusion(String s1, String s2) {
    if (s2.length() < s1.length()) {
        return false;
    }

    int[] counts = new int[26];
    for (int i = 0; i < s1.length(); ++i) {
        counts[s1.charAt(i) - 'a']++;
        counts[s2.charAt(i) - 'a']--;
    }

    if (areAllZero(counts)) {
        return true;
    }

    for (int i = s1.length(); i < s2.length(); ++i) {
        counts[s2.charAt(i) - 'a']--;
        counts[s2.charAt(i - s1.length()) - 'a']++;
        if (areAllZero(counts)) {
            return true;
        }
    }

    return false;
}

private boolean areAllZero(int[] counts) {
    for (int count : counts) {
        if (count != 0) {
            return false;
        }
    }

    return true;
}
```

在上述函数 checkInclusion 中，第 2 个 for 循环中的下标 i 相当于第 2 个指针，指向子字符串的最后一个字符。第 1 个指针指向下标为 i-s1.length() 的位置。两个指针之间的子字符串的长度一直是字符串 s1 的长度。

上述基于双指针和哈希表的算法需要扫描字符串 s1 和 s2 各一次。如果它们的长度分别是 m 和 n，那么该算法的时间复杂度是 $O(m+n)$。这种解法用到了一个数组。数组的长度是英文小写字母的个数（即 26），是一个常数，也就是说，数组的大小不会随着输入字符串长度的变化而变化，因此空间复杂度是 $O(1)$。

面试题 15：字符串中的所有变位词

题目：输入字符串 s1 和 s2，如何找出字符串 s2 的所有变位词在字符串 s1 中的起始下标？假设两个字符串中只包含英文小写字母。例如，字符串 s1 为"cbadabacg"，字符串 s2 为"abc"，字符串 s2 的两个变位词"cba"和"bac"是字符串 s1 中的子字符串，输出它们在字符串 s1 中的起始下标 0 和 5。

分析：这个题目是面试题 14 的变种，所以也可以用一个哈希表来统计字符串 s2 中字母出现的次数。由于字母的总数是已知的，一共有 26 个英文小写字母，因此可以用一个长度为 26 的数组模拟一个哈希表。

如果字符串 s2 的长度为 n，则逐个统计字符串 s1 中所有长度为 n 的子字符串中字母出现的次数。可以用两个指针来定位字符串 s1 的子字符串，第 1 个指针指向字符串的第 1 个字符，第 2 个指针指向字符串的最后一个字符。每次统计完子字符串中字符出现的次数之后，两个指针同时向右移动一位。两个指针每向右移动一位，相当于在上一次的子字符串的最右边加上一个字母，并删除原来子字符串最左边的字母。

每当在子字符串中添加一个字母，则把哈希表中该字母对应的值减 1；每当从子字符串中删除一个字母，则把哈希表中该字母对应的值加 1。如果哈希表中所有的值都是 0，那么由两个指针定位的子字符串是字符串 s2 的一个变位词。按照题目要求，把第 1 个指针对应的下标添加到结果链表中。

由于这种思路和面试题 14 的思路基本一致，因此不再一步步分析。这种思路的参考代码如下所示：

```
public List<Integer> findAnagrams(String s1, String s2) {
    List<Integer> indices = new LinkedList<>();
    if (s1.length() < s2.length()) {
        return indices;
    }

    int[] counts = new int[26];
    int i = 0;
    for (; i < s2.length(); ++i) {
        counts[s2.charAt(i) - 'a']++;
        counts[s1.charAt(i) - 'a']--;
    }

    if (areAllZero(counts)) {
        indices.add(0);
    }

    for (; i < s1.length(); ++i) {
```

```
        counts[s1.charAt(i) - 'a']--;
        counts[s1.charAt(i - s2.length()) - 'a']++;
        if (areAllZero(counts)) {
            indices.add(i - s2.length() + 1);
        }
    }

    return indices;
}
```

辅助函数 areAllZero 和面试题 14 的代码中的一样，所以此处不再重复介绍。

同样，这种解法的时间复杂度也是 $O(n)$，空间复杂度是 $O(1)$。

面试题 16：不含重复字符的最长子字符串

题目：输入一个字符串，求该字符串中不含重复字符的最长子字符串的长度。例如，输入字符串"babcca"，其最长的不含重复字符的子字符串是"abc"，长度为 3。

分析：和前面的题目一样，此处还是用一个哈希表统计子字符串中字符出现的次数。如果一个子字符串中不含重复的字符，那么每个字符都只出现一次，它们在哈希表中对应的值为 1。没有在子字符串中出现的其他字符对应的值都是 0。也就是说，如果子字符串中不含重复字符，那么它对应的哈希表中没有比 1 大的值。

下面仍然用两个指针来定位一个子字符串，其中第 1 个指针指向子字符串的第 1 个字符，第 2 个指针指向子字符串的最后一个字符。接下来分析如何移动这两个指针。

如果两个指针之间的子字符串不包含重复的字符，由于目标是找出最长的子字符串，因此可以向右移动第 2 个指针，在子字符串的最右边增加新的字符，然后判断新的字符在子字符串中有没有重复出现。如果还是没有重复的字符，则继续向右移动第 2 个指针，在子字符串中添加新的字符。

例如，在字符串"babcca"中找最长的不含重复字符的子字符串时，两个指针都初始化指向第 1 个字符'b'，此时子字符串为"b"，不含重复字符（表 3.2 中的第 1 步）。于是向右移动第 2 个指针使其指向字符'a'，此时子字符串为"ba"，仍然不含重复字符（表 3.2 中的第 2 步）。于是再次向右移动第 2 个指针使其指向字符'b'。

表 3.2 在字符串"babcca"中找不含重复字符的子字符串的过程

步骤	第 1 个指针	第 2 个指针	子字符串	是否有重复字符	下一步操作
1	'b'	'b'	"b"	否	向右移动第 2 个指针
2	'b'	'a'	"ba"	否	向右移动第 2 个指针
3	'b'	'b'	"bab"	是	向右移动第 1 个指针
4	'a'	'b'	"ab"	否	向右移动第 2 个指针
5	'a'	'c'	"abc"	否	向右移动第 2 个指针
6	'a'	'c'	"abcc"	是	向右移动第 1 个指针
7	'b'	'c'	"bcc"	是	向右移动第 1 个指针
8	'c'	'c'	"cc"	是	向右移动第 1 个指针
9	'c'	'c'	"c"	否	向右移动第 2 个指针
10	'c'	'a'	"ca"	否	

如果两个指针之间的子字符串中包含重复的字符，则可以向右移动第 1 个指针，删除子字符串中最左边的字符。如果删除最左边的字符之后仍然包含重复的字符，则继续向右移动第 1 个指针删除最左边的字符。例如，表 3.2 中的第 3 步，两个指针之间的字符串是"bab"，有重复出现的字符，于是向右移动第 1 个指针使其指向字符'a'。

如果删除最左边的字符之后不再包含重复的字符，就可以向右移动第 2 个指针，在子字符串的右边添加新的字符。例如，表 3.2 中的第 4 步，此时两个指针之间的字符串是"ab"，没有重复出现的字符，于是向右移动第 2 个指针使其指向字符'c'，得到最长的不含重复字符的子字符串。

之后的步骤如表 3.2 所示，请读者自行一步步分析。

❖ 需要多次遍历整个哈希表的解法

在厘清上述思路之后，编写代码就会比较容易。参考代码如下所示：

```java
public int lengthOfLongestSubstring(String s) {
    if (s.length() == 0) {
        return 0;
    }

    int[] counts = new int[256];
    int i = 0;
    int j = -1;
    int longest = 1;
    for (; i < s.length(); ++i) {
```

```
        counts[s.charAt(i)]++;
        while (hasGreaterThan1(counts)) {
            ++j;
            counts[s.charAt(j)]--;
        }

        longest = Math.max(i - j, longest);
    }

    return longest;
}

private boolean hasGreaterThan1(int[] counts) {
    for (int count : counts) {
        if (count > 1) {
            return true;
        }
    }

    return false;
}
```

　　由于这个题目没有说明字符串中只包含英文字母，那么就有可能包含数字或其他字符，因此字符就可能不止 26 个。假设字符串中只包含 ASCII 码的字符。由于 ASCII 码总共有 256 个字符，因此用来模拟哈希表的数组的长度就是 256。

　　需要注意的是，每次调用函数 hasGreaterThan1 都可能需要扫描一次数组 counts。虽然数组 counts 的长度是常数 256，但扫描一次的时间是 $O(1)$，因此这个常数还是有点大。下面介绍避免多次遍历整个哈希表的解法。

❖ 避免多次遍历整个哈希表的解法

　　我们真正关心的是哈希表中有没有比 1 大的数字，因为如果有大于 1 的数字就说明子数组中包含重复的数字。可以定义一个变量 countDup 来存储哈希表中大于 1 的数字的个数，即子字符串中重复字符的个数。每次向右移动第 2 个指针使子字符串包含更多字符时都会把哈希表中对应的数字加 1。当一个字符对应的数字从 1 变成 2 时，表示该字符重复出现了，因此变量 countDup 加 1。

　　当向右移动第 1 个指针删除子字符串中最左边的字符时，都会把哈希表中对应的数字减 1。当一个字符对应的数字由 2 变成 1 时，该字符不再重复出现，因此变量 countDup 减 1。

　　根据这个优化思路编写的代码如下所示：

```
public int lengthOfLongestSubstring(String s) {
    if (s.length() == 0) {
        return 0;
    }

    int[] counts = new int[256];
    int i = 0;
    int j = -1;
    int longest = 1;
    int countDup = 0;
    for (; i < s.length(); ++i) {
        counts[s.charAt(i)]++;
        if (counts[s.charAt(i)] == 2) {
            countDup++;
        }

        while (countDup > 0) {
            ++j;
            counts[s.charAt(j)]--;
            if (counts[s.charAt(j)] == 1) {
                countDup--;
            }
        }

        longest = Math.max(i - j, longest);
    }

    return longest;
}
```

上述代码的时间复杂度仍然是 $O(n)$，但避免了多次重复扫描数组 counts，和前面的解法相比时间效率有所提高。

面试题 17：包含所有字符的最短字符串

题目：输入两个字符串 s 和 t，请找出字符串 s 中包含字符串 t 的所有字符的最短子字符串。例如，输入的字符串 s 为"ADDBANCAD"，字符串 t 为"ABC"，则字符串 s 中包含字符'A'、'B'和'C'的最短子字符串是"BANC"。如果不存在符合条件的子字符串，则返回空字符串""。如果存在多个符合条件的子字符串，则返回任意一个。

分析：这又是一道关于统计子字符串中出现的字符及每个字符出现的次数的面试题。如果一个字符串 s 中包含另一个字符串 t 的所有字符，那么字符串 t 的所有字符在字符串 s 中都出现，并且同一个字符在字符串 s 中出现的次数不少于在字符串 t 中出现的次数。

有了前面的经验，就可以用一个哈希表来统计一个字符串中每个字符出现的次数。首先扫描字符串 t，每扫描到一个字符，就把该字符在哈希表中对应的值加 1。然后扫描字符串 s，每扫描一个字符，就检查哈希表中是否包含该字符。如果哈希表中没有该字符，则说明该字符不是字符串 t 中的字符，可以忽略不计。如果哈希表中存在该字符，则把该字符在哈希表中的对应值减 1。如果字符串 s 中包含字符串 t 的所有字符，那么哈希表中最终所有的值都应该小于或等于 0。

仍然可以用两个指针定位字符串 s 的子字符串，其中第 1 个指针指向子字符串的第 1 个字符，第 2 个指针指向子字符串的最后一个字符。

如果某一时刻两个指针之间的子字符串还没有包含字符串 t 的所有字符，则在子字符串中添加新的字符，于是向右移动第 2 个指针。如果仍然没有包含字符串 t 的所有字符，则继续向右移动第 2 个指针。

如果某一时刻两个指针之间的子字符串已经包含字符串 t 的所有字符，由于目标是找出最短的符合条件的子字符串，因此向右移动第 1 个指针，以判断删除子字符串最左边的字符之后是否仍然包含字符串 t 的所有字符。

经过分析可以发现，这里移动两个指针的思路和面试题 16 的思路大同小异，感兴趣的读者请自行一步步仔细分析。该思路的参考代码如下所示：

```java
public String minWindow(String s, String t) {
    HashMap<Character, Integer> charToCount = new HashMap<>();
    for (char ch : t.toCharArray()) {
        charToCount.put(ch, charToCount.getOrDefault(ch, 0) + 1);
    }

    int count = charToCount.size();
    int start = 0, end = 0, minStart = 0, minEnd = 0;
    int minLength = Integer.MAX_VALUE;
    while (end < s.length() || (count == 0 && end == s.length())) {
        if (count > 0) {
            char endCh = s.charAt(end);
            if (charToCount.containsKey(endCh)) {
                charToCount.put(endCh, charToCount.get(endCh) - 1);
                if (charToCount.get(endCh) == 0) {
                    count--;
                }
            }

            end++;
        } else {
            if (end - start < minLength) {
                minLength = end - start;
                minStart = start;
                minEnd = end;
            }
```

```
        char startCh = s.charAt(start);
        if (charToCount.containsKey(startCh)) {
            charToCount.put(startCh, charToCount.get(startCh) + 1);
            if (charToCount.get(startCh) == 1) {
                count++;
            }
        }

        start++;
    }
}

return minLength < Integer.MAX_VALUE
    ? s.substring(minStart, minEnd)
    : "";
}
```

在上述代码中，变量 count 是出现在字符串 t 中但还没有出现在字符串 s 中的子字符串中的字符的个数。变量 start 相当于第 1 个指针，指向字符串 s 的子字符串中的第 1 个字符，变量 end 相当于第 2 个指针，指向字符串 s 的子字符串中的最后一个字符。当变量 count 等于 0 时，两个指针之间的子字符串就包含字符串 t 中的所有字符。

这里哈希表使用了 Java 中的类型 HashMap，而没有和之前几个题目一样用数组模拟。这是因为用类型 HashMap 可以非常方便地判断一个字符在字符串 t 中是否出现。如果一个字符在字符串 t 中出现，那么哈希表中一定包含该字符的键。

上述代码中只有一个 while 循环，用来把两个变量从 0 增加到字符串 s 的长度。如果字符串的长度是 n，那么时间复杂度就是 $O(n)$。可以使用一个哈希表来统计每个字符出现的次数。哈希表的键为字符，假设字符串中只有英文字母，那么哈希表的大小不会超过 256，辅助空间的大小不会随着字符串长度的增加而增加，因此空间复杂度是 $O(1)$。

3.3 回文字符串

回文是一类特殊的字符串。不管是从头到尾读取一个回文，还是颠倒过来从尾到头读取一个回文，得到的内容是一样的。英语中有很多回文单词，如"noon"和"madam"等。如果不考虑字符串中的空格和标点符号，并且忽略字母大小写的不同，那么还有更多有意思的回文，如"Sir, I demand, I am a maid named Iris."和"Bob: Did Anna peep? Anna: Did Bob?"等。

中文博大精深，自然也有很多有趣的回文，如有回文对联"上海自来水来自海上"和"黄山落叶松叶落山黄"等。如果不考虑标点符号，中文还有"我为人人，人人为我"等经典回文。

回文是一种大家喜闻乐见的文字游戏，与回文相关的非常有意思的面试题也有很多。除了本章几道典型的与回文有关的面试题，在第 13 章和第 14 章中也有与回文有关的题目。下面从判断一个字符串是不是回文开始介绍。

面试题 18：有效的回文

> 题目：给定一个字符串，请判断它是不是回文。假设只需要考虑字母和数字字符，并忽略大小写。例如，" Was it a cat I saw?"是一个回文字符串，而"race a car"不是回文字符串。

分析：判断一个字符串是不是回文，常用的方法就是使用双指针。可以定义两个指针，一个指针从第 1 个字符开始从前向后移动，另一个指针从最后一个字符开始从后向前移动。如果两个指针指向的字符相同，则同时移动这两个指针以判断它们指向的下一个字符是否相同。这样一直移动下去，直到两个指针相遇。

由于题目要求只考虑字母和数字字符，如果某个指针指向的字符既不是字母也不是数字，则移动指针跳过该字符。同时，由于题目要求忽略大小写，因此需要把所有的字母都转化成小写形式（或大写形式）再做比较。

以下是 Java 的参考代码：

```java
public boolean isPalindrome(String s) {
    int i = 0;
    int j = s.length() - 1;
    while (i < j) {
        char ch1 = s.charAt(i);
        char ch2 = s.charAt(j);
        if (!Character.isLetterOrDigit(ch1)) {
            i++;
        } else if (!Character.isLetterOrDigit(ch2)) {
            j--;
        } else {
            ch1 = Character.toLowerCase(ch1);
            ch2 = Character.toLowerCase(ch2);
            if (ch1 != ch2) {
                return false;
```

```
        }
        i++;
        j--;
    }
}

return true;
}
```

在上述代码中，两个变量 i 和 j 相当于两个指针。由于两个指针移动的总次数最多等于字符串的长度，因此该解法的时间复杂度是 $O(n)$。

面试题 19：最多删除一个字符得到回文

题目：给定一个字符串，请判断如果最多从字符串中删除一个字符能不能得到一个回文字符串。例如，如果输入字符串"abca"，由于删除字符'b'或'c'就能得到一个回文字符串，因此输出为 true。

分析：和面试题 18 类似，本题还是从字符串的两端开始向里逐步比较两个字符是不是相同。如果相同，则继续向里移动指针比较里面的两个字符。如果不相同，按照题目的要求，在删除一个字符之后再比较其他的字符就能够形成一个回文。由于事先不知道应该删除两个不同字符中的哪一个，因此两个字符都可以进行尝试。这种思路对应的 Java 的参考代码如下所示：

```java
public boolean validPalindrome(String s) {
    int start = 0;
    int end = s.length() - 1;
    for (; start < s.length() / 2; ++start, --end) {
        if (s.charAt(start) != s.charAt(end)) {
            break;
        }
    }

    return start == s.length() / 2
        || isPalindrome(s, start, end - 1)
        || isPalindrome(s, start + 1, end);
}

private boolean isPalindrome(String s, int start, int end) {
    while (start < end) {
        if (s.charAt(start) != s.charAt(end)) {
            break;
        }

        start++;
        end--;
```

```
    }

    return start >= end;
}
```

在函数 validPalindrome 的最后的 return 语句中，如果变量 start 等于输入字符串 s 的长度的一半，那么字符串 s 本身就是一个回文。如果变量 start 小于字符串 s 的长度的一半，那么下标为 start 和 end 的两个字符不相同，分别跳过下标 start 和 end（相当于删除字符串中下标为 start 或 end 的字符），调用函数 isPalindrome 可以判断剩下的字符串是不是一个回文。

面试题 20：回文子字符串的个数

题目：给定一个字符串，请问该字符串中有多少个回文连续子字符串？例如，字符串"abc"有 3 个回文子字符串，分别为"a"、"b"和"c"；而字符串"aaa"有 6 个回文子字符串，分别为"a"、"a"、"a"、"aa"、"aa"和"aaa"。

分析：前面都是从字符串的两端开始向里移动指针来判断字符串是否是一个回文，其实也可以换一个方向从字符串的中心开始向两端延伸。如果存在一个长度为 m 的回文子字符串，则分别再向该回文的两端延伸一个字符，并判断回文前后的字符是否相同。如果相同，就找到了一个长度为 $m+2$ 的回文子字符串。例如，在字符串"abcba"中，从中间的"c"出发向两端延伸一个字符，由于"c"前后都是字符'b'，因此找到了一个长度为 3 的回文子字符串"bcb"。然后向两端延伸一个字符，由于"bcb"的前后都是字符'a'，因此又找到一个长度为 5 的回文子字符串"abcba"。

值得注意的是，回文的长度既可以是奇数，也可以是偶数。长度为奇数的回文的对称中心只有一个字符，而长度为偶数的回文的对称中心有两个字符。

基于这种思路可以编写出如下所示的代码：

```java
public int countSubstrings(String s) {
    if (s == null || s.length() == 0) {
        return 0;
    }

    int count = 0;
    for (int i = 0; i < s.length(); ++i) {
        count += countPalindrome(s, i, i);
        count += countPalindrome(s, i, i + 1);
    }
```

```
    return count;
}

private int countPalindrome(String s, int start, int end) {
    int count = 0;
    while (start >= 0 && end < s.length()
            && s.charAt(start) == s.charAt(end)) {
        count++;
        start--;
        end++;
    }

    return count;
}
```

　　字符串的下标为 i。第 i 个字符本身可以成为长度为奇数的回文子字符串的对称中心，同时第 i 个字符和第 i+1 个字符可以一起成为长度为偶数的回文子字符串的对称中心。因此，在上述代码中，for 循环通过对每个下标 i 调用两次 countPalindrome 来统计回文子字符串的个数。

　　上述解法仍然需要两个嵌套的循环，因此时间复杂度是 $O(n^2)$。该解法只用到了若干变量，其空间复杂度是 $O(1)$。

3.4 本章小结

　　本章详细讨论了字符串及其相关的典型面试题。字符串是编程面试中经常出现的数据类型，熟练掌握字符串常用操作对应的函数是解决字符串面试题的前提。

　　变位词和回文是很有意思的文字游戏，在与字符串相关的算法面试题中，它们出现的频率很高。如果两个字符串包含的字符及每个字符出现的次数都相同，只是字符出现的顺序不同，那么它们就是一组变位词。通常可以用一个哈希表来统计每个字符出现的次数，有了哈希表就很容易判断两个字符串是不是一组变位词。

　　回文是一类特殊的字符串。不管是从前往后还是从后往前读取其每一个字符，得到的内容都是一样的。通常可以用两个指针来判断一个字符串是不是回文，要么两个指针从字符串的两端开始向中间移动，要么两个指针从中间开始向两端移动。

第 4 章

链表

4.1 链表的基础知识

链表是一种常见的基础数据结构。在链表中，每个节点包含指向下一个节点的指针，这些指针把节点连接成链状结构。

在创建链表时无须事先知道链表的长度。链表节点的内存分配不是在创建链表时一次性地完成，而是每添加一个节点分配一次内存。当插入一个节点时，只需要为新节点分配内存，然后通过调整指针的指向来确保新节点被链接到链表中。这样，链表就能实现灵活的内存动态管理，可以充分地利用计算机的内存资源。

和数组相比，链表更适合用来存储一个大小动态变化的数据集。如果需要在一个数据集中频繁地添加新的数据并且不需要考虑数据的顺序，那么可以用链表来实现这个数据集。链表中的插入操作可以用 $O(1)$ 的时间来实现。

由于链表中的内存不是一次性分配的，因此链表节点在内存中的地址并不是连续的。如果想在链表中找到链表的第 i 个节点，就只能从头节点开始朝着指向下一个节点的指针遍历链表，它的时间效率为 $O(n)$。而在数组中，根据下标用 $O(1)$ 的时间就能找到第 i 个元素。

链表的创建、插入节点、删除节点等操作都只需要 20 行左右的代码就能实现，其代码量比较适合作为面试题。由于链表是一种动态的数据结构，其操作是针对指针进行的，因此应聘者需要有较好的编程功底才能编写出

正确的操作链表的代码。另外，链表这种数据结构很灵活，面试官可以用
链表设计出具有挑战性的面试题。基于上述几个原因，与链表相关的题目
深受面试官的青睐。

　　大多数出现在算法面试题中的链表都是单向链表。单向链表的节点包
含指向下一个节点的指针，因此单向链表的节点可以定义为如下形式：

```java
public class ListNode {
    public int val;
    public ListNode next;

    public ListNode(int val) {
        this.val = val;
    }
}
```

4.2　哨兵节点

　　哨兵节点是为了简化处理链表边界条件而引入的附加链表节点。哨兵
节点通常位于链表的头部，它的值没有任何意义。在一个有哨兵节点的链
表中，从第 2 个节点开始才真正保存有意义的信息。

❖ 用哨兵节点简化链表插入操作

　　链表的一个基本操作是在链表的尾部添加一个节点。由于通常只有一
个指向单向链表头节点的指针，因此需要遍历链表中的节点直至到达链表
的尾部，然后在尾部添加一个节点。可以用如下所示的 Java 代码实现这个
过程：

```java
public ListNode append(ListNode head, int value) {
    ListNode newNode = new ListNode(value);
    if (head == null) {
        return newNode;
    }

    ListNode node = head;
    while(node.next != null) {
        node = node.next;
    }

    node.next = newNode;
    return head;
}
```

上述代码中有一个值得注意的细节：当输入的链表头节点为 null 时，输入的链表为空。此时新添加的节点成为链表中唯一的节点，也就是链表的头节点。在这种情况下，我们改变了输入链表的头节点，因此在上述代码中有一条用来处理这种情况的 if 语句。

还有另外一种方法可以在链表的尾部添加一个节点。首先创建一个哨兵节点，并把该节点当作链表的头节点，然后把原始的链表添加在哨兵节点的后面。当完成添加操作之后，再返回链表真正的头节点，也就是哨兵节点的下一个节点。这种思路的代码如下所示：

```java
public ListNode append(ListNode head, int value){
    ListNode dummy = new ListNode(0);
    dummy.next = head;

    ListNode newNode = new ListNode(value);
    ListNode node = dummy;
    while(node.next != null) {
        node = node.next;
    }

    node.next = newNode;
    return dummy.next;
}
```

由于将新创建的一个哨兵节点当作链表的头节点，链表无论如何也不会为空，因此不需要使用 if 语句来单独处理输入头节点 head 为 null 的情形。哨兵节点简化了代码的逻辑。

❖ 用哨兵节点简化链表删除操作

下面讨论如何从链表中删除第 1 个值为指定值的节点。通常为了删除一个节点，应该找到被删除节点的前一个节点，然后把该节点的 next 指针指向它下一个节点的下一个节点，这样下一个节点没有被其他节点引用，也就相当于被删除了。由于需要逐一遍历链表中的节点以便找到第 1 个指定值的节点，因此不难写出如下所示的代码：

```java
public ListNode delete(ListNode head, int value) {
    if (head == null) {
        return head;
    }

    if (head.val == value) {
        return head.next;
```

```
    }

    ListNode node = head;
    while (node.next != null) {
        if (node.next.val == value) {
            node.next = node.next.next;
            break;
        }

        node = node.next;
    }

    return head;
}
```

在上述代码中有两条 if 语句，分别用于处理两个特殊情况：输入的链表为空；被删除的节点是原始链表的头节点。

如果在链表的最前面添加一个哨兵节点作为头节点，那么链表就不为空，并且链表的头节点无论如何都不会被删除。因此，也可以用哨兵节点来简化从链表中删除节点的代码逻辑：

```
public static ListNode delete(ListNode head, int value) {
    ListNode dummy = new ListNode(0);
    dummy.next = head;

    ListNode node = dummy;
    while (node.next != null) {
        if (node.next.value == value) {
            node.next = node.next.next;
            break;
        }

        node = node.next;
    }

    return dummy.next;
}
```

输入的链表为空，或者操作可能会产生新的头节点，这些都是应聘者在面试时特别容易忽视的测试用例。如果合理应用哨兵节点，就不再需要单独处理这些特殊的输入，从而杜绝由于忘记处理这些特殊输入而出现 Bug 的可能性。

 解题小经验

使用哨兵节点可以简化创建或删除链表头节点操作的代码。

4.3 双指针

所谓双指针是指利用两个指针来解决与链表相关的面试题，这是一种常用思路。双指针思路又可以根据两个指针不同的移动方式细分成两种不同的方法。第 1 种方法是前后双指针，即一个指针在链表中提前朝着指向下一个节点的指针移动若干步，然后移动第 2 个指针。前后双指针的经典应用是查找链表的倒数第 k 个节点。先让第 1 个指针从链表的头节点开始朝着指向下一个节点的指针先移动 $k-1$ 步，然后让第 2 个指针指向链表的头节点，再让两个指针以相同的速度一起移动，当第 1 个指针到达链表的尾节点时第 2 个指针正好指向倒数第 k 个节点。

第 2 种方法是快慢双指针，即两个指针在链表中移动的速度不一样，通常是快的指针朝着指向下一个节点的指针一次移动两步，慢的指针一次只移动一步。采用这种方法，在一个没有环的链表中，当快的指针到达链表尾节点的时候慢的指针正好指向链表的中间节点。

下面采用双指针思路解决几道典型的链表面试题。

面试题 21：删除倒数第 k 个节点

> 题目：如果给定一个链表，请问如何删除链表中的倒数第 k 个节点？假设链表中节点的总数为 n，那么 $1 \leq k \leq n$。要求只能遍历链表一次。
>
> 例如，输入图 4.1（a）中的链表，删除倒数第 2 个节点之后的链表如图4.1（b）所示。

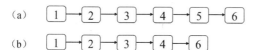

图 4.1　从链表中删除倒数第 2 个节点
说明：（a）一个包含 6 个节点的链表；（b）删除倒数第 2 个节点（值为 5 的节点）之后的链表

分析：如果可以遍历链表两次，那么这个问题就会变得简单一些。在第 1 次遍历链表时，可以得出链表的节点总数 n。在第 2 次遍历链表时，可以找出链表的第 $n-k$ 个节点（即倒数第 $k+1$ 个节点）。然后把倒数第 $k+1$ 个节点的 next 指针指向倒数第 $k-1$ 个节点，这样就可以把倒数第 k 个节点从链表中删除。

　　但题目要求只能遍历链表一次。为了实现只遍历链表一次就能找到倒数第 $k+1$ 个节点，可以定义两个指针。第 1 个指针 P_1 从链表的头节点开始向前走 k 步，第 2 个指针 P_2 保持不动；从第 $k+1$ 步开始指针 P_2 也从链表的头节点开始和指针 P_1 以相同的速度遍历。由于两个指针的距离始终保持为 k，当指针 P_1 指向链表的尾节点时指针 P_2 正好指向倒数第 $k+1$ 个节点。

　　下面以在有 6 个节点的链表中找倒数第 3 个节点为例一步步分析这个过程。首先用第 1 个指针 P_1 从头节点开始向前走 2 步到达第 3 个节点，如图 4.2（a）所示。然后初始化第 2 个指针 P_2，让它指向链表的头节点，如图 4.2（b）所示。最后让两个指针同时向前遍历，当指针 P_1 到达链表的尾节点时指针 P_2 刚好指向倒数第 3 个节点，如图 4.2（c）所示。

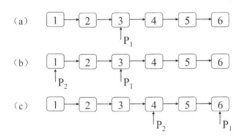

图 4.2　用双指针找出链表中的倒数第 3 个节点

说明：（a）第 1 个指针 P_1 在链表中走 2 步。（b）把第 2 个指针 P_2 指向链表的头节点。（c）指针 P_1 和 P_2 一同朝着指向下一个节点的指针向前走。当指针 P_1 指向链表的尾节点时，指针 P_2 指向链表的倒数第 3 个节点

　　找出链表中倒数第 3 个节点之后再删除倒数第 2 个节点比较容易，只需要把倒数第 3 个节点的 next 指针指向倒数第 1 个节点就可以。基于这种思路，可以编写出如下所示的代码：

```java
public ListNode removeNthFromEnd(ListNode head, int n) {
    ListNode dummy = new ListNode(0);
    dummy.next = head;

    ListNode front = head, back = dummy;
    for (int i = 0; i < n; i++) {
        front = front.next;
    }

    while (front != null) {
        front = front.next;
```

```
        back = back.next;
    }

    back.next = back.next.next;
    return dummy.next;
}
```

由于当 k 等于链表的节点总数时，被删除的节点为原始链表的头节点，上述代码的逻辑也可以简化，运用哨兵节点来避免单独处理删除头节点的情况。

面试题 22：链表中环的入口节点

> 题目：如果一个链表中包含环，那么应该如何找出环的入口节点？从链表的头节点开始顺着 next 指针方向进入环的第 1 个节点为环的入口节点。例如，在如图 4.3 所示的链表中，环的入口节点是节点 3。

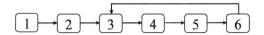

图 4.3　节点 3 是链表中环的入口节点

分析：解决这个问题的第 1 步是如何确定一个链表中包含环。如果一个链表中没有环，那么自然不存在环的入口节点，此时应该返回 null。

受到面试题 21 的启发，仍可以用两个指针来判断链表中是否包含环。和解决前面的问题一样，可以定义两个指针并同时从链表的头节点出发，一个指针一次走一步，另一个指针一次走两步。如果链表中不包含环，走得快的指针直到抵达链表的尾节点都不会和走得慢的指针相遇。如果链表中包含环，走得快的指针在环里绕了一圈之后将会追上走得慢的指针。因此，可以根据一快一慢两个指针是否能够相遇来判断链表中是否包含环。

❖ 需要知道环中节点数目的解法

第 2 步是如何找到环的入口节点，可以用两个指针来解决。先定义两个指针 P_1 和 P_2，指向链表的头节点。如果链表中的环有 n 个节点，第 1 个指针 P_1 先在链表中向前移动 n 步，然后两个指针以相同的速度向前移动。当第 2 个指针 P_2 指向环的入口节点时，指针 P_1 已经围绕环走了一圈又回到了入口节点。

　　下面以图 4.3 中的链表为例来分析两个指针的移动规律。指针 P_1 在初始化时指向链表的头节点。由于环中有 4 个节点，指针 P_1 先在链表中向前移动 4 步到达第 5 个节点，如图 4.4（a）所示。然后将指针 P_2 指向链表的头节点，如图 4.4（b）所示。接下来两个指针以相同的速度在链表中向前移动直到相遇，它们相遇的节点正好是环的入口节点，如图 4.4（c）所示。

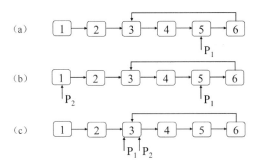

图 4.4　在有环的链表中找到环的入口节点的步骤

说明：（a）由于环中有 4 个节点，指针 P_1 先在链表中向前移动 4 步；（b）初始化指针 P_2 指向链表的头节点；（c）指针 P_1 和 P_2 以相同的速度在链表中向前移动直到相遇，它们相遇的节点就是环的入口节点

　　最后一个问题是如何得到环中节点的数目。前面在判断链表中是否有环时用到了一快一慢两个指针。如果两个指针相遇，则表明链表中存在环。两个指针之所以会相遇是因为快的指针绕环一圈追上慢的指针，因此它们相遇的节点一定是在环中。可以从这个相遇的节点出发一边继续向前移动一边计数，当再次回到这个节点时就可以得到环中节点的数目。

　　下面的函数 getNodeInLoop 用一快一慢两个指针找到环中的一个节点，如果链表中没有环则返回 null：

```
private ListNode getNodeInLoop(ListNode head) {
    if (head == null || head.next == null) {
        return null;
    }

    ListNode slow = head.next;
    ListNode fast = slow.next;
    while (slow != null && fast != null) {
        if (slow == fast)
            return slow;

        slow = slow.next;
        fast = fast.next;
        if (fast != null)
```

```
            fast = fast.next;
        }

        return null;
    }
}
```

在找到环中任意一个节点之后，绕环一圈就能得出环中节点的数目，接下来再次使用双指针就能找到环的入口节点。相应的代码如下所示：

```
public ListNode detectCycle(ListNode head) {
    ListNode inLoop = getNodeInLoop(head);
    if (inLoop == null) {
        return null;
    }

    int loopCount = 1;
    for (ListNode n = inLoop; n.next != inLoop; n = n.next) {
        loopCount++;
    }

    ListNode fast = head;
    for (int i = 0; i < loopCount; ++i)
        fast = fast.next;

    ListNode slow = head;
    while (fast != slow) {
        fast = fast.next;
        slow = slow.next;
    }

    return slow;
}
```

❖ 不需要知道环中节点数目的解法

上述代码需要求出链表的环中节点的数目。如果仔细分析，就会发现其实并没有必要求得环中节点的数目。如果链表中有环，快慢两个指针一定会在环中的某个节点相遇。慢的指针一次走一步，假设在相遇时慢的指针一共走了 k 步。由于快的指针一次走两步，因此在相遇时快的指针一共走了 $2k$ 步。因此，到相遇时快的指针比慢的指针多走了 k 步。另外，两个指针相遇时快的指针比慢的指针在环中多转了若干圈。也就是说，两个指针相遇时快的指针多走的步数 k 一定是环中节点的数目的整数倍，此时慢的指针走过的步数 k 也是环中节点数的整数倍。

此时可以让一个指针指向相遇的节点，该指针的位置是之前慢的指针走了 k 步到达的位置。接着让另一个指针指向链表的头节点，然后两个指针以相同的速度一起朝着指向下一个节点的指针移动，当后面的指针到达环的入口节点时，前面的指针比它多走了 k 步，而 k 是环中节点的数目的整数倍，相当于前面的指针在环中转了 k 圈后也到达环的入口节点，两个指针正好相遇。也就是说，两个指针相遇的节点正好是环的入口节点。

简化之后的代码如下所示，和前面的代码相比，此处省略了得到环中节点的数目的步骤：

```java
public ListNode detectCycle(ListNode head) {
    ListNode inLoop = getNodeInLoop(head);
    if (inLoop == null) {
        return null;
    }

    ListNode node = head;
    while (node != inLoop) {
        node = node.next;
        inLoop = inLoop.next;
    }

    return node;
}
```

面试题 23：两个链表的第 1 个重合节点

题目：输入两个单向链表，请问如何找出它们的第 1 个重合节点。例如，图 4.5 中的两个链表的第 1 个重合节点的值是 4。

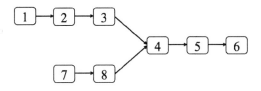

图 4.5　两个部分重合的链表，它们的第 1 个重合节点的值是 4

分析：很多应聘者都知道解决这个问题的蛮力法，即在第 1 个链表中顺序遍历每个节点，每遍历到一个节点时，在第 2 个链表中顺序遍历每个节点。如果在第 2 个链表中有一个节点和第 1 个链表中的某个节点相同，则说明两个链表在这个节点上重合，于是就找到了它们的公共节点。如果第 1 个链表的长度为 m，第 2 个链表的长度为 n，那么该方法的时间复杂度是 $O(mn)$。

蛮力法通常不是最好的办法，下面分析有公共节点的两个链表有哪些特点，并从这些特点出发找出解决方法。

我们观察到的第 1 个特点是，可以在重合的两个链表的基础上构造一个包含环的链表。以图 4.5 中的两个链表为例，首先从第 2 个链表的头节点（值为 7 的节点）开始逐一遍历链表中的节点直至到达尾节点（值为 6 的节点）。如果把尾节点的 next 指针连接到第 2 个链表的头节点上，那么就可以构造出一个包含环的链表，如图 4.6 所示。接下来只需要从第 1 个链表的头节点开始找出环的入口节点（值为 4 的节点），该入口节点就是原来两个链表的第 1 个重合节点。

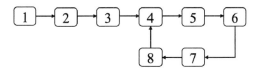

图 4.6 把图 4.5 中的尾节点（值为 6 的节点）的 next 指针连接到第 2 个链表的头节点（值为 7 的节点），形成一个包含环的链表

前面已经详细介绍了如何找出链表中环的入口节点，因此这里不再赘述。

我们观察到的第 2 个特点是如果两个链表有重合节点，那么这些重合节点一定只出现在链表的尾部。如果两个单向链表有重合节点，那么从某个节点开始这两个链表的 next 指针都指向同一个节点。在单向链表中，每个节点只有一个 next 指针，因此在第 1 个重合节点开始之后它们的所有节点都是重合的，不可能再出现分叉。

由于重合节点只可能出现在链表的尾部，因此可以从两个链表的尾部开始向前比较，最后一个相同节点就是我们要找的节点。但是在单向链表中，只能从头节点开始向后遍历，直至到达尾节点。最后到达的尾节点却要最先被比较，这就是通常所说的"后进先出"。至此不难想到可以用栈来解决这个问题：分别把两个链表的节点放入两个栈，这样两个链表的尾节点就位于两个栈的栈顶。接下来比较两个栈的栈顶节点是否相同。如果相同，则把栈顶节点弹出，然后比较下一个栈顶节点，直到找到最后一个相同的节点。

如果链表的长度分别为 m 和 n，那么这种思路的时间复杂度是 $O(m+n)$。上述思路需要用两个辅助栈，因此空间复杂度也是 $O(m+n)$。和最开始的蛮力法相比，这是一种用空间换时间的方法。

前面的解法之所以需要使用栈，是因为我们希望能同时到达两个栈的尾节点。当两个链表的长度不相同时，如果从头开始遍历，那么到达尾节点的时间就不一致。其实，解决这个问题还有一个更简单的办法：首先遍历两个链表得到它们的长度，这样就能知道哪个链表比较长，以及长的链表比短的链表多几个节点。在第 2 次遍历时，第 1 个指针 P_1 在较长的链表中先移动若干步，再把第 2 个指针 P_2 初始化到较短的链表的头节点，然后这两个指针按照相同的速度在链表中移动，直到它们相遇。两个指针相遇的节点就是两个链表的第 1 个公共节点。

例如，在如图 4.5 所示的两个链表中，可以先各自遍历一次，得到链表的长度，分别为 6 和 5，也就是说较长的链表比较短的链表多 1 个节点。第 2 次先用一个指针 P_1 在长的链表中走 1 步，到达值为 2 的节点。接下来把指针 P_2 初始化到短的链表的头节点（值为 7 的节点）。然后分别移动这两个指针直到找到第 1 个相同的节点（值为 6 的节点），这就是我们想要的结果。这个过程如图 4.7 所示。

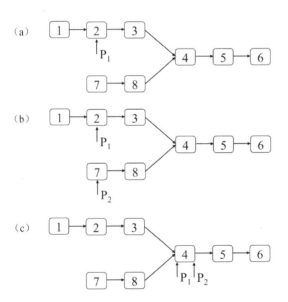

图 4.7　用双指针找出图 4.5 中两个链表的第 1 个重合节点的过程
说明：（a）由于第 1 个链表比第 2 个链表多一个节点，第 1 个指针 P_1 在第 1 个链表中走 1 步；（b）初始化第 2 个指针 P_2 指向第 2 个链表的头节点；（c）以相同的速度移动指针 P_1 和 P_2，直至它们相遇，相遇的节点（值为 4 的节点）就是第 1 个重合节点

理解这个过程之后就可以编写出如下所示的 Java 代码：

```java
public ListNode getIntersectionNode(ListNode headA, ListNode headB) {
    int count1 = countList(headA);
    int count2 = countList(headB);
```

```
    int delta = Math.abs(count1 - count2);
    ListNode longer = count1 > count2 ? headA : headB;
    ListNode shorter = count1 > count2 ? headB : headA;
    ListNode node1 = longer;
    for (int i = 0; i < delta; ++i) {
        node1 = node1.next;
    }

    ListNode node2 = shorter;
    while (node1 != node2) {
        node2 = node2.next;
        node1 = node1.next;
    }

    return node1;
}

private int countList(ListNode head) {
    int count = 0;
    while (head != null) {
        count++;
        head = head.next;
    }

    return count;
}
```

上述代码将两个链表分别遍历两次，第 1 次得到两个链表的节点数，第 2 次找到两个链表的第 1 个公共节点，这种方法的时间复杂度是 $O(m+n)$。由于不需要保存链表的节点，因此这种方法的空间复杂度是 $O(1)$。

4.4 反转链表

单向链表最大的特点就是其单向性，只能顺着指向下一个节点的指针方向从头到尾遍历链表而不能反方向遍历。这种特性用一句古诗来形容正合适：黄河之水天上来，奔流到海不复回。

有些面试题只有从链表尾节点开始遍历到头节点才容易解决。这个时候可以先将链表反转，然后在反转的链表中从头到尾遍历，这就相当于在原来的链表中从尾到头遍历。

下面介绍如何反转链表，以及如何利用反转链表来解决典型的算法面试题。

面试题 24：反转链表

题目：定义一个函数，输入一个链表的头节点，反转该链表并输出反转后链表的头节点。例如，把图 4.8（a）中的链表反转之后得到的链表如图 4.8（b）所示。

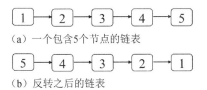

（a）一个包含5个节点的链表

（b）反转之后的链表

图 4.8　反转一个链表

分析：首先确定函数的返回值。需要返回的是反转后链表的头节点。显然，反转之后链表的头节点是原始链表的尾节点，也就是说，原始链表中的 next 指针指向 null 的节点。

然后借助图形直观地分析如何通过调整链表中指针的方向来正确地反转链表。在如图 4.9（a）所示的链表中，i、j 和 k 是 3 个相邻的节点。假设经过若干次反转操作已经把节点 i 之前的指针都反转了，这些节点的 next 指针都指向前面一个节点。接下来把节点 j 的 next 指针指向节点 i，此时的链表结构如图 4.9（b）所示。

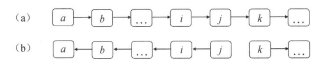

图 4.9　反转链表节点中的 next 指针导致链表出现断裂

说明：（a）一个链表；（b）把节点 j 之前所有的节点的 next 指针都指向前一个节点，导致链表在节点 j 和 k 之间断裂

由于节点 j 的 next 指针指向了它的前一个节点 i，因此链表在节点 j 和 k 之间断开，无法在链表中遍历到节点 k。为了避免链表断开，需要在调整节点 j 的 next 指针之前把节点 k 保存下来。

也就是说，在调整节点 j 的 next 指针时，除了需要知道节点 j 本身，还需要知道节点 j 的前一个节点 i，这是因为需要把节点 j 的 next 指针指向节点 i。同时，还需要事先保存节点 j 的下一个节点 k，以防止链表断开。因此，在遍历链表逐个反转每个节点的 next 指针时需要用到 3 个指针，分别指向当前遍历到的节点、它的前一个节点及后一个节点。

有了前面的分析，就可以编写出如下所示的代码来反转链表：

```
public ListNode reverseList(ListNode head) {
    ListNode prev = null;
    ListNode cur = head;
    while (cur != null) {
        ListNode next = cur.next;
        cur.next = prev;
        prev = cur;
        cur = next;
    }

    return prev;
}
```

在上述代码中，变量 cur 指向当前遍历到的节点，变量 prev 指向当前节点的前一个节点，而变量 next 指向下一个节点。每遍历一个节点之后，都让变量 prev 指向该节点。在遍历到尾节点之后，变量 prev 最后一次被更新，因此，变量 prev 最终指向原始链表的尾节点，也就是反转链表的头节点。

显然，上述代码的时间复杂度是 $O(n)$，空间复杂度是 $O(1)$。

面试题 25：链表中的数字相加

题目：给定两个表示非负整数的单向链表，请问如何实现这两个整数的相加并且把它们的和仍然用单向链表表示？链表中的每个节点表示整数十进制的一位，并且头节点对应整数的最高位数而尾节点对应整数的个位数。例如，在图 4.10（a）和图 4.10（b）中，两个链表分别表示整数 123 和 531，它们的和为 654，对应的链表如图 4.10（c）所示。

分析：这是一个看起来很简单的题目。很多应聘者的第一反应是根据链表求出整数，然后直接将两个整数相加，最后把结果用链表表示。这种思路的最大的问题是没有考虑到整数有可能会溢出。当链表较长时，表示的整数很大，可能会超出 int 甚至 long 的范围，如果根据链表求出整数就有可能会溢出。

由于示例中给出的两个链表的长度是一样的，因此很多应聘者没有经过细致思考就以为只要从两个链表的头节点开始逐个数位相加就可以。

（a）表示整数123的链表

5 ⟶ 3 ⟶ 1

（b）表示整数531的链表

6 ⟶ 5 ⟶ 4

（c）表示123与531的和654的链表

图 4.10　链表中的数字及它们的和

　　其实，只要分析一个长度不相同的两个链表相加的例子就能发现题目没有这么简单。例如，两个分别表示整数 984 和 18 的链表，它们相加时应该是 984 中的十位数 8 和 18 中的十位数 1 相加，984 的个位数 4 和 18 的个位数 8 相加。此时不能从两个链表的头节点开始相加，而是应该把它们的尾节点对齐并把对应的数位相加。

　　通常，两个整数相加都是先加个位数，再加十位数，然后依次相加更高位数字。由于题目中的整数使用单向链表表示，因此先将两个尾节点相加，再将两个整数的倒数第 2 个节点相加，并依次对前面的节点相加。

　　但是两个尾节点相加之后，在单向链表中就无法前进到倒数第 2 个节点。在单向链表中只能从前面的节点朝着 next 指针方向前进到后面的节点，却无法从后面的节点前进到前面的节点。

　　解决这个问题的办法是把表示整数的链表反转。反转之后的链表的头节点表示个位数，尾节点表示最高位数。此时从两个链表的头节点开始相加，就相当于从整数的个位数开始相加。

　　在做加法时还需要注意的是进位。如果两个整数的个位数相加的和超过 10，就会往十位数产生一个进位。在下一步做十位数相加时就要把这个进位考虑进去。

　　图 4.11 总结了用链表表示的两个整数 984 和 18 相加的过程。先把两个表示整数的链表反转，再在两个反转之后的链表中逐个节点实现加法，最后把表示和的链表反转。

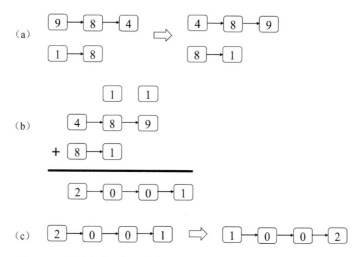

图 4.11 用链表表示的两个整数 984 和 18 相加的过程

说明：（a）把分别表示 984 和 18 的两个链表反转；（b）在反转之后的链表中从个位数开始相加；

（c）把表示和的链表反转得到结果 1002

该思路对应的代码如下所示：

```java
public ListNode addTwoNumbers(ListNode head1, ListNode head2) {
    head1 = reverseList(head1);
    head2 = reverseList(head2);
    ListNode reversedHead = addReversed(head1, head2);
    return reverseList(reversedHead);
}

private ListNode addReversed(ListNode head1, ListNode head2) {
    ListNode dummy = new ListNode(0);
    ListNode sumNode = dummy;
    int carry = 0;
    while (head1 != null || head2 != null) {
        int sum = (head1 == null ? 0 : head1.val)
                + (head2 == null ? 0 : head2.val) + carry;
        carry = sum >= 10 ? 1 : 0;
        sum = sum >= 10 ? sum - 10 : sum;
        ListNode newNode = new ListNode(sum);

        sumNode.next = newNode;
        sumNode = sumNode.next;

        head1 = head1 == null ? null : head1.next;
        head2 = head2 == null ? null : head2.next;
    }

    if (carry > 0) {
        sumNode.next = new ListNode(carry);
    }
```

```
    return dummy.next;
}
```

　　函数 reverseList 和面试题 24 中的函数 reverseList 完全一样，这里就不再重复介绍。

面试题 26：重排链表

> 　　问题：给定一个链表，链表中节点的顺序是 $L_0 \rightarrow L_1 \rightarrow L_2 \rightarrow \cdots \rightarrow L_{n-1} \rightarrow L_n$，请问如何重排链表使节点的顺序变成 $L_0 \rightarrow L_n \rightarrow L_1 \rightarrow L_{n-1} \rightarrow L_2 \rightarrow L_{n-2} \rightarrow \cdots$？例如，输入图 4.12（a）中的链表，重排之后的链表如图 4.12（b）所示。

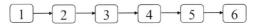

（a）一个包含6个节点的链表

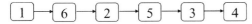

（b）重排之后的链表

图 4.12　重排链表

　　分析：如果仔细观察输入链表和输出链表之间的联系，就能发现重排链表其实包含以下几个操作。首先把链表分成前后两半。在示例链表中，前半段链表包含 1、2、3 这 3 个节点，后半段链表包含 4、5、6 这 3 个节点。然后把后半段链表反转。示例链表的后半段链表反转之后，节点的顺序变成 6、5、4。最后从前半段链表和后半段链表的头节点开始，逐个把它们的节点连接起来形成一个新的链表。先把前半段链表和后半段链表的头节点 1 和 6 连接起来，再把处在第 2 个位置的节点 2 和 5 连接起来，最后把两个尾节点 3 和 4 连接起来，因此在新的链表中节点的顺序是 1、6、2、5、3、4。

　　需要首先解决的问题是如何把一个链表分成两半。如果能够找到链表的中间节点，那么就能根据中间节点把链表分割成前后两半。位于中间节点之前的是链表的前半段，位于中间节点之后的是链表的后半段。

　　可以使用双节点来寻找链表的中间节点。如果一快一慢两个指针同时从链表的头节点出发，快的指针一次顺着 next 指针向前走两步，而慢的指针一次只走一步，那么当快的指针走到链表的尾节点时慢的指针刚好走到链表的中间节点。

一个值得注意的问题是，链表的节点总数既可能是奇数也可能是偶数。当链表的节点总数是奇数时，就要确保链表的前半段比后半段多一个节点。

```java
public void reorderList(ListNode head) {
    ListNode dummy = new ListNode(0);
    dummy.next = head;
    ListNode fast = dummy;
    ListNode slow = dummy;
    while (fast != null && fast.next != null) {
        slow = slow.next;
        fast = fast.next;
        if (fast.next != null) {
            fast = fast.next;
        }
    }

    ListNode temp = slow.next;
    slow.next = null;
    link(head, reverseList(temp), dummy);
}

private void link(ListNode node1, ListNode node2, ListNode head) {
    ListNode prev = head;
    while (node1 != null && node2 != null) {
        ListNode temp = node1.next;

        prev.next = node1;
        node1.next = node2;
        prev = node2;

        node1 = temp;
        node2 = node2.next;
    }

    if (node1 != null) {
        prev.next = node1;
    }
}
```

在上述代码中，变量 fast 表示走得快的指针，一次走两步，变量 slow 表示走得慢的指针，一次只走一步。当变量 fast 指向尾节点时，变量 slow 指向前半段的最后一个节点。

变量 slow 指向的节点的下一个节点就是后半段的头节点，用变量 temp 表示。然后调用函数 reverseList 反转链表的后半段。该函数和前面几道面试题中的函数 reverseList 完全一样，这里就不再重复介绍。

面试题 27：回文链表

> 问题：如何判断一个链表是不是回文？要求解法的时间复杂度是 $O(n)$，并且不得使用超过 $O(1)$ 的辅助空间。如果一个链表是回文，那么链表的节点序列从前往后看和从后往前看是相同的。例如，图 4.13 中的链表的节点序列从前往后看和从后往前看都是 1、2、3、3、2、1，因此这是一个回文链表。

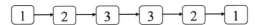

图 4.13　一个回文链表

　　分析：如果不考虑辅助空间的限制，直观的解法是创建一个新的链表，链表中节点的顺序和输入链表的节点顺序正好相反。如果新的链表和输入链表是相同的，那么输入链表就是一个回文链表。只是这种解法需要创建一个和输入链表长度相等的链表，因此需要 $O(n)$ 的辅助空间。

　　仔细分析回文链表的特点以便找出更好的解法。回文链表的一个特性是对称性，也就是说，如果把链表分为前后两半，那么前半段链表反转之后与后半段链表是相同的。在如图 4.13 所示的包含 6 个节点的链表中，前半段链表的 3 个节点反转之后分别是 3、2、1，后半段链表的 3 个节点也分别是 3、2、1，因此它是一个回文链表。

　　如图 4.13 所示，链表的节点总数是偶数。如果链表的节点总数是奇数，那么把链表分成前后两半时不用包括中间节点。例如，一个链表中的节点顺序是 1、2、k、2、1，前面两个节点反转之后是 2、1，后面两个节点也是 2、1，不管中间节点的值是什么该链表都是回文链表。

　　通过如此分析可知，这个题目的解法和面试题 26 的解法基本类似，都是尝试把链表分成前后两半，然后把其中一半反转。基于这种思路可以编写出如下所示的代码：

```
public boolean isPalindrome(ListNode head) {
    if (head == null || head.next == null) {
        return true;
    }

    ListNode slow = head;
    ListNode fast = head.next;
    while (fast.next != null && fast.next.next != null) {
```

```
        fast = fast.next.next;
        slow = slow.next;
    }

    ListNode secondHalf = slow.next;
    if (fast.next != null) {
        secondHalf = slow.next.next;
    }

    slow.next = null;
    return equals(secondHalf, reverseList(head));
}

private boolean equals(ListNode head1, ListNode head2) {
    while (head1 != null && head2 != null) {
        if (head1.val != head2.val) {
            return false;
        }

        head1 = head1.next;
        head2 = head2.next;
    }

    return head1 == null && head2 == null;
}
```

上述代码仍然是用一快一慢两个指针找出链表中的中间节点，并以此把链表分成前后两半。不管链表的节点总数是奇数还是偶数，变量 slow 都指向链表前半段的最后一个节点，变量 secondHalf 都指向链表后半段的第 1 个节点。如果链表的前半段反转之后和链表的后半段相同，那么它就是一个回文链表。

函数 reverseList 用来反转一个链表，由于该函数和前面几道面试题中的函数 reverseList 完全一样，因此这里就不再重复介绍。

通过解决这几道典型的面试题可以发现，反转链表是面试中经常出现的操作，所以以能熟练、正确地编写出反转链表的代码非常重要。

4.5 双向链表和循环链表

由于单向链表只能从头节点开始遍历到尾节点，遍历的顺序受到限制，在很多场景下使用起来不是很方便，因此双向链表应运而生。双向链表在单向链表节点的基础上增加了指向前一个节点的指针，这样一来，既可以从头节点开始从前往后遍历到尾节点，也可以从尾节点开始从后往前遍历到头节点。

由于双向链表的每个节点多了一个指针，因此在双向链表中添加、删除节点等操作要稍微复杂一点。如果应聘者遇到双向链表的面试题，就要格外小心，确保节点的每个指针都指向了正确的位置。

如果把链表尾节点指向下一个节点的指针指向链表的头节点，那么此时链表就变成一个循环链表，相当于循环链表的所有节点都位于一个环中。循环链表既可以是单向链表也可以是双向链表。即使一个循环链表是单向链表，也可以从任意节点出发到达另一个任意节点，因此，在循环链表中任意节点都可以当作链表的头节点。

面试题 28：展平多级双向链表

> 问题：在一个多级双向链表中，节点除了有两个指针分别指向前后两个节点，还有一个指针指向它的子链表，并且子链表也是一个双向链表，它的节点也有指向子链表的指针。请将这样的多级双向链表展平成普通的双向链表，即所有节点都没有子链表。例如，图 4.14（a）所示是一个多级双向链表，它展平之后如图 4.14（b）所示。

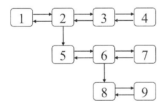

（a）一个多级双向链表

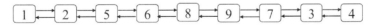

（b）展平之后的双向链表

图 4.14 展平多级双向链表

分析：在面试时如果遇到这种类型的题目，应聘者需要先弄清楚展平的规则。在图 4.14 的示例中，节点 2 有一个子链表，展平之后该子链表插入节点 2 和它的下一个节点 3 之间。节点 6 也有一个子链表，展平之后该子链表插入节点 6 和它的下一个节点 7 之间。由此可知，展平的规则是一个节点的子链展平之后将插入该节点和它的下一个节点之间。

由于子链表中的节点也可能有子链表，因此这里的链表是一个递归的结构。在展平子链表时，如果它也有自己的子链表，那么它嵌套的子链表也要一起展平。嵌套子链表和外层子链表的结构类似，可以用同样的方法展平，因此可以用递归函数来展平链表。递归代码如下所示：

```
public Node flatten(Node head) {
    flattenGetTail(head);
    return head;
}

private Node flattenGetTail(Node head) {
    Node node = head;
    Node tail = null;
    while (node != null) {
        Node next = node.next;
        if (node.child != null) {
            Node child = node.child;
            Node childTail = flattenGetTail(node.child);

            node.child = null;
            node.next = child;
            child.prev = node;
            childTail.next = next;
            if (next != null) {
                next.prev = childTail;
            }

            tail = childTail;
        } else {
            tail = node;
        }

        node = next;
    }

    return tail;
}
```

在上述代码中，递归函数 flattenGetTail 在展平以 head 为头节点的链表之后返回链表的尾节点。在该函数中需要逐一扫描链表中的节点。如果一个节点 node 有子链表，由于子链表也可能有嵌套的子链表，因此先递归调用 flattenGetTail 函数展平子链表，子链表展平之后的头节点是 child，尾节点是 childTail。最后将展平的子链表插入节点 node 和它的下一个节点 next 之间，即把展平的子链表的头节点 child 插入节点 node 之后，并将尾节点 childTail 插入节点 next 之前。

这种解法每个节点都会遍历一次，如果链表总共有 n 个节点，那么时间复杂度是 $O(n)$。函数 flattenGetTail 的递归调用次数取决于链表嵌套的层数，因此，如果链表的层数为 k，那么该节点的空间复杂度是 $O(k)$。

面试题 29：排序的循环链表

> 问题：在一个循环链表中节点的值递增排序，请设计一个算法在该循环链表中插入节点，并保证插入节点之后的循环链表仍然是排序的。例如，图 4.15（a）所示是一个排序的循环链表，插入一个值为 4 的节点之后的链表如图 4.15（b）所示。

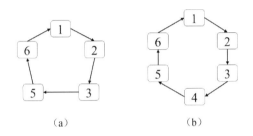

（a）   （b）

图 4.15 在排序的循环链表中插入节点

说明：（a）一个值分别为 1、2、3、5、6 的循环链表；（b）在链表中插入值为 4 的节点

分析：首先分析在排序的循环链表中插入节点的规律。当在图 4.15（a）的链表中插入值为 4 的节点时，新的节点位于值为 3 的节点和值为 5 的节点之间。这很容易理解，为了使插入新节点的循环链表仍然是排序的，新节点的前一个节点的值应该比新节点的值小，后一个节点的值应该比新节点的值大。

但是特殊情况需要特殊处理。如果新节点的值比链表中已有的最大值还要大，那么新的节点将被插入最大值和最小值之间。例如，如果在图 4.15（a）中插入值为 7 的节点，那么新节点位于原来值最大的节点和值最小的节点之间，如图 4.16（a）所示。

新节点的值比链表中已有的最小值还要小的情形和前面类似，新的节点也将被插入最大值和最小值之间。例如，在图 4.15（a）中插入值为 0 的节点，新节点也位于原来值最大的节点和值最小的节点之间，如图 4.16（b）所示。

下面总结在排序的循环链表中插入新节点的规则。先试图在链表中找到相邻的两个节点，如果这两个节点的前一个节点的值比待插入的值小并且后一个节点的值比待插入的值大，那么就将新节点插入这两个节点之间。

如果找不到符合条件的两个节点，即待插入的值大于链表中已有的最大值或小于已有的最小值，那么新的节点将被插入值最大的节点和值最小的节点之间。

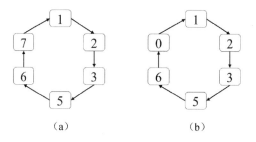

（a）　　　　　　　　　（b）

图 4.16　在排序的循环链表中插入值最大或最小的节点

说明：（a）在图 4.15（a）的排序循环链表中插入值为 7 的节点；（b）在图 4.15（a）的排序循环链表中插入值为 0 的节点

在上面的规则中，总是先试图从链表中找到符合条件的相邻的两个节点。如果开始的时候链表中的节点数小于 2，那么应该有两种可能。第 1 种可能是开始的时候链表是空的，一个节点都没有。此时插入一个新的节点，该节点成为循环链表中的唯一节点，那么 next 指针指向节点自己，如图 4.17（a）所示。第 2 种可能是开始的时候链表中只有一个节点，插入一个新的节点之后，两个节点的 next 指针互相指向对方，如图 4.17（b）所示。

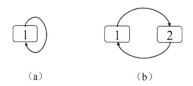

（a）　　　　　　　　　（b）

图 4.17　只有一个节点或两个节点的排序循环链表

说明：（a）只有一个节点的排序循环链表；（b）只有两个节点的排序循环链表

将插入规则和各种边界条件都考虑清楚之后就可以开始编写代码。参考代码如下所示：

```java
public Node insert(Node head, int insertVal) {
    Node node = new Node(insertVal);
    if (head == null) {
        head = node;
        head.next = head;
    } else if (head.next == head) {
        head.next = node;
        node.next = head;
```

```
    } else {
        insertCore(head, node);
    }

    return head;
}
private void insertCore(Node head, Node node) {
    Node cur = head;
    Node next = head.next;
    Node biggest = head;
    while (!(cur.val <= node.val && next.val >= node.val)
            && next != head) {
        cur = next;
        next = next.next;
        if (cur.val >= biggest.val)
            biggest = cur;
    }

    if (cur.val <= node.val && next.val >= node.val) {
        cur.next = node;
        node.next = next;
    } else {
        node.next = biggest.next;
        biggest.next = node;
    }
}
```

　　在函数 insert 中先处理链表是空的或链表中只有一个节点的情况，然后调用函数 insertCore 处理链表中的节点数超过一个的情况。在函数 insertCore 中试图找到相邻的两个节点 cur 和 next，使 cur 的值小于或等于待插入的值且 next 的值大于或等于待插入的值。如果找到了就将新节点插入它们之间。如果没有找到符合条件的两个节点，就将新的节点插入值最大的节点 biggest 的后面。

4.6　本章小结

　　本章详细讨论了链表这种基础数据结构。由于节点在内存中的地址不连续，访问某个节点必须从头节点开始逐个遍历节点，因此在链表中找到某个节点的时间复杂度是 $O(n)$。

　　如果一个操作可能产生新的头节点，则可以尝试在链表的最前面添加一个哨兵节点来简化代码逻辑，降低代码出现问题的可能性。

　　双指针是解决与链表相关的面试题的一种常用技术。前后双指针思路让一个指针提前走若干步，然后将第 2 个指针指向头节点，两个指针以相同的速度一起走。快慢双指针让快的指针每次走两步而慢的指针每次只走一步。

大部分与链表相关的面试题都是考查单向链表的操作。单向链表的特点是只能从前往后遍历而不能从后往前遍历。如果不得不从后往前遍历链表，则可以把链表反转之后再遍历。

如果链表中的节点除了有指向下一个节点的指针，还有指向前一个节点的指针，那么该链表就是双向链表。由于双向链表的操作牵涉到的指针比较多，因此应聘者在解决面试题的时候要格外小心，确保每个指针都指向了正确的位置。

循环链表是一种特殊形态的链表，它的所有节点都在一个环中。在解决与循环链表相关的面试题时需要特别注意避免死循环，遍历链表时等所有节点都遍历完就要停止，不能一直在里面绕圈子出不来。

第 5 章

哈希表

5.1 哈希表的基础知识

哈希表是一种常见的数据结构，在解决算法面试题的时候经常需要用到哈希表。哈希表最大的优点是高效，在哈希表中插入、删除或查找一个元素都只需要 $O(1)$ 的时间。因此，哈希表经常被用来优化时间效率。

在 Java 中，哈希表有两个对应的类型，即 HashSet 和 HashMap。如果每个元素都只有一个值，则用 HashSet。例如，HashSet 在图搜索时经常用来存储已经搜索过的节点。表 5.1 列举了 HashSet 的常用函数。

表 5.1 HashSet 的常用函数

序号	函数	函数功能
1	add	在 HashSet 中添加一个元素
2	contains	判断 HashSet 中是否包含一个元素
3	remove	从 HashSet 中删除一个元素
4	size	返回 HashSet 中元素的数目

如果每个元素都存在一个值到另一个值的映射，那么就用 HashMap。例如，如果不仅要存储一个文档中的所有单词，同时还关心每个单词在文档中出现的位置，则可以考虑用 HashMap，单词作为 HashMap 的键而单词的位置作为值。表 5.2 列举了 HashMap 的常用函数。

表 5.2 HashMap 的常用函数

序号	函数	函数功能
1	containsKey	判断 HashMap 中是否包含某个键
2	get	如果键存在，则返回对应的值，否则返回 null
3	getOrDefault	如果键存在，则返回对应的值，否则返回输入的默认值
4	put	如果键不存在，则添加一组键到值的映射，否则修改键对应的值
5	putIfAbsent	当键不存在时添加一组键到值的映射
6	remove	删除某个键
7	replace	修改某个键对应的值
8	size	返回 HashMap 中键到值的映射数目

尽管哈希表是很高效的数据结构，但这并不意味着哈希表能解决所有的问题。如果用哈希表作为字典存储若干单词，那么只能输入完整的单词在字典中查找。如果对数据集中的元素排序能够有助于解决问题，那么用 TreeSet 或 TreeMap（第 8 章）可能更合适。如果需要知道一个动态数据集中的最大值或最小值，那么堆（第 9 章）的效率可能更好。如果希望能够根据前缀进行单词查找，如查找字典中所有以 "ex" 开头的单词，那么应该用前缀树（第 10 章）作为实现字典的数据结构。

5.2 哈希表的设计

与链表、数组等基础数据结构相比，哈希表相对而言要复杂得多。如何设计一个哈希表，是很多面试官非常喜欢的面试题。下面简要地介绍设计一个哈希表的要点。

设计哈希表的前提是待存入的元素需要一个能计算自己哈希值的函数。在 Java 中所有类型都继承了类型 Object，每个 Object 的实例都可以通过定义函数 hashCode 来计算哈希值。哈希表根据每个元素的哈希值把它存储到合适的位置。

哈希表最重要的特点就是高效，只需要 $O(1)$ 的时间就可以把一个元素存入或读出。在常用的基础数据结构中，数组满足这个要求。只要知道数组中的下标，就可以用 $O(1)$ 的时间存入或读出一个元素。因此，可以考虑基于数组实现哈希表。

把哈希值转换成数组下标可以采用的方法是对数组的长度求余数。如果数组的长度为 4，待存入的元素的哈希值为 5，由于 5 除以 4 的余数为 1，那么它将存入数组下标为 1 的位置。同理，如果待存入的元素的哈希值为 2 和 3，那么它们分别存入下标为 2 和 3 的位置。此时哈希表的状态如图 5.1（a）所示。

再在哈希表中存入一个哈希值为 7 的元素。由于 7 除以 4 的余数为 3，因此它存入的位置应该是 3。下标为 3 的位置之前已经被下标为 3 的元素占用。如果将两个哈希值不同的元素存入数组中的同一位置，就会引起冲突。

为了解决这种冲突，可以把存入数组中同一位置的多个元素用链表存储。也就是说，数组中每个位置对应的不是一个元素，而是一个链表。哈希值为 3 和 7 的这两个元素都存放在数组中下标为 3 的位置，因此它们实际上存入了同一个链表中。接下来如果再添加哈希值分别为 4 和 8 的两个元素，那么它们都将被存入数组下标为 0 的位置对应的链表中。此时哈希表的状态如图 5.1（b）所示。不难想象，如果在哈希表中添加更多的元素，那么就会有更多的冲突，有更多的元素被存入同一个链表中。

接着考虑如何判断哈希表中是否包含一个元素。例如，为了判断哈希表中是否包含哈希值为 7 的元素，由于 7 除以 4 的余数是 3，因此先找到数组下标为 3 的位置对应的链表，然后从头到尾扫描这个链表查看是否有哈希值为 7 的元素。

在链表中做顺序扫描的时间复杂度为 $O(n)$，链表越长查找需要的时间就越长。这就违背了设计哈希表最重要的一个初衷：存入和读取一个元素的时间复杂度为 $O(1)$。因此，必须确保链表不能太长。

可以计算哈希表中元素的数目与数组长度的比值。显然，在数组长度一定的情况下，存入的元素越多，这个比值就越大；在存入元素的数目一定的情况下，数组的长度越长，这个比值就越小。

当哈希表中元素的数目与数组长度的比值超过某一阈值时，就对数组进行扩容（通常让数组的长度翻倍），然后把哈希表中的每个元素根据新的数组大小求余数并存入合适的位置。例如，在图 5.1（c）中，扩容之后数组的长度为 8，这个时候原本被存入同一链表的 3 和 7 被分别存入下标为 3 和 7 的位置。

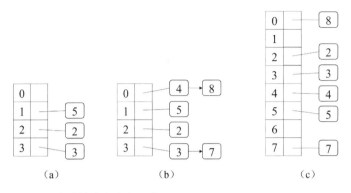

图 5.1　在哈希表中存入元素

说明：（a）在哈希表中存入哈希值为 5、2、3 的这 3 个元素；（b）再在哈希表中存入值为 7、4、8 的这 3 个元素；（c）增加哈希表中数组的大小，同时调整各元素的位置

　　通过对数组进行扩容，原本存入同一链表的不同元素就可能会被分散到不同的位置，从而减少链表的长度。当再在哈希表中添加新的元素时，元素的数目与数组长度的比值可能会再次超过阈值，于是需要再次对数组进行扩容。只要阈值设置得合理，哈希表中的链表就不会太长，仍然可以认为存入和读取的时间复杂度都是 $O(1)$。

　　由此可知，设计哈希表有 3 个要点。为了快速确定一个元素在哈希表中的位置，可以使用一个数组，元素的位置为它的哈希值除以数组长度的余数。由于多个哈希值不同的元素可能会被存入同一位置，数组的每个位置都对应一个链表，因此存入同一位置的多个元素都被添加到同一链表中。为了确保链表不会太长，就需要计算哈希表中元素的数目与数组长度的比值。当这个比值超过某个阈值时，就对数组进行扩容并把哈希表中的所有元素重新分配位置。

　　除了设计哈希表本身，利用哈希表设计更加高级、更加复杂的数据结构也是一种常见的面试题。下面是几道这种类型的经典面试题。

面试题 30：插入、删除和随机访问都是 $O(1)$ 的容器

　　题目：设计一个数据结构，使如下 3 个操作的时间复杂度都是 $O(1)$。

　　●insert(value)：如果数据集中不包含一个数值，则把它添加到数据集中。

　　●remove(value)：如果数据集中包含一个数值，则把它删除。

●getRandom()：随机返回数据集中的一个数值，要求数据集中每个数字被返回的概率都相同。

分析：由于题目要求插入和删除（包括判断数据集中是否包含一个数值）的时间复杂度都是 $O(1)$，能够同时满足这些时间效率要求的只有哈希表，因此这个数据结构要用到哈希表。

但是如果只用哈希表，则不能等概率地返回其中的每个数值。如果数值是保存在数组中的，那么很容易实现等概率返回数组中的每个数值。假设数组的长度是 n，那么等概率随机生成从 0 到 $n-1$ 的一个数字。如果生成的随机数是 i，则返回数组中下标为 i 的数值。由此可以发现，需要结合哈希表和数组的特性来设计这个数据容器。

由于数值保存在数组中，因此需要知道每个数值在数组中的位置，否则在删除的时候就必须顺序扫描整个数组才能找到待删除的数值，那就需要 $O(n)$的时间。通常把每个数值在数组中的位置信息保存到一个 HashMap 中，HashMap 的键是数值，而对应的值为它在数组中的位置。

下面是这种思路的参考代码。在数据容器 RandomizedSet 中，数值保存在用 ArrayList 实现的动态数组 nums 中，而用 HashMap 实现的哈希表 numToLocation 中存储了每个数值及其在数组 nums 中的下标。

```java
class RandomizedSet {
    HashMap<Integer, Integer> numToLocation;
    ArrayList<Integer> nums;

    public RandomizedSet() {
        numToLocation = new HashMap<>();
        nums = new ArrayList<>();
    }

    public boolean insert(int val) {
        if (numToLocation.containsKey(val)) {
            return false;
        }

        numToLocation.put(val, nums.size());
        nums.add(val);
        return true;
    }

    public boolean remove(int val) {
        if (!numToLocation.containsKey(val)) {
            return false;
        }

        int location = numToLocation.get(val);
```

```
            numToLocation.put(nums.get(nums.size() - 1), location);
            numToLocation.remove(val);
            nums.set(location, nums.get(nums.size() - 1));
            nums.remove(nums.size() - 1);
            return true;
        }

    public int getRandom() {
        Random random = new Random();
        int r = random.nextInt(nums.size());
        return nums.get(r);
    }
}
```

在添加新的数值之前需要先判断数据集中是否已经包含该数值。如果数据集中之前已经包含该数值，则不能再添加，直接返回 false 即可。如果之前没有该数值，则把它添加到数组 nums 的尾部，并把它和它在数组中的下标添加到哈希表 numToLocation 中。在 HashMap 和 ArrayList 的尾部添加数据的操作的时间复杂度都是 $O(1)$。

同样，在删除一个数值之前需要先判断数据集中是否已经包含该数值。如果数据集中没有包含该数值，则不能删除，直接返回 false。如果数据集中已经包含该数值，就需要把它从哈希表 numToLocation 和数组 nums 中删除。从哈希表中用 $O(1)$ 的时间删除一个数字比较简单，直接调用 HashMap 的函数 remove 即可。

从数组中用 $O(1)$ 的时间删除一个数字要稍微麻烦一点。需要先从哈希表中得到待删除的数字的下标，但不能直接把该数字删除。这是因为待删除的数字不一定位于数组的尾部。当数组中间的数字被删除之后，为了确保数组内存的连续性，被删除的数字后面的数字会向前移动以填补被删除的内容空缺。由于被删除的数字后面的所有数字都需要移动，因此删除的时间复杂度就是 $O(n)$。

为了避免在数组中删除数字的时候移动数据，可以把被删除的数字和数组尾部的数字交换，再删除数组最后的数字。由于被删除的数字已经位于数组的尾部，此时删除就不会引起数据移动，因此时间复杂度仍然是 $O(1)$。

函数 getRandom 等概率地返回数据集中的每个数字。如果数组 nums 的长度为 n，函数 random.nextInt 随机生成从 0 到 $n-1$ 的一个整数，把这个整数当作下标从数组中读取一个数字即可，只需要 $O(1)$ 的时间。

面试题 31：最近最少使用缓存

> **题目**：请设计实现一个最近最少使用（Least Recently Used，LRU）缓存，要求如下两个操作的时间复杂度都是 $O(1)$。
>
> ● get(key)：如果缓存中存在键 key，则返回它对应的值；否则返回-1。
>
> ● put(key, value)：如果缓存中之前包含键 key，则它的值设为 value；否则添加键 key 及对应的值 value。在添加一个键时，如果缓存容量已经满了，则在添加新键之前删除最近最少使用的键（缓存中最长时间没有被使用过的元素）。

分析：哈希表 HashMap 的 get 操作和 put 操作的时间复杂度都是 $O(1)$，但普通的哈希表无法找出最近最少使用的键，因此，需要在哈希表的基础上进行改进。

由于需要知道缓存中最近最少使用的元素，因此可以把存入的元素按照访问的先后顺序存入链表中。每次访问一个元素（无论是通过 get 操作还是通过 put 操作），该元素都被移到链表的尾部。这样，位于链表头部的元素就是最近最少使用的。

下面考虑如何实现把一个节点移到链表的尾部。这实际上包含两个步骤，首先要把节点从原来的位置删除，然后把它添加到链表的尾部。需要注意的是，在链表中删除一个节点，实际上是把它的前一个节点的 next 指针指向它的下一个节点。如果这个链表是单向链表，那么找到一个节点的前一个节点需要从链表的头节点开始顺序扫描每个节点，也就需要 $O(n)$的时间。

为了快速找到一个节点的前一个节点从而实现用 $O(1)$的时间删除一个节点，可以用双向链表来存储缓存中的元素。在双向链表中查找一个节点的前一个节点只需要顺着 prev 指针向前走一步，时间复杂度为 $O(1)$。

因此，设计最近最少使用缓存需要结合哈希表和双向链表的特点。哈希表的键就是缓存的键，哈希表的值为双向链表中的节点，每个节点都是一组键与值的数对。

图 5.2 是一个容量为 4（即最多只能插入 4 个键）的最近最少使用缓存。在依次插入(1, 1)、(2, 2)、(3, 3)和(4, 4)这 4 个键与值的数对之后，先后在双向链表中插入 4 个节点，如图 5.2（a）所示。此时最近最少使用的键是 1，

它的节点位于链表的头部。

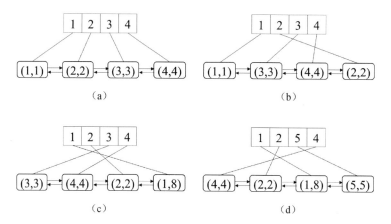

图 5.2　容量为 4 的最近最少使用缓存

说明：（a）依次执行 put(1, 1)、put(2, 2)、put(3, 3)、put(4, 4)之后的缓存；（b）执行 get(2)之后的缓存；（c）执行 put(1, 8)之后的缓存；（d）执行 put(5, 5)之后的缓存

先执行 get(2)。该操作访问键 2，因此它在双向链表中的节点被移到链表的尾部，如图 5.2（b）所示。此时最近最少使用的键仍然是 1。

然后执行 put(1, 8)，即更新键 1 对应的值。这个操作访问键 1，因此它在链表中的节点被移到了链表的尾部，如图 5.2（c）所示。此时最近最少使用的键是 3。

最后执行 put(5, 5)，插入一个新的键 5。由于此时缓存已满，在插入新的键之前要把最近最少使用的键 3 及其对应的值删除。位于链表的最前面的节点的键是 3，将键 3 及其对应的值从哈希表和双向链表中删除之后，再把键 5 添加到哈希表中，同时在链表的尾部插入一个新的节点，如图 5.2（d）所示。

首先定义双向链表中的节点：

```
class ListNode{
    public int key;
    public int value;
    public ListNode next;
    public ListNode prev;

    public ListNode(int k, int v) {
        key = k;
        value = v;
    }
}
```

　　然后定义最近最少使用缓存的数据结构。缓存中包含一个哈希表，哈希表的键就是缓存的键，哈希表的值是双向链表中的节点。

```
class LRUCache {
    private ListNode head;
    private ListNode tail;
    private Map<Integer, ListNode> map;
    int capacity;

    public LRUCache(int cap) {
        map = new HashMap<>();

        head = new ListNode(-1, -1);
        tail = new ListNode(-1, -1);
        head.next = tail;
        tail.prev = head;

        capacity = cap;
    }
}
```

　　为了便于在双向链表中添加和删除节点，上述代码创建了两个哨兵节点，即 head 和 tail，它们分别位于双向链表的头部和尾部。函数 put 所添加的节点将位于这两个节点之间。

　　接下来分别实现缓存 LRUCache 的两个成员函数 get 和 put。当键在缓存中不存在时，函数 get 直接返回-1。如果缓存中包含该键，则在返回它对应的值之前先把它在双向链表中对应的节点移到链表的尾部，表示最近访问过该键。函数 get 的参考代码如下所示：

```
public int get(int key) {
    ListNode node = map.get(key);
    if (node == null) {
        return -1;
    }

    moveToTail(node, node.value);

    return node.value;
}
```

　　同样，在实现函数 put 时也要分为两种情形。当键已经存在时，在修改键对应的值的同时要把它在双向链表中的节点移到链表的尾部，表示最近访问过该键。如果之前该键在缓存中不存在，则分别在哈希表和双向链表中插入新的节点。在插入新的节点之前要记得检查缓存是否已经达到它的最大容量。如果已经达到最大容量，则先删除最近最少使用的元素。由于每次访问一个节点时都把当前访问的节点移到双向链表的尾部，因此双向链表的头节点对应的就是最近最少使用的键，可以把它删除。函数 put 的参考代码如下所示：

```java
public void put(int key, int value) {
    if (map.containsKey(key)) {
        moveToTail(map.get(key), value);
    } else {
        if (map.size() == capacity) {
            ListNode toBeDeleted = head.next;
            deleteNode(toBeDeleted);

            map.remove(toBeDeleted.key);
        }

        ListNode node = new ListNode(key, value);
        insertToTail(node);

        map.put(key, node);
    }
}
```

最后实现几个辅助函数，如下所示：

```java
private void moveToTail(ListNode node, int newValue) {
    deleteNode(node);

    node.value = newValue;
    insertToTail(node);
}

private void deleteNode(ListNode node) {
    node.prev.next = node.next;
    node.next.prev = node.prev;
}

private void insertToTail(ListNode node) {
    tail.prev.next = node;
    node.prev = tail.prev;
    node.next = tail;
    tail.prev = node;
}
```

函数 moveToTail 把双向链表中的一个节点移到链表的尾部。移动一个节点实际上包含两个步骤：首先把它从当前位置删除，然后添加到链表的尾部。从双向链表中添加和删除节点，都是通过调整链表中的指针实现的。

5.3 哈希表的应用

由于哈希表的插入、查找和删除操作的时间复杂度都是 $O(1)$，因此是效率很高的数据结构。在算法面试中哈希表是经常被使用的数据结构，如用哈希表来记录字符串中每个字符出现的次数或每个字符出现的位置。

如果哈希表的键的取值范围是固定的，并且范围不是很大，则可以用数组来模拟哈希表。数组的下标和哈希表的键相对应，而数组的值和哈希表的值相对应。

例如，可以用哈希表来记录单词中每个字母出现的次数，键为字母，值为字母出现的次数。如果单词中只包含英文小写字母，也就是说，键所有可能的值是已知的，只可能是从'a'到'z'的字母，总共只有 26 个字母，那么可以用一个长度为 26 的数组来模拟这个哈希表，数组中下标为 0 的值对应字母'a'出现的次数，下标为 1 的值对应字母'b'出现的次数，其余的以此类推。

与哈希表相比，数组的代码更加简洁，应聘者在面试的时候只要情况允许就可以尽量使用数组模拟哈希表。

面试题 32：有效的变位词

> 题目：给定两个字符串 s 和 t，请判断它们是不是一组变位词。在一组变位词中，它们中的字符及每个字符出现的次数都相同，但字符的顺序不能相同。例如，"anagram"和"nagaram"就是一组变位词。

分析：第 3 章已经讨论过与变位词相关的面试题。由于变位词与字符出现的次数相关，因此可以用一个哈希表来存储每个字符出现的次数。哈希表的键是字符，而值是对应字符出现的次数。

❖ 如果只考虑英文字母，则用数组模拟哈希表

先考虑字符串中只包含英文小写字母的情形。由于英文小写字母只有 26 个，因此可以用一个数组来模拟哈希表。该思路对应的代码如下所示：

```
public boolean isAnagram(String str1, String str2) {
    if (str1.length() != str2.length())
        return false;

    int[] counts = new int[26];
    for (char ch : str1.toCharArray()) {
        counts[ch - 'a']++;
    }

    for (char ch : str2.toCharArray()) {
```

```
        if (counts[ch - 'a'] == 0) {
            return false;
        }

        counts[ch - 'a']--;
    }

    return true;
}
```

如果输入的字符串的长度为 n，那么该解法的时间复杂度是 $O(n)$。这种思路需要一个长度为 26 的辅助数组。不管输入的字符串的长度如何，这个辅助数组的长度都是固定的，因此空间复杂度是 $O(1)$。

❖ 如果考虑非英文字母，则用真正的哈希表 HashMap

接下来面试官可能会提出一个跟进的问题：如果字符串中不仅仅包含英文字母怎么办？例如，用中文描述一个人能吃辣的厉害程度，有以下 3 种说法：不怕辣、辣不怕和怕不辣。这 3 个词组只是交换 3 个字的顺序，因此也是一组变位词。

如果考虑用字符串表示中文或其他非英语语言，那么 ASCII 码字符集是不够的。因为一个 ASCII 码字符的长度为 8 位，所以 ASCII 码字符集只能包含 256 个不同的字符，中文及很多语言的字符集都远远超过这个数字。为了包含更多的字符，需要其他编码的字符集，目前使用最多的是 Unicode 编码。一个 Unicode 的字符的长度为 16 位，这样就能表示 65 536 个字符。

还可以和之前一样，创建一个长度为 65 536 的数组来模拟哈希表。但无论输入的字符串有多长，都创建一个长度为 65 536 的数组，这似乎会浪费内存。

此时可以创建一个类型为 HashMap 的真正的哈希表，用来记录每个字符出现的次数。参考代码如下所示：

```
public boolean isAnagram(String str1, String str2) {
    if (str1.length() != str2.length()) {
        return false;
    }

    Map<Character, Integer> counts = new HashMap<>();
    for (char ch : str1.toCharArray()) {
        counts.put(ch, counts.getOrDefault(ch, 0) + 1);
    }

    for (char ch : str2.toCharArray()) {
        if (!counts.containsKey(ch) || counts.get(ch) == 0) {
```

```
            return false;
        }

        counts.put(ch, counts.get(ch) - 1);
    }

    return true;
}
```

上述代码的时间复杂度仍然是 $O(n)$。新的思路需要一个 HashMap。如果输入的字符串中不同字符的数目越多，那么 HashMap 就需要越多的空间，因此，可以认为使用 HashMap 的空间复杂度是 $O(n)$。

面试题 33：变位词组

> 题目：给定一组单词，请将它们按照变位词分组。例如，输入一组单词["eat", "tea", "tan", "ate", "nat", "bat"]，这组单词可以分成 3 组，分别是["eat", "tea", "ate"]、["tan", "nat"]和["bat"]。假设单词中只包含英文小写字母。

分析：解决这个问题，就需要找出一组变位词共同的特性，然后依据此特性把它们分到一组。下面介绍两种方法。

❖ 将单词映射到数字

第一种方法是把每个英文小写字母映射到一个质数，如把字母'a'映射到数字 2，字母'b'映射到数字 3，以此类推，字母'z'映射到第 26 个质数 101。每给出一个单词，就把单词中的所有字母对应的数字相乘，于是每个单词都可以算出一个数字。例如，单词"eat"可以映射到数字 1562（11×2×71）。

如果两个单词互为变位词，那么它们中每个字母出现的次数都对应相同，由于乘法满足交换律，因此上述算法把一组变位词映射到同一个数值。例如，单词"eat"、"tea"和"ate"都会映射到数字 1562。由于每个字母都是映射到一个质数，因此不互为变位词的两个单词一定会映射到不同的数字。

因此，可以定义一个哈希表，哈希表的键是单词中字母映射的数字的乘积，而值为一组变位词。该思路的参考代码如下所示：

```java
public List<List<String>> groupAnagrams(String[] strs) {
    int hash[] = {2, 3, 5, 7, 11, 13, 17, 19, 23, 29, 31, 37, 41,
        43, 47, 53, 59, 61, 67, 71, 73, 79, 83, 89, 97, 101};

    Map<Long, List<String>> groups = new HashMap<>();
    for (String str : strs) {
```

```
        long wordHash = 1;
        for(int i = 0; i < str.length(); ++i) {
            wordHash *= hash[str.charAt(i) - 'a'];
        }

        groups.putIfAbsent(wordHash, new LinkedList<String>());
        groups.get(wordHash).add(str);
    }

    return new LinkedList<>(groups.values());
}
```

如果输入 n 个单词，平均每个单词有 m 个字母，那么该算法的时间复杂度是 $O(mn)$。

该算法有一个潜在的问题：由于把单词映射到数字用到了乘法，因此当单词非常长时，乘法就有可能溢出。

❖ 将单词的字母排序

第二种方法是把一组变位词映射到同一个单词。由于互为变位词的单词的字母出现的次数分别相同，因此如果把单词中的字母排序就会得到相同的字符串。例如，把"eat"、"tea"和"ate"的字母按照字母表顺序排序都得到字符串"aet"。

因此，可以定义一个哈希表，哈希表的键是把单词字母排序得到的字符串，而值为一组变位词。该思路的参考代码如下所示：

```
public List<List<String>> groupAnagrams(String[] strs) {
    Map<String, List<String>> groups = new HashMap<>();
    for (String str : strs) {
        char[] charArray = str.toCharArray();
        Arrays.sort(charArray);
        String sorted = new String(charArray);

        groups.putIfAbsent(sorted, new LinkedList<String>());
        groups.get(sorted).add(str);
    }

    return new LinkedList<>(groups.values());
}
```

如果每个单词平均有 m 个字母，排序一个单词需要 $O(m\log m)$的时间。假设总共有 n 个单词，该算法总的时间复杂度是 $O(nm\log m)$。虽然该方法的时间效率不如前一种方法，但是该方法不用担心乘法可能带来的溢出问题。

面试题 34：外星语言是否排序

> 题目：有一门外星语言，它的字母表刚好包含所有的英文小写字母，只是字母表的顺序不同。给定一组单词和字母表顺序，请判断这些单词是否按照字母表的顺序排序。例如，输入一组单词["offer", "is", "coming"]，以及字母表顺序"zyxwvutsrqponmlkjihgfedcba"，由于字母'o'在字母表中位于'i'的前面，因此单词"offer"排在"is"的前面；同样，由于字母'i'在字母表中位于'c'的前面，因此单词"is"排在"coming"的前面。因此，这一组单词是按照字母表顺序排序的，应该输出 truc。

分析：首先分析如何按照常规字母表的顺序确定英文单词的顺序。例如，两个单词"offer"和"often"，它们前面的两个字母都是相同的，分别是'o'和'f'。它们的第三个字母，一个是'f'，另一个是't'。在常规字母表中，字母'f'的位置在't'的前面，因此，单词"offer"应该排在"often"的前面。

但目前字母表的顺序由一个输入的字符串决定。在确定单词排序的顺序时，它们的每个字母在该字母表中的顺序至关重要。为了方便查找每个字母在字母表中的顺序，可以创建一个哈希表，哈希表的键为字母表的每个字母，而值为字母在字母表中的顺序。

由于字母表中的字母数目是固定的，总共 26 个，因此可以用一个长度为 26 的数组来模拟哈希表，数组的下标对应哈希表的键，而数组的值对应哈希表的值。如下所示的参考代码中的数组 orderArray 就具有这样的作用：

```java
public boolean isAlienSorted(String[] words, String order) {
    int[] orderArray = new int[order.length()];
    for (int i = 0; i < order.length(); ++i) {
        orderArray[order.charAt(i) - 'a'] = i;
    }

    for (int i = 0; i < words.length - 1; ++i) {
        if (!isSorted(words[i], words[i + 1], orderArray)) {
            return false;
        }
    }

    return true;
}

private boolean isSorted(String word1, String word2, int[] order) {
    int i = 0;
    for (; i < word1.length() && i < word2.length(); ++i) {
        char ch1 = word1.charAt(i);
        char ch2 = word2.charAt(i);
```

```
        if (order[ch1 - 'a'] < order[ch2 - 'a']) {
            return true;
        }

        if (order[ch1 - 'a'] > order[ch2 - 'a']) {
            return false;
        }
    }

    return i == word1.length();
}
```

上述代码先用数组 orderArray 记录字母表中每个字母的位置，然后根据这个数组用函数 isSorted 来判断相邻的两个单词是否是按照字母表的顺序排序的。

为了判断两个单词是否是按照字母表的顺序排序的，可以扫描两个单词中的字母找出第 1 个不相同的字母。哪个单词的第 1 个不相同的字母在字母表中的位置靠前，排序的时候它就排在前面。如果没有找到不相同的字母，那么短的单词在排序的时候应该排在前面。

如果输入 n 个单词，每个单词的平均长度为 m，那么该算法的时间复杂度是 $O(mn)$，空间复杂度是 $O(1)$。

面试题 35：最小时间差

> 题目：给定一组范围在 00:00 至 23:59 的时间，求任意两个时间之间的最小时间差。例如，输入时间数组["23:50", "23:59", "00:00"]，"23:59"和"00:00"之间只有 1 分钟的间隔，是最小的时间差。

分析：这个题目最直观的解法是求出任意两个时间的间隔，然后比较得出最小的时间差。如果输入 n 个时间，那么需要计算每个时间与另外 n-1 个时间的间隔，这种蛮力法需要 $O(n^2)$ 的时间。

上述解法的一个优化方法是把 n 个时间排序。排序之后只需要计算两两相邻的时间之间的间隔，这样就只需要计算 $O(n)$ 个时间差。由于对 n 个时间进行排序通常需要 $O(n\log n)$ 的时间，因此这种优化算法的总体时间复杂度是 $O(n\log n)$。

这里有一个特殊情况值得注意。如果把输入的时间数组["23:50", "23:59", "00:00"]排序，就可以得到["00:00", "23:50", "23:59"]。时间 00:00 和 23:50 之间的间隔是 1430 分钟，而 23:50 和 23:59 之间的间隔是 9 分钟。由于排序之后的第 1 个时间 00:00 也可能是第 2 天的 00:00，它和前一天的 23:59 之间的间隔只有 1 分钟。也就是说，在计算最小时间差时，需要把排序之后的第 1 个时间当作第 2 天的时间（即加上 24 小时）与最后一个时间之间的间隔也考虑进去。

接着思考如何做进一步优化。前面的算法主要将时间花在排序上面，那么排序是否可以避免？排序是为了计算相邻的两个时间的节点，所以用一个表示时间的数组也可以达到这个目的。

一天有 24 小时，即 1440 分钟。如果用一个长度为 1440 的数组表示一天的时间，那么数组下标为 0 的位置对应时间 00:00，下标为 1 的位置对应时间 00:01，以此类推，下标为 1439 的位置对应 23:59。数组中的每个元素是 true 或 false 的标识，表示对应的时间是否存在于输入的时间数组中。

有了这个辅助数组，就只需要从头到尾扫描一遍，相邻的两个为 true 的值表示对应的两个时间在输入时间数组中是相邻的。例如，输入时间数组["23:50", "23:59", "00:00"]，数组中只有下标为 0、1430 和 1439 这 3 个位置的值为 true，其他位置的值都是 false。

由于数组的下标对应的是时间，因此两个时间之间的时间差就是它们在数组中对应的下标之差。23:50 和 23:59 之间相隔 9 分钟，它们在数组中的下标之差也是 9。

其实，这个数组模拟了一个键为时间、值为 true 或 false 的哈希表。可以用数组模拟哈希表的原因是一天的分钟数是已知的，而且数组的长度为 1440，也不算太长。有了这个数组，就可以和用哈希表一样，在 $O(1)$ 的时间知道每个时间是否出现在输入的时间数组中。

这种思路的参考代码如下所示：

```java
public int findMinDifference(List<String> timePoints) {
    if (timePoints.size() > 1440) {
        return 0;
    }

    boolean minuteFlags[] = new boolean[1440];
    for (String time : timePoints) {
        String t[] = time.split(":");
        int min = Integer.parseInt(t[0]) * 60 + Integer.parseInt(t[1]);
        if (minuteFlags[min]) {
            return 0;
        }

        minuteFlags[min] = true;
```

```
    }

    return helper(minuteFlags);
}

private int helper(boolean minuteFlags[]) {
    int minDiff = minuteFlags.length - 1;
    int prev = -1;
    int first = minuteFlags.length - 1;
    int last = -1;
    for (int i = 0; i < minuteFlags.length; ++i) {
        if (minuteFlags[i]) {
            if (prev >= 0) {
                minDiff = Math.min(i - prev, minDiff);
            }

            prev = i;
            first = Math.min(i, first);
            last = Math.max(i, last);
        }
    }

    minDiff = Math.min(first + minuteFlags.length - last, minDiff);
    return minDiff;
}
```

在上述代码中，数组 minuteFlags 的长度为 1440，某个位置的值如果是 true，则表示对应的时间出现在输入的时间列表中。在函数 helper 中，顺序扫描这个数组，相邻的两个为 true 的值表示它们对应输入的两个相邻的时间。比较所有相邻的时间差就能得出最小时间差。但是最后要把第 1 个时间加上 1440 分钟表示第 2 天的同一时间，求出它与最后一个时间的时间差。求最小时间差时也要把这对时间差考虑进去。

上述代码还做了两方面的优化。由于一天最多只有 1440 分钟，如果输入的时间数组的长度超过 1440，那么至少有两个时间是相同的。如果两个相同的时间的时间差为 0，那么最小时间差也就一定是 0。除此之外，在扫描输入的时间数组时如果发现相同的时间，也可以直接返回最小的时间差，即 0。

假设输入时间的数目是 n。上述代码中有两个 for 循环，主函数 for 的时间复杂度是 $O(n)$；辅助函数 helper 的 for 循环执行的次数为数组 minuteFlags 的长度 1440，是一个常数，时间复杂度为 $O(1)$。因此，总的时间复杂度为 $O(n)$。该算法需要创建一个数组 minuteFlags，长度为常数 1440，空间复杂度是 $O(1)$。

5.4 本章小结

本章介绍了哈希表。哈希表的时间效率很高，添加、删除和查找操作的时间复杂度都是 $O(1)$。

为了设计一个哈希表，首先需要一个数组，把每个键的哈希值映射到数组的一个位置。为了解决冲突，可以把映射到同一位置的多个键用链表存储。同时，为了避免链表太长，当哈希表中元素的数目与数组的长度的比值超过一定的阈值时，则增加数组的长度并根据新的长度重新映射每个键的位置。

如果结合哈希表和其他数据结构的特点，则还可以设计出很多更加高级、更加复杂的数据结构，如最近最少使用缓存。

在解决算法面试题时，哈希表是经常被使用的工具，用来记录字符串中字母出现的次数、字符串中字符出现的位置等信息。

如果哈希表的键的数目是固定的，并且数目不太大，那么也可以用数组来模拟哈希表，数组的下标对应哈希表的键，而数组的值与哈希表的值对应。

第 6 章

栈

6.1 栈的基础知识

栈是一种常用的数据结构，它最大的特点是"后入先出"，即后进入栈中的元素最先出来。为了确保"后入先出"的顺序，栈的插入和删除操作都发生在栈顶。

栈的操作可以用日常生活中的洗碗来理解。假设将洗好的碗堆成一摞。新洗的碗总是放在最上面，每次需要用碗的时候也总是从最上面拿。这一摞碗就相当于一个栈，放碗、取碗操作都发生在一摞碗的顶端，最后放入的碗最先被取走。

图 6.1 描述了在一个栈中插入（也叫入栈）或删除元素（也叫出栈）的过程。如果在一个空的栈中先后将 1、2、3 这 3 个数字入栈，那么栈的状态如图 6.1（c）所示。然后执行出栈操作。按照"后入先出"的顺序，最后入栈的数字 3 最先出栈，出栈后的状态如图 6.1（d）所示。接下来将 4 入栈，新数字被添加到栈的顶部，如图 6.1（e）所示。

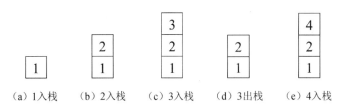

（a）1入栈　　（b）2入栈　　（c）3入栈　　（d）3出栈　　（e）4入栈

图 6.1　栈的入栈、出栈操作

　　Java 的库中提供了实现栈的类型 Stack。表 6.1 总结了 Java 中 Stack 的常用操作。

表 6.1　Java 中 Stack 的常用操作

序号	函数	函数功能
1	push(e)	元素 e 入栈
2	pop	位于栈顶的元素出栈，并返回该元素
3	peek	返回位于栈顶的元素，该元素不出栈

　　函数 pop 和 peek 都能返回位于栈顶的元素，但函数 pop 会将位于栈顶的元素出栈，而函数 peek 不会。Stack 的函数 push、pop 和 peek 的时间复杂度都是 $O(1)$。

6.2　栈的应用

　　在解决很多面试题时，应聘者经常遇到读入的数据暂时用不上的情形，通常数据会先保存到一个数据容器中以后再用。如果数据保存的顺序和使用顺序相反，那么最后保存的数据最先使用，这与栈的"后入先出"特性很契合，可以考虑将数据保存到栈中。

解题小经验

　　如果数据保存的顺序和使用顺序相反，那么最后保存的数据最先被使用，具有"后入先出"的特点，所以可以考虑将数据保存到栈中。

　　很多时候保存在栈中的数据是排序的。根据题目的不同，栈中的数据既可能是递增排序的，也可能是递减排序的。因此，有人将这种用排序的栈解决问题的方法称为单调栈法。

　　下面介绍适合用栈解决的典型的算法面试题。

面试题 36：后缀表达式

　　题目：后缀表达式是一种算术表达式，它的操作符在操作数的后面。输入一个用字符串数组表示的后缀表达式，请输出该后缀表达式的计算结果。假设输入的一定是有效的后缀表达式。例如，后缀表达式["2", "1", "3", "*", "+"]对应的算术表达式是"2 + 1 * 3"，因此输出它的计算结果 5。

分析：后缀表达式又叫逆波兰式（Reverse Polish Notation，RPN），是一种将操作符放在操作数后面的算术表达式。通常用的是中缀表达式，即操作符位于两个操作数的中间，如"2 + 1 * 3"。使用后缀表达式的好处是不需要使用括号。例如，中缀表达式的"2 + 1 * 3"和"(2 + 1) * 3"不相同。它们的后缀表达式分别为"2 1 3 * +"和"2 1 + 3 *"。后缀表达式不使用括号也能无歧义地表达这两个不同的算术表达式。

面试小提示

后缀表达式对于很多人而言可能是一个比较陌生的概念。应聘者在面试的时候遇到新概念是很常见的。面试官有时故意提出新概念，用来考查应聘者的学习能力。在面试的时候如果遇到不太熟悉的概念，应聘者一定要先确保自己正确理解了这个概念，再动手做题。如果有不理解的地方，应聘者可以提出自己的疑问让面试官提供详细的信息，然后应聘者再列举几个例子向面试官描述自己的理解。如果面试官确认理解是正确的，应聘者再着手做题也不迟。应聘者一定不要害怕向面试官提出问题。能提出有针对性的问题是学习能力的重要体现，在面试过程中这是一个加分项。

再回到后缀表达式本身。下面以["2", "1", "3", "*", "+"]为例分析计算过程。从左到右扫描这个数组。首先遇到的是操作数"2"，由于这是后缀表达式，操作符还在后面。不知道操作符就不能做计算，于是先将"2"保存到某个数据容器中。接下来的两个还是操作数，"1"和"3"，由于缺少操作符，因此还是不知道如何计算，只好也将它们先后保存到数据容器中。接下来遇到了一个操作符"*"。按照后缀表达式的规则，这个操作符对应的操作数是"1"和"3"，于是将它们从数据容器中取出来。此时容器中有先后保存的"2"、"1"和"3"这 3 个操作数，此时取出的是后保存的两个，最先保存的"2"仍然留在数据容器中。这看起来是"后入先出"的顺序，所以可以考虑用栈来实现这个数据容器。

由于当前的操作符是"*"，因此将两个操作数"1"和"3"相乘，得到结果"3"。这个结果可能会成为后面操作符的操作数，因此仍然将它入栈。最后遇到的是操作符"+"，此时栈中有两个操作数，即"2"和"3"，分别将它们出栈，然后计算它们的和，得到"5"，再将结果"5"入栈。此时整个后缀表达式已经计算完毕，留在栈中的唯一的操作数"5"就是结果。

上述计算过程可以用表 6.2 来总结。

表 6.2　计算后缀表达式["2", "1", "3", "*", "+"]的过程

步骤	输入	操作	栈	注释
1	"2"	入栈	[2]	
2	"1"	入栈	[2, 1]	
3	"3"	入栈	[2, 1, 3]	
4	"*"	乘法运算	[2, 3]	3、1 出栈，结果 3 入栈
5	"+"	加法运算	[5]	3、2 出栈，结果 5 入栈

根据上面详细的分析，可以编写出如下所示的代码：

```java
public int evalRPN(String[] tokens) {
    Stack<Integer> stack = new Stack<Integer>();
    for (String token : tokens) {
        switch (token) {
            case "+":
            case "-":
            case "*":
            case "/":
                int num1 = stack.pop();
                int num2 = stack.pop();
                stack.push(calculate(num2, num1, token));
                break;
            default:
                stack.push(Integer.parseInt(token));
        }
    }

    return stack.pop();
}

private int calculate(int num1, int num2, String operator) {
    switch (operator) {
        case "+":
            return num1 + num2;
        case "-":
            return num1 - num2;
        case "*":
            return num1 * num2;
        case "/":
            return num1 / num2;
        default:
            return 0;
    }
}
```

由于栈中只保存操作数，操作符不需要保存到栈中，因此上述代码创

建的是一个整数型栈。上述代码逐一扫描后缀表达式数组中的每个字符串。如果遇到的是一个操作数，则将其入栈；如果遇到的是一个操作符，则两个操作数出栈并执行相应的运算，然后计算结果入栈。

如果输入数组的长度是 n，那么对其中的每个字符串都有一次 push 操作；如果是操作符，那么还需要进行数学计算和两次 push 操作。由于每个 push 操作、pop 操作和数学计算都是 $O(1)$，因此总体时间复杂度是 $O(n)$。由于栈中可能有 $O(n)$ 个操作数，因此这种解法的空间复杂度也是 $O(n)$。

面试题 37：小行星碰撞

> 题目：输入一个表示小行星的数组，数组中每个数字的绝对值表示小行星的大小，数字的正负号表示小行星运动的方向，正号表示向右飞行，负号表示向左飞行。如果两颗小行星相撞，那么体积较小的小行星将会爆炸最终消失，体积较大的小行星不受影响。如果相撞的两颗小行星大小相同，那么它们都会爆炸消失。飞行方向相同的小行星永远不会相撞。求最终剩下的小行星。例如，有 6 颗小行星[4, 5, -6, 4, 8, -5]，如图 6.2 所示（箭头表示飞行的方向），它们相撞之后最终剩下 3 颗小行星[-6, 4, 8]。

图 6.2 用数组[4, 5, -6, 4, 8, -5]表示的 6 颗小行星

分析：下面以一个具体的例子来分析小行星碰撞的规律。先假设有 6 颗小行星[4, 5, -6, 4, 8, -5]，然后逐一分析它们的飞行情况。第 1 颗是向右飞行的大小为 4 的小行星。此时还不知道它会不会和其他小行星碰撞，可以先将它保存到某个数据容器中。第 2 颗还是一颗向右飞行的小行星，它的大小为 5。它和前面一颗小行星的飞行方向相同，所以不会碰撞。但现在还不知道它会不会和后面的小行星碰撞，因此也将它保存到数据容器中。第 3 颗是一颗向左飞行的小行星，大小为 6。由于它和前面两颗小行星是相向而行的，因此会和前面两颗小行星相撞。由于大小为 5 的小行星离它更近，因此这两颗小行星将会先相撞。先后向数据容器中保存了大小为 4、5 的两颗小行星，后保存到数据容器中的小行星先和其他的小行星相撞。这符合"后入先出"的顺序，所以可以考虑用栈实现这个数据容器。

根据题目的碰撞规则，小的小行星将会爆炸消失，因此当大小分别为 5

和 6 的两颗小行星相撞时，大小为 5 的小行星会爆炸消失。大小为 6 的小行星继续向左飞行，它将和大小为 4 的小行星相撞。大小为 4 的小行星爆炸消失，留下大小为 6 的小行星向左飞行。此时左边已经没有更多的小行星和这颗大小为 6 的小行星相撞，将它入栈。

接下来是两颗向右飞行的小行星，大小分别为 4 和 8，它们和大小为 6 的小行星背向飞行，肯定不会相撞，因此将它们也先后入栈。最后是一颗大小为 5 向左飞行的小行星。此时栈中保存了 3 颗小行星[-6, 4, 8]，大小为 8 的小行星离它最近而且相向飞行，因此它将与大小为 8 的小行星相撞，然后爆炸消失。最终剩下 3 颗小行星[-6, 4, 8]。

上述分析过程可以用表 6.3 来总结。

表 6.3　小行星[4, 5, -6, 4, 8, -5]相撞的过程

步骤	小行星	操作	栈	注释
1	4	入栈	[4]	
2	5	入栈	[4, 5]	
3	-6	相撞	[-6]	-6、5 相撞，5 出栈；-6、4 相撞，4 出栈；-6 入栈
4	4	入栈	[-6, 4]	
5	8	入栈	[-6, 4, 8]	
6	-5	相撞	[-6, 4, 8]	-5、8 相撞

由此可以总结出小行星相撞的规律。如果一颗小行星向右飞行，那么可以将它入栈。如果一颗小行星是向左飞行的，而位于栈顶的小行星向右飞行，那么它将与位于栈顶的小行星相撞。如果位于栈顶的小行星较小，那么它将爆炸消失，也就是说它将出栈。然后判断它是否将与下一颗位于栈顶的小行星相撞。如果小行星与栈中所有小行星相撞之后仍然没有爆炸消失，那么将它入栈。这个过程可以用如下所示的代码实现：

```java
public int[] asteroidCollision(int[] asteroids) {
    Stack<Integer> stack = new Stack<>();
    for (int as : asteroids) {
        while (!stack.empty() && stack.peek() > 0 && stack.peek() < -as) {
            stack.pop();
        }

        if (!stack.empty() && as < 0 && stack.peek() == -as) {
            stack.pop();
        } else if (as > 0 || stack.empty() || stack.peek() < 0) {
            stack.push(as);
        }
```

```
    }

    return stack.stream().mapToInt(i->i).toArray();
}
```

栈中保存的小行星彼此都不会相撞。如果栈中既有向左飞行的小行星
也有向右飞行的小行星，那么所有向左飞行的小行星都位于向右飞行的小
行星的左边，也就是说，栈中的所有负数都位于正数的左边。因此，栈中
的数值是部分排序的。

假设有 n 颗小行星。上述代码中有一个嵌套的二重循环，它的时间复
杂度是不是 $O(n^2)$？由于每颗小行星只可能入栈、出栈一次，因此时间复杂
度是 $O(n)$，空间复杂度也是 $O(n)$。

面试题 38：每日温度

> **题目**：输入一个数组，它的每个数字是某天的温度。请计算每天需要
> 等几天才会出现更高的温度。例如，如果输入数组[35, 31, 33, 36, 34]，那么
> 输出为[3, 1, 1, 0, 0]。由于第 1 天的温度是 35℃，要等 3 天才会出现更高的
> 温度 36℃，因此对应的输出为 3。第 4 天的温度是 36℃，后面没有更高的
> 温度，它对应的输出是 0。其他的以此类推。

分析：解决这个问题的直观方法很多人很快就能想到。对于数组中的
每个温度，可以扫描它后面的温度直到发现一个更高的温度为止。如果数
组包含 n 天的温度，那么这种思路的时间复杂度是 $O(n^2)$。

下面通过一个具体的例子来分析这个问题的规律。假设输入的表示每
天的温度的数组为[35, 31, 33, 36, 34]。第 1 天的温度是 35℃，此时还不知
道后面会不会有更高的温度，所以先将它保存到一个数据容器中。第 2 天
的温度是 31℃，比第 1 天的温度低，同样也保存到数据容器中。第 3 天的
温度是 33℃，比第 2 天的温度高，由此可知，第 2 天需要等 1 天才有更高
的温度。

每次从数组中读出某一天的温度，并且都将其与之前的温度（也就是
已经保存在数据容器中的温度）相比较。从离它较近的温度开始比较看起
来是一个不错的选择，也就是后存入数据容器中的温度先拿出来比较，这
契合"后入先出"的特性，所以可以考虑用栈实现这个数据容器。同时，
需要计算出现更高温度的等待天数，存入栈中的数据应该是温度在数组中
的下标。等待的天数就是两个温度在数组中的下标之差。

因此，处理到第 3 天的温度时，栈的状态为[0, 1]。在知道第 2 天需要等 1 天将出现更高的温度之后，它就没有必要再保存在栈中，将它出栈。第 3 天的温度也需要入栈，以便和以后的温度比较，此时栈的状态为[0, 2]。

第 4 天的温度是 36℃。从栈顶开始与之前的温度比较，它比第 3 天的温度 33℃高，因此第 3 天需要等 1 天就会出现更高的温度。这一天在数组中的下标 2 出栈。它也比第 1 天的温度 35℃高，因此第 1 天需要等 3 天才会出现更高的温度。这一天在数组中的下标 0 出栈。然后将第 4 天在数组中的下标 3 入栈，以便和以后的温度比较。此时栈的状态为[3]。最后一天的温度是 34℃，比位于栈顶的第 4 天的温度低，将其入栈，最终栈的状态是[3, 4]。最终留在栈中的两天的后面都没有出现更高的温度。

上述分析过程可以用表 6.4 来总结。

表 6.4　根据每日温度[35, 31, 33, 36, 34]计算出现更高温度等待天数的过程

步骤	温度/℃	栈	等待天数	注释
1	35	[0]	[0, 0, 0, 0, 0]	0 入栈
2	31	[0, 1]	[0, 0, 0, 0, 0]	比较 31、35，1 入栈
3	33	[0, 2]	[0, 1, 0, 0, 0]	比较 33、31，1 出栈；比较 33、35，2 入栈
4	36	[3]	[3, 1, 1, 0, 0]	比较 36、33，2 出栈；比较 36、35，0 出栈；3 入栈
5	34	[3, 4]	[3, 1, 1, 0, 0]	比较 34、36，4 入栈

解决这个问题的思路总结起来就是用一个栈保存每天的温度在数组中的下标。每次从数组中读取一个温度，然后将其与栈中保存的温度（根据下标可以得到温度）进行比较。如果当前温度比位于栈顶的温度高，那么就能知道位于栈顶那一天需要等待几天才会出现更高的温度。然后出栈 1 次，将当前温度与下一个位于栈顶的温度进行比较。如果栈中已经没有比当前温度低的温度，则将当前温度在数组中的下标入栈。

这个解题思路可以用如下所示的参考代码实现：

```java
public int[] dailyTemperatures(int[] temperatures) {
    int[] result = new int[temperatures.length];
    Stack<Integer> stack = new Stack<>();
    for (int i = 0; i < temperatures.length; i++) {
        while (!stack.empty()
            && temperatures[i] > temperatures[stack.peek()]) {
            int prev = stack.pop();
            result[prev] = i - prev;
        }
```

```
        stack.push(i);
    }

    return result;
}
```

保存在栈中的温度（通过数组的下标可以得到温度）是递减排序的。这是因为如果当前温度比位于栈顶的温度高，位于栈顶的温度将出栈，所以每次入栈时当前温度一定比位于栈顶的温度低或相同。

假设输入数组的长度为 n。虽然上述代码中有一个嵌套的二重循环，但它的时间复杂度是 $O(n)$，这是因为数组中每个温度入栈、出栈各 1 次。这种解法的空间复杂度也是 $O(n)$。

面试题 39：直方图最大矩形面积

题目：直方图是由排列在同一基线上的相邻柱子组成的图形。输入一个由非负数组成的数组，数组中的数字是直方图中柱子的高。求直方图中最大矩形面积。假设直方图中柱子的宽都为 1。例如，输入数组[3, 2, 5, 4, 6, 1, 4, 2]，其对应的直方图如图 6.3 所示，该直方图中最大矩形面积为 12，如阴影部分所示。

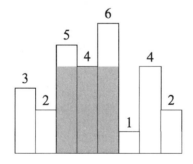

图 6.3　柱子高度分别为[3, 2, 5, 4, 6, 1, 4, 2]的直方图

分析：矩形的面积等于宽乘以高，因此只要能确定每个矩形的宽和高，就能计算它的面积。如果直方图中一个矩形从下标为 i 的柱子开始，到下标为 j 的柱子结束，那么这两根柱子之间的矩形（含两端的柱子）的宽是 $j-i+1$。矩形的高就是两根柱子之间的所有柱子最矮的高度。例如，图 6.3 中从下标为 2 的柱子到下标为 4 的柱子之间的矩形的宽度是 3，矩形的高度最多只能是 4，即它们之间 3 根柱子最矮的高度。

❖ **蛮力法**

如果能逐一找出直方图中所有的矩形并比较它们的面积，就能得到最大矩形面积。下面使用嵌套的二重循环遍历所有矩形，并比较它们的面积，参考代码如下所示：

```java
public int largestRectangleArea(int[] heights) {
    int maxArea = 0;
    for (int i = 0; i < heights.length; i++) {
        int min = heights[i];
        for (int j = i; j < heights.length; j++) {
            min = Math.min(min, heights[j]);
            int area = min * (j - i + 1);
            maxArea = Math.max(maxArea, area);
        }
    }

    return maxArea;
}
```

在上述代码中，变量 min 记录从下标为 i 的柱子到下标为 j 的最矮的柱子的高度，它是这两根柱子之间的矩形的最高的高度。

如果输入数组的长度为 n，直方图中总共有 $O(n^2)$ 个矩形，则计算每个矩形的面积需要 $O(1)$ 的时间，这种解法的时间复杂度就是 $O(n^2)$。该解法只用了若干变量，没有其他额外的内存开销，因此空间复杂度是 $O(1)$。

❖ **分治法**

仔细观察图 6.3 的直方图可以发现，这个直方图中最矮的柱子在数组中的下标是 5，它的高度是 1。这个直方图的最大矩形有 3 种可能。第 1 种是矩形通过这根最矮的柱子。通过最矮的柱子的最大矩形的高为 1，宽是 7。第 2 种是矩形的起始柱子和终止柱子都在最矮的柱子的左侧，也就是从下标为 0 的柱子到下标为 4 的柱子的直方图的最大矩形。第 3 种是矩形的起始柱子和终止柱子都在最矮的柱子的右侧，也就是从下标为 6 的柱子到下标为 7 的柱子的直方图的最大矩形。第 2 种和第 3 种从本质上来说和求整个直方图的最大矩形面积是同一个问题，可以调用递归函数解决。

用分治法解决这个问题的参考代码如下所示：

```java
public int largestRectangleArea(int[] heights) {
    return helper(heights, 0, heights.length);
}

private int helper(int[] heights, int start, int end) {
```

```
    if (start == end) {
        return 0;
    }

    if (start + 1 == end) {
        return heights[start];
    }

    int minIndex = start;
    for (int i = start + 1; i < end; i++) {
        if (heights[i] < heights[minIndex]) {
            minIndex = i;
        }
    }

    int area = (end - start) * heights[minIndex];
    int left = helper(heights, start, minIndex);
    int right = helper(heights, minIndex + 1, end);

    area = Math.max(area, left);
    return Math.max(area, right);
}
```

上述代码先找到最矮的柱子在数组中的下标 minIndex，计算通过该最矮的柱子的最大矩形面积并用变量 area 保存，然后递归求得最矮的柱子左右两侧子直方图的最大矩形面积并分别用变量 left 和 right 保存。这三者的最大值就是整个直方图最大矩形面积。

假设输入数组的长度为 n。如果每次都能将 n 根柱子分成两根柱子数量为 $n/2$ 的子直方图，那么递归调用的深度为 $O(\log n)$，整个分治法的时间复杂度是 $O(n\log n)$。但如果直方图中柱子的高度是排序的（递增排序或递减排序），那么每次最矮的柱子都位于直方图的一侧，递归调用的深度就是 $O(n)$，此时分治法的时间复杂度也变成 $O(n^2)$。

基于递归的分治法需要消耗内存来保存递归调用栈，空间复杂度取决于调用栈的深度，因此这种分治法的平均空间复杂度是 $O(\log n)$，最坏情况下的空间复杂度是 $O(n)$。

❖ 单调栈法

下面介绍一种非常高效、巧妙的解法。这种解法用一个栈保存直方图的柱子，并且栈中的柱子的高度是递增排序的。为了方便计算矩形的宽度，栈中保存的是柱子在数组中的下标，可以根据下标得到柱子的高度。

这种解法的基本思想是确保保存在栈中的直方图的柱子的高度是递增

排序的。假设从左到右逐一扫描数组中的每根柱子。如果当前柱子的高度大于位于栈顶的柱子的高度，那么将该柱子的下标入栈；否则，将位于栈顶的柱子的下标出栈，并且计算以位于栈顶的柱子为顶的最大矩形面积。

以某根柱子为顶的最大矩形，一定是从该柱子向两侧延伸直到遇到比它矮的柱子，这个最大矩形的高是该柱子的高，最大矩形的宽是两侧比它矮的柱子中间的间隔。例如，为了求如图 6.3 所示的直方图中以下标为 3 的柱子（第 1 根高为 4 的柱子）为顶的最大矩形面积，应该从该柱子开始向两侧延伸，左侧比它矮的柱子的下标是 1（第 1 根高度为 2 的柱子），右侧比它矮的柱子的下标是 5（高度为 1 的柱子）。因此，以下标为 3 的柱子为顶的最大矩形的高为 4，宽为 3（左右两侧比它矮的柱子的下标之差再减 1）。

如果当前扫描到的柱子的高小于位于栈顶的柱子的高，那么将位于栈顶的柱子的下标出栈，并且计算以位于栈顶的柱子为顶的最大矩形面积。由于保存在栈中的柱子的高度是递增排序的，因此栈中位于栈顶前面的一根柱子一定比位于栈顶的柱子矮，于是很容易就能找到位于栈顶的柱子两侧比它矮的柱子。

例如，当扫描到图 6.3 中直方图下标为 5 的柱子（高为 1 的柱子）时，栈中保存了 3 根柱子的下标[1, 3, 4]，它们的高分别为 2、4、6。由于下标为 1 的柱子比下标为 0 的柱子矮，因此当扫描到下标为 1 的柱子时下标为 0 的柱子出栈。以下标为 0 的柱子为顶的最大矩形面积为 3。类似地，由于下标为 3 的柱子比下标为 2 的柱子矮，当扫描到下标为 3 的柱子时下标为 2 的柱子出栈。以下标为 2 的柱子为顶的最大矩形面积为 5。因此，当扫描到下标为 5 的柱子时，栈中只剩下下标为[1, 3, 4]的这 3 根柱子，它们的高递增排序。

由于下标为 5 的柱子的高小于下标为 4 的柱子的高，因此将位于栈顶的下标为 4 的柱子出栈，并且计算以下标为 4 的柱子为顶的最大矩形面积。在栈中位于下标为 4 的柱子的左侧的是下标为 3 的柱子，是左侧较矮的柱子。当前扫描的柱子的下标是 5，是右侧较矮的柱子，因此以下标为 4 的柱子为顶的最大矩形的高是 6，宽是 1（5-3-1=1），如图 6.4（a）中的阴影部分所示。

下标为 4 的柱子出栈之后位于栈顶的是下标为 3 的柱子，它的高为 4。由于当前扫描的下标为 5 的柱子的高是 1，仍然小于此时位于栈顶的柱子的高，因此继续将位于栈顶的柱子的下标出栈，然后计算以下标为 3 的柱子为顶的最大矩形面积。在栈中位于下标为 3 的柱子的左侧的是下标为 1 的柱子，是左侧较矮的柱子。当前扫描的柱子的下标是 5，是右侧较矮的柱子，因此以下标为 3 的柱子为顶的最大矩形的高是 4，宽是 1（5-1-1=3），如图 6.3 中的阴影部分所示。

下标为 3 的柱子出栈之后位于栈顶的是下标为 1 的柱子，它的高为 2。由于当前扫描的下标为 5 的柱子的高是 1，仍然比位于栈顶的柱子矮，因此继续将位于栈顶的柱子的下标出栈，然后计算以下标为 1 的柱子为顶的最大矩形面积。此时栈中位于下标为 1 的柱子的左侧没有柱子。由于栈中的柱子的高度是递增排序的，如果下标为 1 的柱子的左侧存在较矮的柱子，那么较矮的柱子应该保存在栈中。现在栈中它的左侧没有柱子，这意味着它的左侧的柱子都比它高。因此，可以想象在下标为-1 的位置有一根比它矮的柱子。当前扫描的柱子的下标是 5，是右侧较矮的柱子，因此以下标为 1 的柱子为顶的最大矩形的高是 2，宽是 5（5-(-1)-1=5），如图 6.4（b）中的阴影部分所示。

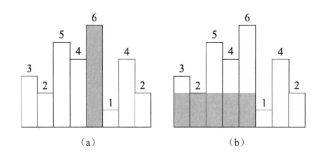

图 6.4　右侧有较矮的柱子时以某根柱子为顶的最大矩形
说明：（a）以下标为 4 的柱子为顶的最大矩形；（b）以下标为 1 的柱子为顶的最大矩形

当扫描数组中所有柱子之后，栈中可能仍然剩余一些柱子。因此，需要逐一将这些柱子的下标出栈并计算以它们为顶的最大矩形面积。例如，在扫描整个数组[3, 2, 5, 4, 6, 1, 4, 2]之后，栈中还有两根柱子，它们的下标为[5, 7]，高分别为 1 和 2。当扫描到下标为 7 的柱子时，由于它比下标为 6 的柱子矮，为了保证栈中柱子的高度是递增的，下标为 6 的柱子出栈。以下标为 6 的柱子为顶的最大矩形面积是 4。因此，当扫描数组中所有柱子之后，栈中有下标为[5, 7]的这两根柱子，它们的高度仍然是递增排序的。

先将下标为 7 的柱子出栈。柱子直到这个时候才出栈，说明它的右侧没有比它矮的柱子。如果一根柱子的右侧有比它矮的柱子，那么当扫描到右侧较矮柱子的时候它就已经出栈了。因此，可以想象成以下标为 7 的柱子为顶的最大矩形往右一直延伸到下标为 8 的位置（8 为数组中柱子的数量，柱子的最大下标加 1）。栈中位于下标为 7 的柱子的左侧是下标为 5 的柱子，它的高为 1，比下标为 7 的柱子矮。因此，以下标为 7 的柱子为顶的最大矩形的高是 2，宽是 2（8-5-1=2），如图 6.5（a）中的阴影部分所示。

下标为 7 的柱子出栈之后位于栈顶的是下标为 5 的柱子，它的高为 1。栈中没有位于这根柱子左侧的柱子，这意味着它左侧的柱子都比它高。可以想象在下标为-1 的位置有一根比它矮的柱子。该柱子直到这个时候才出栈，说明它的右侧没有比它矮的柱子，可以想象成以下标为 5 的柱子为顶的最大矩形向右一直延伸到下标为 8 的位置。因此，以下标为 5 的柱子为顶的最大矩形的高是 1，宽是 8（8-(-1)-1=8），如图 6.5（b）中的阴影部分所示。

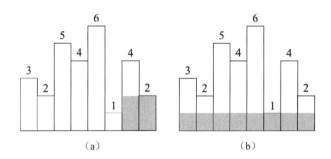

图 6.5　当右侧没有较矮柱子时以某根柱子为顶的最大矩形

说明：（a）以下标为 7 的柱子为顶的最大矩形；（b）以下标为 5 的柱子为顶的最大矩形

由于已经计算了以每根柱子为顶的最大矩形面积，因此比较这些矩形面积就能得到直方图中的最大矩形面积。参考代码如下所示：

```java
public int largestRectangleArea(int[] heights) {
    Stack<Integer> stack = new Stack<>();
    stack.push(-1);

    int maxArea = 0;
    for (int i = 0; i < heights.length; i++) {
        while (stack.peek() != -1
            && heights[stack.peek()] >= heights[i]) {
            int height = heights[stack.pop()];
            int width = i - stack.peek() - 1;
            maxArea = Math.max(maxArea, height * width);
        }

        stack.push(i);
```

```
    }

    while (stack.peek() != -1) {
        int height = heights[stack.pop()];
        int width = heights.length - stack.peek() - 1;
        maxArea = Math.max(maxArea, height * width);
    }

    return maxArea;
}
```

假设输入数组的长度为 n。直方图的每根柱子都入栈、出栈一次，并且在每根柱子的下标出栈时计算以它为顶的最大矩形面积，这些操作对每根柱子而言时间复杂度是 $O(1)$，因此这种单调栈法的时间复杂度是 $O(n)$。这种解法需要一个辅助栈，栈中可能有 $O(n)$ 根柱子在数组中的下标，因此空间复杂度是 $O(n)$。

面试题 40：矩阵中的最大矩形

题目：请在一个由 0、1 组成的矩阵中找出最大的只包含 1 的矩形并输出它的面积。例如，在图 6.6 的矩阵中，最大的只包含 1 的矩阵如阴影部分所示，它的面积是 6。

1	0	1	0	0
0	0	1	1	1
1	1	1	1	1
1	0	0	1	0

图 6.6　一个由 0、1 组成的矩阵

分析：面试题 39 是关于最大矩形的，这个题目还是关于最大矩形的，它们之间有没有某种联系？如果能从矩阵中找出直方图，那么就能通过计算直方图中的最大矩形面积来计算矩阵中的最大矩形面积。

直方图是由排列在同一基线上的相邻柱子组成的图形。由于题目要求矩形中只包含数字 1，因此将矩阵中上下相邻的值为 1 的格子看成直方图中的柱子。如果分别以图 6.6 中的矩阵的每行为基线，就可以得到 4 个由数字 1 的格子组成的直方图，如图 6.7 所示。

在将矩阵转换成多个直方图之后，就可以计算并比较每个直方图的最大矩形面积，所有直方图中的最大矩形也是整个矩阵中的最大矩形。例如，

图 6.7（c）的直方图中的最大矩形（阴影部分）也是图 6.6 中矩阵的最大矩形。

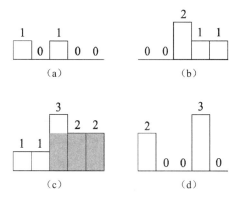

图 6.7　以图 6.6 中矩阵的每行为基线由 1 组成的直方图

说明：（a）以矩阵第 1 行为基线的直方图。（b）以矩阵第 2 行为基线的直方图。（c）以矩阵第 3 行为基线的直方图。它的最大矩形也是整个矩阵中只包含 1 的最大矩形，如阴影部分所示。（d）以矩阵第 4 行为基线的直方图

这种将矩阵转换成直方图的解法可以用如下所示的参考代码实现：

```
public int maximalRectangle(char[][] matrix) {
    if (matrix.length == 0 || matrix[0].length == 0) {
        return 0;
    }

    int[] heights = new int[matrix[0].length];
    int maxArea = 0;
    for(char[] row : matrix) {
        for (int i = 0; i < row.length; i++) {
            if (row[i] == '0') {
                heights[i] = 0;
            } else {
                heights[i]++;
            }
        }

        maxArea = Math.max(maxArea, largestRectangleArea(heights));
    }

    return maxArea;
}
```

在上述代码中，数组 heights 用来记录以某一行作为基线的直方图的每根柱子的高度。如果矩阵中某个格子的值为 0，那么它所在的柱子的高度为 0；如果矩阵中某个格子的值为 1，那么它所在的柱子的高度是以上一行作为基线的直方图同一位置的柱子的高度加 1。

在得到一个直方图中所有柱子的高度之后，就可以用解决面试题 39 的方法求得直方图中的最大矩形面积。函数 largestRectangleArea 与前面的作用相同，此处不再重复介绍。

假设输入的矩阵的大小为 $m×n$。该矩阵可以转换成 m 个直方图。如果采用单调栈法，那么求每个直方图的最大矩形面积需要 $O(n)$ 的时间，因此这种解法的时间复杂度是 $O(mn)$。

用单调栈法计算直方图中最大矩阵的面积需要 $O(n)$ 的空间，同时还需要一个长度为 n 的数组 heights，用于记录直方图中柱子的高度，因此这种解法的空间复杂度是 $O(n)$。

6.3 本章小结

本章介绍了栈这种常见的数据结构。栈的插入、删除操作都发生在栈的顶部。在栈中插入、删除数据的顺序为"后入先出"，即最后添加的数据最先被删除。Java 的类型 Stack 实现了栈的功能。

在分析解决问题时，如果一个数据集合的添加、删除操作满足"后入先出"的特点，那么可以用栈来实现这个数据集合。

第 7 章

队列

7.1 队列的基础知识

队列是一种常用的数据结构，它最大的特点是"先入先出"，即先进入队列中的元素最先出来。这和我们日常生活中的队列一致，排在队列最前面的人优先得到服务。由于队列要保证"先入先出"的顺序，因此新的元素只能添加到队列的尾部，同时只能删除位于队列最前面的元素。

图 7.1 描述了在一个队列中插入或删除元素的过程。如果在一个空的队列中依次插入 1、2、3 这 3 个数字，那么队列的状态如图 7.1 (c) 所示。接下来执行删除操作。按照"先入先出"的顺序，最先插入队列的数字 1 将被删除，如图 7.1 (d) 所示。接下来在队列中添加数字 4，新添加的数字插入队列的尾部，如图 7.1 (e) 所示。最后删除一个数字，由于队列中剩余的数字 2、3、4 中 2 是最先被插入的，因此也最先被删除。删除数字 2 之后的队列如图 7.1 (f) 所示。

(a) 插入数字1   (b) 插入数字2   (c) 插入数字3

(d) 删除数字1   (e) 插入数字4   (f) 删除数字2

图 7.1 队列的插入、删除操作

在 Java 中，队列是一个定义了插入和删除操作的接口 Queue。Java 中

Queue 的常用操作如表 7.1 所示。

表 7.1　Java 中 Queue 的常用操作

操作	抛异常	不抛异常
插入元素	add(e)	offer(e)
删除元素	remove	poll
返回最前面的元素	element	peek

上述操作中有一点值得注意，在某些时候调用函数 add、remove 和 element 时可能会抛出异常，但调用函数 offer、poll 和 peek 不会抛出异常。例如，当调用函数 remove 从一个空的队列中删除最前面的元素时，就会抛出异常。但如果调用函数 poll 从一个空的队列中删除最前面的元素，则会返回 null。

在 Java 中实现了接口 Queue 的常用类型有 LinkedList、ArrayDeque 和 PriorityQueue 等。但 PriorityQueue 并不是真正的队列，第 9 章会详细介绍 PriorityQueue。

7.2 队列的应用

队列是一种经常被使用的数据结构。如果解决某个问题时数据的插入和删除操作满足"先入先出"的特点，那么可以考虑用队列来存储这些数据。

解题小经验

如果解决某个问题时数据的插入和删除操作满足"先入先出"的特点，那么可以考虑用队列来存储这些数据。

例如，数组中某一长度的子数组可以看成数组的一个窗口。若给定数组[1, 2, 3, 4, 5, 6, 7]，那么子数组[2, 3, 4]就是其中一个大小为 3 的窗口。如果该窗口向右滑动一个数字，那么窗口就包含数字[3, 4, 5]。如果继续向右滑动窗口，那么每向右滑动一个数字，都在窗口的最右边插入一个数字，同时把最左边的数字删除。由于最先添加进入滑动窗口的数字最先被删除，也就是"先入先出"，因此数组的这种滑动窗口可以用队列表示。

面试题 41：滑动窗口的平均值

题目：请实现如下类型 MovingAverage，计算滑动窗口中所有数字的平均值，该类型构造函数的参数确定滑动窗口的大小，每次调用成员函数 next 时都会在滑动窗口中添加一个整数，并返回滑动窗口中所有数字的平均值。

```
class MovingAverage {
    public MovingAverage(int size);
    public double next(int val);
}
```

例如，假设滑动窗口的大小为 3。第 1 次调用 next 函数时在滑动窗口中添加整数 1，此时窗口中只有一个数字 1，因此返回平均值 1。第 2 次调用 next 函数时添加整数 2，此时窗口中有两个数字 1 和 2，因此返回平均值 1.5。第 3 次调用 next 函数时添加数字 3，此时有 3 个数字 1、2、3，因此返回平均值 2。第 4 次调用 next 函数时添加数字 4，由于受到窗口大小的限制，滑动窗口中最多只能有 3 个数字，因此第 1 个数字 1 将滑出窗口，此时窗口中包含 3 个数字 2、3、4，返回平均值 3。

分析：为了解决这个问题，首先需要考虑的是用什么数据结构来表示这个滑动窗口。按照题目的描述，可以在窗口中添加数字，当窗口中数字的数目超过限制时，还可以从窗口中删除数字。例如，当窗口的大小为 3，在添加第 4 个数字时就需要从窗口中删除一个数字。需要注意的是，题目给出的例子中的删除规则是把最早添加进来的数字删除，因此这是一种"先入先出"的顺序，由此想到应该采用队列这种数据结构来表示滑动窗口。可以把数字添加到队列的尾部，并从队列的头部删除数字。

接下来考虑还需要保存哪些信息。自然需要保存窗口的大小限制。每当在窗口中添加一个数字之后，都需要判断是否超出了窗口的大小限制。如果超出了限制，就需要从队列中删除一个数字。

最后考虑如何高效地计算窗口中所有数字的平均值，一个直观的方法是每次都累加窗口中的所有数字之和。如果窗口的大小为 n，那么每次计算平均值的时间复杂度都是 $O(n)$。

实际上还有更快的方法。如果记录当前窗口中的所有数字之和（用 sum 表示），那么插入一个新的数字 $v1$ 之后，窗口中的所有数字之和就是

sum+$v1$。如果此时窗口的大小超出了限制，还需要删除一个数字 $v2$，那么窗口中的所有数字之和是 sum+$v1$−$v2$。因此，最多只需要一次加法和一次减法就能求出窗口中的所有数字之和，时间复杂度为 $O(1)$。

以下是参考代码：

```
class MovingAverage {
    private Queue<Integer> nums;
    private int capacity;
    private int sum;

    public MovingAverage(int size) {
        nums = new LinkedList<>();
        capacity = size;
    }

    public double next(int val) {
        nums.offer(val);
        sum += val;
        if (nums.size() > capacity) {
            sum -= nums.poll();
        }

        return (double)sum / nums.size();
    }
}
```

面试题 42：最近请求次数

题目：请实现如下类型 RecentCounter，它是统计过去 3000ms 内的请求次数的计数器。该类型的构造函数 RecentCounter 初始化计数器，请求数初始化为 0；函数 ping(int t)在时间 t 添加一个新请求（t 表示以毫秒为单位的时间），并返回过去 3000ms 内（时间范围为[t−3000, t]）发生的所有请求数。假设每次调用函数 ping 的参数 t 都比之前调用的参数值大。

```
class RecentAverage {
    public RecentCounter();
    public int ping(int t);
}
```

例如，在初始化一个 RecentCounter 计数器之后，ping(1)的返回值是 1，因为时间范围[−2999, 1]只有 1 个请求；ping(10)的返回值是 2，因为时间范围[−2990, 10]有 2 个请求；ping(3001)的返回值是 3，因为时间范围[1, 3001]有 3 个请求；ping(3002)的返回值是 3，因为时间范围[2, 3002]有 3 个请求，发生在时间 1 的请求已经不在这个时间范围内。

分析：为了解决这个问题，首先需要考虑的是用什么数据结构来记录每次请求的时间。在 ping(1)、ping(10)、ping(3001) 发生时，先后将时间 1、10、3001 记录到一个数据容器中。接下来发生了 ping(3002)，此时时间 1 已经超出当前的时间范围，时间 1 发生的请求不被计数，因此时间 1 需要从数据容器中删除。需要注意的是，在 1、10、3001、3002 这几个时间中，时间 1 是最先存入数据容器中的，它最先被删除，这符合"先入先出"的规律，因此可以考虑用队列实现这个数据容器。

事实上，可以将某个时间范围的所有时间看成一个关于时间的滑动窗口。每当一个新的请求发生时，该滑动窗口包含一个新的时间。如果某个时间由于太早而超出了时间范围，那么它将滑出该时间窗口。队列非常适合用来实现滑动窗口。

用队列实现计数器 RecentCounter 的参考代码如下所示：

```
class RecentCounter {
    private Queue<Integer> times;
    private int windowSize;

    public RecentCounter() {
        times = new LinkedList<>();
        windowSize = 3000;
    }

    public int ping(int t) {
        times.offer(t);
        while (times.peek() + windowSize < t) {
            times.poll();
        }

        return times.size();
    }
}
```

每当请求 ping 在时间 t 发生时，时间 t 就被记录到队列 times 中。如果之前的某些请求的时间已经滑出了目前的时间窗口，则将它们从队列中删除。队列的长度就是当前时间窗口内请求的数目。

假设计数器时间窗口的大小是 w 毫秒，其中记录的时间是递增的，那么时间窗口中记录的时间的数目是 $O(w)$，因此空间复杂度是 $O(w)$。每当收到一个新的请求 ping 时，由于可能需要删除 $O(w)$ 个已经滑出时间窗口的请求，因此时间复杂度也是 $O(w)$。但是由于这个题目中时间窗口的大小为 3000 毫秒，w 是一个常数，因此也可以认为时间复杂度和空间复杂度都是 $O(1)$。

7.3 二叉树的广度优先搜索

应聘者在面试时经常需要使用队列来解决与广度优先搜索相关的问题。本节着重讨论二叉树的广度优先搜索，图的广度优先搜索在第 15 章介绍。

二叉树的广度优先搜索是从上到下按层遍历二叉树，从二叉树的根节点开始，先遍历二叉树的第 1 层，再遍历第 2 层，接着遍历第 3 层，并以此类推。例如，如果按照广度优先的顺序遍历图 7.2 中的二叉树，那么先后遍历节点 8、节点 6、节点 10、节点 5、节点 7、节点 9、节点 11。

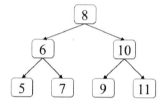

图 7.2　一棵二叉树

说明：如果按照广度优先的顺序遍历，将先后遍历节点 8、节点 6、节点 10、节点 5、节点 7、节点 9、节点 11

通常基于队列来实现二叉树的广度优先搜索。从二叉树的根节点开始，先把根节点放入一个队列之中，然后每次从队列中取出一个节点遍历。如果该节点有左右子节点，则分别将它们添加到队列当中。重复这个过程，直到所有节点都遍历完为止，此时队列为空。实现二叉树广度优先搜索的经典代码如下所示：

```java
public List<Integer> bfs(TreeNode root) {
    Queue<TreeNode> queue = new LinkedList<>();
    if (root != null) {
        queue.offer(root);
    }

    List<Integer> result = new ArrayList<>();
    while (!queue.isEmpty()) {
        TreeNode node = queue.poll();
        result.add(node.val);

        if (node.left != null) {
            queue.offer(node.left);
```

```
    }
    if (node.right != null) {
        queue.offer(node.right);
    }
}

return result;
}
```

假设一棵二叉树有 n 个节点。由于逐层遍历每个节点，因此上述代码的时间复杂度是 $O(n)$。如果把父节点已经遍历到但自身尚未到达的节点存储在队列之中，那么最多需要存储一层的节点。在一棵满的二叉树中，最下面一层的节点数最多，最多可能有$(n+1)/2$ 个节点，因此，二叉树广度优先搜索的空间复杂度是 $O(n)$。

由于队列的"先入先出"特性，二叉树的某一层节点按照从左到右的顺序插入队列中，因此这些节点一定会按照从左到右的顺序遍历到。如果用广度优先的顺序遍历二叉树，那么它的下一层节点也是按照从左到右的顺序添加到队列中的。因此，很容易知道每层最左边或最右边的节点，或者每层的最大值、最小值等。如果关于二叉树的面试题提到层这个概念，那么基本上可以确定该题目需要运用广度优先搜索。

🧑 解题小经验

如果关于二叉树的面试题提到层这个概念，就可以尝试运用广度优先搜索来解决这个问题。

面试题 43：在完全二叉树中添加节点

题目：在完全二叉树中，除最后一层之外其他层的节点都是满的（第 n 层有 2^{n-1} 个节点）。最后一层的节点可能不满，该层所有的节点尽可能向左边靠拢。例如，图 7.3 中的 4 棵二叉树均为完全二叉树。实现数据结构 CBTInserter 有如下 3 种方法。

- 构造函数 CBTInserter(TreeNode root)，用一棵完全二叉树的根节点初始化该数据结构。

- 函数 insert(int v)在完全二叉树中添加一个值为 v 的节点，并返回被插入节点的父节点。例如，在如图 7.3（a）所示的完全二叉树中

> 添加一个值为 7 的节点之后，二叉树如图 7.3（b）所示，并返回节点 3。在如图 7.3（b）所示的完全二叉树中添加一个值为 8 的节点之后，二叉树如图 7.3（c）所示，并返回节点 4。在如图 7.3（c）所示的完全二叉树中添加节点 9 会得到如图 7.3（d）所示的二叉树，并返回节点 4。
>
> ●函数 get_root() 返回完全二叉树的根节点。

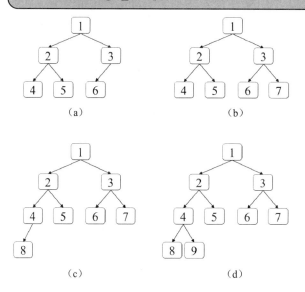

图 7.3　4 棵完全二叉树

说明：在（a）中的完全二叉树中添加节点 7 得到（b）；在（b）中的完全二叉树中添加节点 8 得到（c）；在（c）中的完全二叉树中添加节点 9 得到（d）

分析：解决这个问题的关键在于理解完全二叉树的特点及在二叉树中添加节点的顺序。根据完全二叉树的定义，在完全二叉树中只有最下面一层可能是不满的，其他层都是满的（在二叉树中第 n 层最多有 2^{n-1} 个节点）。如果最下面一层不是满的，则从左到右找到该层的第 1 个空缺位置并添加新的节点。

例如，在如图 7.3（c）所示的完全二叉树中，最下面一层（第 4 层）最多可能有 8 个节点，但现在只有 1 个节点，因此这一层还没有满，可以添加新的节点。需要注意的是，节点 8 是第 3 层中节点 4 的左子节点，节点 4 的右子节点的位置是从左到右的第 1 个空缺。如果此时在完全二叉树中添加一个新的节点 9，那么节点 9 将成为节点 4 的右子节点，如图 7.3（d）

所示。

如果完全二叉树的最下面一层已经满了，此时再在二叉树中添加新的节点将会在二叉树中添加新的一层，而且新的节点是新层最左边的节点，也就是说，新节点的父节点是原来最下面一层的最左边节点。例如，图 7.3（b）中的完全二叉树的最下面一层（第三层）已经满了。如果再在该二叉树中添加一个新的节点 8，那么该节点将成为第三层最左边节点（节点 4）的左子节点，如图 7.3（c）所示。

在完全二叉树中添加新节点顺序看起来是从上到下按层从左到右添加的，这就是典型的二叉树广度优先搜索的顺序。我们可以每次在完全二叉树中按照广度优先搜索的顺序找出第 1 个左子节点或右子节点还有空缺的节点。如果它没有左子节点，那么新的节点就作为它的左子节点；如果它没有右子节点，那么新的节点就作为它的右子节点。

例如，在如图 7.3（a）所示的完全二叉树中添加新的节点 7 时，节点 3 是按照广度优先搜索的顺序找到的第 1 个缺少子节点的节点，它已经有左子节点但没有右子节点，因此节点 7 就插入节点 3 的右子节点的位置。同样，在如图 7.3（b）所示的完全二叉树中添加新的节点 8 时，节点 4 是按照广度优先搜索的顺序找到的第 1 个缺少子节点的节点，它既没有左子节点也没有右子节点，因此节点 8 插入节点 4 的左子节点的位置。

接下来考虑效率优化。在完全二叉树中添加节点时需要按照广度优先搜索的顺序找出第 1 个缺少子节点的节点。其实没有必要在每次插入新的节点时都从完全二叉树的根节点开始从头进行广度优先搜索。

例如，在如图 7.3（a）所示的完全二叉树中添加新的节点 7 时，从根节点开始按照广度优先搜索的顺序找出节点 3 是第 1 个缺少子节点的节点，由此可知，在节点 3 之前被遍历过的所有节点（节点 1 和节点 2）的左右子节点都已经存在，并且当节点 7 插入节点 3 的右子节点的位置之后节点 3 的左右子节点都已经存在。下次再次插入新的节点时，就没有必要从根节点开始，而是跳过节点 1、节点 2 和节点 3，直接从节点 4 开始查找第 1 个还缺少子节点的节点。

这种思路的参考代码如下所示：

```
class CBTInserter {
    private Queue<TreeNode> queue;
    private TreeNode root;
```

```java
public CBTInserter(TreeNode root) {
    this.root = root;

    queue = new LinkedList<>();
    queue.offer(root);
    while (queue.peek().left != null && queue.peek().right != null) {
        TreeNode node = queue.poll();
        queue.offer(node.left);
        queue.offer(node.right);
    }
}

public int insert(int v) {
    TreeNode parent = queue.peek();
    TreeNode node = new TreeNode(v);

    if (parent.left == null) {
        parent.left = node;
    } else {
        parent.right = node;

        queue.poll();
        queue.offer(parent.left);
        queue.offer(parent.right);
    }

    return parent.val;
}

public TreeNode get_root() {
    return this.root;
}
}
```

类型 CBTInserter 的构造函数按照广度优先搜索的顺序从根节点开始遍历输入的完全二叉树，如果一个节点的左右子节点都已经存在，就不可能再在这个节点添加新的子节点，因此可以从队列中删除这个节点，并将它的左右子节点都添加到队列之中。例如，类型 CBTInserter 的构造函数针对图 7.3（a）中的完全二叉树进行初始化之后，队列中只包含节点 3、节点 4 和节点 5。节点 6 此时还没有添加到队列之中。

当第 1 次调用函数 insert 插入节点 7 时，第 1 个缺少子节点的节点是节点 3，此时正好位于队列的头部。由于节点 3 已经有左子节点，因此新的节点被插入它右子节点的位置。插入节点 7 之后，节点 3 的左右子节点都已经存在，因此节点 3 可以从队列中删除，并将它的两个子节点添加到队列中。执行完这些操作之后，队列中有节点 4、节点 5、节点 6 和节点 7。

最后分析上述代码的效率。类型 CBTInserter 的构造函数从本质上来说是按照广度优先搜索的顺序找出二叉树中所有既有左子节点又有右子节点的节点，因此时间复杂度是 $O(n)$。调用函数 insert 在完全二叉树中每添加一个节点最多只需要在队列中删除一个节点并添加两个节点。通常，队列的插入、删除操作的时间复杂度都是 $O(1)$，因此函数 insert 的时间复杂度是 $O(1)$。显然，函数 get_root 的时间复杂度是 $O(1)$。

类型 CBTInserter 需要一个队列来实现广度优先搜索算法保存缺少左子节点或右子节点的节点，空间复杂度是 $O(n)$。

面试题 44：二叉树中每层的最大值

题目：输入一棵二叉树，请找出二叉树中每层的最大值。例如，输入图 7.4 中的二叉树，返回各层节点的最大值[3, 4, 9]。

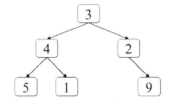

图 7.4　一棵二叉树

说明：第 1 层的最大值是 3，第 2 层的最大值是 4，第 3 层的最大值是 9

分析：这个题目提到了二叉树的层。既然要找出二叉树中每层的最大值，就要逐层遍历二叉树，也就是说，按照广度优先的顺序遍历二叉树。

❖ 用一个队列实现二叉树的广度优先搜索

由于要找出二叉树中每层的最大值，因此在遍历时需要知道每层什么时候开始、什么时候结束。如果还是和前面一样只用一个队列来保存尚未遍历到的节点，那么有可能位于不同的两层的节点同时在队列之中。例如，遍历到节点 4 时，就把节点 4 从队列中取出来，此时节点 2 已经在队列中。接下来要把节点 4 的两个子节点（节点 5 和节点 1）都添加到队列中。这个时候第 2 层的节点 2 和第 3 层的节点 5、节点 1 都在队列中。

如果不同层的节点同时位于队列之中，那么每次从队列之中取出节点来遍历时就需要知道这个节点位于哪一层。解决这个问题的一个办法是计数。需要注意的是，当遍历某一层的节点时，会将下一层的节点也放入队

列中。因此，可以用两个变量分别记录两层节点的数目，变量 current 记录
当前遍历这一层中位于队列之中节点的数目，变量 next 记录下一层中位于
队列之中节点的数目。

　　最开始把根节点插入队列中时，把变量 current 初始化为 1。接下来逐
个从队列中取出节点遍历。每当从队列中取出一个节点时，当前层的剩余
节点就少了一个，因此变量 current 的数目减 1。如果当前遍历的节点有子
节点，那么将子节点插入队列中。由于子节点都位于当前遍历节点的下一
层，因此在队列中添加一个子节点，变量 next 的数目将增加 1。

　　当变量 current 的数值变成 0 时，表示当前层的所有节点都已经遍历完。
可以通过比较当前层的所有节点的值，找出这一层节点的最大值。接下来
在开始遍历下一层节点之前，把变量 current 的值设为变量 next 的值，并把
变量 next 重新初始化为 0。重复这个过程，直到所有节点都遍历完为止。

　　这种思路的代码如下所示：

```java
public List<Integer> largestValues(TreeNode root) {
    int current = 0;
    int next = 0;
    Queue<TreeNode> queue = new LinkedList<>();
    if (root != null) {
        queue.offer(root);
        current = 1;
    }

    List<Integer> result = new LinkedList<>();
    int max = Integer.MIN_VALUE;
    while (!queue.isEmpty()) {
        TreeNode node = queue.poll();
        current--;
        max = Math.max(max, node.val);

        if (node.left != null) {
            queue.offer(node.left);
            next++;
        }

        if (node.right != null) {
            queue.offer(node.right);
            next++;
        }

        if (current == 0) {
            result.add(max);
            max = Integer.MIN_VALUE;
            current = next;
            next = 0;
        }
    }
}
```

```
    return result;
}
```

在上述代码中，变量 max 初始化为最小的整数值。在遍历某一层的节点时，只要当前遍历的节点的值大于变量 max，就更新变量 max 的值。当这一层所有的节点都遍历完时（即变量 current 的值变成 0），变量 max 的值就是这一层中节点的最大值。在开始遍历下一层之前，重新把变量 max 的值初始化为最小的整数值。

❖ 用两个队列实现二叉树的广度优先搜索

另一个办法是把不同层的节点放入不同的队列中。需要注意的是，当遍历某一层时，会将位于下一层的子节点也插入队列中，也就是说，队列中会有位于两层的节点。可以用两个不同的队列 queue1 和 queue2 分别存放两层的节点，队列 queue1 中只放当前遍历层的节点，而队列 queue2 中只放下一层的节点。

最开始时把二叉树的根节点放入队列 queue1 中。接下来每次从队列中取出一个节点遍历。由于队列 queue1 用来存放当前遍历层的节点，因此总是从队列 queue1 中取出节点用来遍历。如果当前遍历的节点有子节点，并且子节点位于下一层，则把子节点都放入队列 queue2 中。

当队列 queue1 被清空时，当前层的所有节点都已经被遍历完。通过比较这一层所有节点的值，就能找出这一层所有节点的最大值。在开始遍历下一层之前，把队列 queue1 指向队列 queue2，并将队列 queue2 重新初始化为空的队列。重复这个过程，直到所有节点都遍历完为止。

这种使用两个队列的思路对应的参考代码如下所示：

```java
public List<Integer> largestValues(TreeNode root) {
    Queue<TreeNode> queue1 = new LinkedList<>();
    Queue<TreeNode> queue2 = new LinkedList<>();
    if (root != null) {
        queue1.offer(root);
    }

    List<Integer> result = new LinkedList<>();
    int max = Integer.MIN_VALUE;
    while (!queue1.isEmpty()) {
        TreeNode node = queue1.poll();
        max = Math.max(max, node.val);

        if (node.left != null) {
```

```
            queue2.offer(node.left);
        }

        if (node.right != null) {
            queue2.offer(node.right);
        }

        if (queue1.isEmpty()) {
            result.add(max);
            max = Integer.MIN_VALUE;

            queue1 = queue2;
            queue2 = new LinkedList<>();
        }
    }

    return result;
}
```

通过比较上述两种思路的代码不难发现，使用两个队列的代码的逻辑稍微简单一些。在接下来的题目中如果用广度优先的顺序遍历二叉树时需要区分二叉树的每层，就可以采用两个队列来实现。

面试题 45：二叉树最低层最左边的值

> 题目：如何在一棵二叉树中找出它最低层最左边节点的值？假设二叉树中最少有一个节点。例如，在如图 7.5 所示的二叉树中最低层最左边一个节点的值是 5。

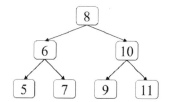

图 7.5　一棵二叉树

分析：这是一个关于二叉树的问题，而且还与二叉树的层相关，因此基本可以确定这个题目是在考查二叉树的广度优先搜索。通常，广度优先算法是从上到下遍历二叉树的每一层，并且从左到右遍历同一层中的每个节点。位于某一层最左边的节点也就是该层中第 1 个遍历到的节点，最低层最左边的节点就是最后一层的第 1 个节点。

可以用一个变量 bottomLeft 来保存每一层最左边的节点的值。在遍历二叉树时，每当遇到新的一层时就将变量 bottomLeft 的值更新为该层第 1 个节点的值。当整棵二叉树都被遍历完之后，变量 bottomLeft 的值就是最后一次更新的值，也就是最后一层的第 1 个节点的值。

由于用广度优先的顺序遍历二叉树时需要区分不同的层，因此可以用两个队列分别存放不同层的节点，一个队列存放当前遍历层的节点，另一个队列存放下一层的节点。基于这种思路可以编写出如下所示的代码：

```
public int findBottomLeftValue(TreeNode root) {
    Queue<TreeNode> queue1 = new LinkedList<>();
    Queue<TreeNode> queue2 = new LinkedList<>();
    queue1.offer(root);
    int bottomLeft = root.val;
    while (!queue1.isEmpty()) {
        TreeNode node = queue1.poll();
        if (node.left != null) {
            queue2.offer(node.left);
        }

        if (node.right != null) {
            queue2.offer(node.right);
        }

        if (queue1.isEmpty()) {
            queue1 = queue2;
            queue2 = new LinkedList<>();
            if (!queue1.isEmpty()) {
                bottomLeft = queue1.peek().val;
            }
        }
    }

    return bottomLeft;
}
```

由于这个题目假设输入的二叉树至少有一个节点，因此根节点总是存在的。二叉树的第 1 层只有一个节点，即根节点，因此可以把变量 bottomLeft 初始化为根节点的值。

接下来按照广度优先的顺序逐层遍历二叉树。当队列 queue1 被清空时，当前这一层都已经被遍历完，接下来可以开始下一层的遍历。如果下一层还有节点，则用下一层的第 1 个节点的值更新变量 bottomLeft。在整棵二叉树的遍历完成之后，变量 bottomLeft 的值就是最低层最左边节点的值。

面试题 46：二叉树的右侧视图

题目：给定一棵二叉树，如果站在该二叉树的右侧，那么从上到下看到的节点构成二叉树的右侧视图。例如，图 7.6 中二叉树的右侧视图包含节点 8、节点 10 和节点 7。请写一个函数返回二叉树的右侧视图节点的值。

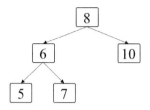

图 7.6　一棵二叉树，它的右侧视图包含值节点 8、节点 10 和节点 7

分析：这个题目提出了一个新概念，即二叉树的右侧视图。当站在二叉树的右侧时，看到的应该是每层最右边的一个节点，而每层的其他节点都被最右边的节点挡住。因此，二叉树的右侧视图其实就是从上到下每层最右边的节点。

既然这个题目和二叉树的层相关，因此可以应用广度优先搜索来解决。由于需要区分二叉树不同的层，因此在遍历时把不同层的节点放入不同的队列，也就是利用两个队列分别存放当前遍历的层和下一层的节点。这种解法的参考代码如下所示：

```
public List<Integer> rightSideView(TreeNode root) {
    List<Integer> view = new LinkedList<>();
    if (root == null) {
        return view;
    }

    Queue<TreeNode> queue1 = new LinkedList<>();
    Queue<TreeNode> queue2 = new LinkedList<>();
    queue1.offer(root);
    while (!queue1.isEmpty()) {
        TreeNode node = queue1.poll();
        if (node.left != null) {
            queue2.offer(node.left);
        }

        if (node.right != null) {
            queue2.offer(node.right);
        }

        if (queue1.isEmpty()) {
            view.add(node.val);
            queue1 = queue2;
            queue2 = new LinkedList<>();
        }
    }
```

```
    return view;
}
```

在上面的代码中，变量 node 是当前遍历到的节点。当队列 queue1 被清空时（即 queue1.isEmpty()为 true 时），当前这一层已经遍历完，变量 node 是这一层的最右边的节点，可以添加到右侧视图中。当从上到下所有层的节点都遍历完之后，二叉树的右侧视图的所有节点就都已经找到。

7.4 本章小结

本章介绍了队列这种数据结构。如果一个数据集合的添加、删除操作满足"先入先出"的特点，即最先添加的数据最先被删除，那么可以用队列来实现这个数据集合。

队列经常被用来实现二叉树的广度优先搜索。首先将二叉树的根节点插入队列。然后每次从队列中取出一个节点遍历。如果该节点有子节点，则将子节点插入队列。重复这个过程，直到队列被清空，此时二叉树所有的节点都已经遍历完。

如果需要区分二叉树不同的层，那么至少有两种方法可以实现。第一种方法是用两个变量来表示当前层和下一层节点的数目。如果当前遍历的层的节点数目变成 0，那么这一层所有的节点都已经遍历完，可以开始遍历下一层的节点。第二种方法是用两个队列分别存放当前层和下一层的节点。如果当前层对应的队列被清空，那么该层所有的节点就已经被遍历完，可以开始遍历下一层。

第 8 章

树

8.1 树的基础知识

树是算法面试经常遇到的数据结构之一，在实际工作中也有可能经常用到。在一棵非空的树中有一个根节点，这个节点下面可能有若干子节点，每个子节点下面还有其他的子节点。如果一个节点没有子节点，那么它就是一个叶节点。在现实生活中也存在类似的结构。例如，在一个公司中员工架构最顶端是 CEO，CEO 的下面有若干副总，每个副总下面有若干部门经理，每个部门经理下面有若干基层员工。这种员工架构很容易用树这种数据结构来表示。

应聘者在准备算法面试时最需要重视的是二叉树。顾名思义，在二叉树中每个节点最多只有两个子节点，可以分别把它们称为左子节点和右子节点。二叉树的根节点没有父节点，一棵非空二叉树只有一个父节点。二叉树的叶节点没有子节点。

例如，图 8.1 就是一棵有 7 个节点的二叉树。它的根节点是节点 1，同时它有 4 个叶节点，分别是节点 4、节点 5、节点 6、节点 7。

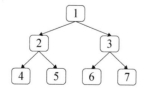

图 8.1　一棵有 7 个节点的二叉树

　　二叉树是一种典型的具有递归性质的数据结构。二叉树的根节点可能有子节点，子节点又是对应子树的根节点，它可能也有自己的子节点。这就类似于"子又生孙，孙又生子，子子孙孙无穷尽也"。由于二叉树本身就是递归的数据结构，因此很多与二叉树相关的面试题用递归的代码解决就很直观。

　　在本书中如果没有特殊说明，那么二叉树节点的数据类型定义如下所示：

```java
public class TreeNode {
    int val;
    TreeNode left;
    TreeNode right;

    TreeNode(int x) {
     val = x;
    }
}
```

8.2 　二叉树的深度优先搜索

　　与二叉树相关的面试题绝大部分都是为了考查二叉树的遍历。第 7 章介绍了二叉树的广度优先搜索，本节将深入探讨二叉树的深度优先搜索及典型的面试题。二叉树的深度优先搜索又可以细分为中序遍历、前序遍历和后序遍历。

❖ 中序遍历

　　如果按照中序遍历的顺序，则先遍历二叉树的左子树，然后遍历二叉树的根节点，最后遍历二叉树的右子树。例如，如果用中序遍历的顺序遍历图 8.1 中的二叉树，则先后遍历节点 4、节点 2、节点 5、节点 1、节点 6、节点 3 和节点 7。

　　中序遍历的递归代码实现很直观，如下所示：

```java
public List<Integer> inorderTraversal(TreeNode root) {
    List<Integer> nodes = new LinkedList<>();
    dfs(root, nodes);
    return nodes;
}

private void dfs(TreeNode root, List<Integer> nodes) {
    if (root != null) {
```

```
            dfs(root.left, nodes);
            nodes.add(root.val);
            dfs(root.right, nodes);
        }
}
```

由于采用递归的思路实现中序遍历，因此定义了一个递归函数 dfs（dfs 是 Depth First Search 的缩写，即深度优先搜索）。这个函数按照中序遍历的定义，如果输入的二叉树的根节点不为空，则先遍历它的左子树，然后遍历根节点，最后遍历右子树。

第一，递归有其固有的局限性。如果二叉树的深度（从根节点到叶节点的最长路径的长度）太大，那么递归的代码可能会导致调用栈溢出的问题。第二，递归的代码实在过于简单，面试官也希望增加面试的难度，因此在面试的时候经常会限制编写递归的中序遍历的代码。

把递归代码改写成迭代的代码通常需要用到栈，改写中序遍历的代码也不例外。二叉树的遍历总是从根节点开始的，但当第 1 次到达根节点时，并不是马上遍历根节点，而是顺着指向左子节点的指针向下直到叶节点，也就是找到第 1 个真正被遍历的节点。例如，在图 8.1 中，按照中序遍历的顺序第 1 个遍历的节点是节点 4。为了在一个节点被遍历之后能够接着回去遍历它的父节点，可以在顺着指向左子节点的指针遍历二叉树时把遇到的每个节点都添加到一个栈中。当一个节点被遍历了之后，就可以从栈中得到它的父节点。这种基于栈的思路可以用如下所示的代码实现：

```
public List<Integer> inorderTraversal(TreeNode root) {
    List<Integer> nodes = new LinkedList<>();
    Stack<TreeNode> stack = new Stack<>();
    TreeNode cur = root;
    while (cur != null || !stack.isEmpty()) {
        while (cur != null) {
            stack.push(cur);
            cur = cur.left;
        }

        cur = stack.pop();
        nodes.add(cur.val);
        cur = cur.right;
    }

    return nodes;
}
```

变量 cur 表示当前遍历的节点。如果该节点有左子节点，按照中序遍历的顺序，应该先遍历它的左子树。于是顺着指向左子节点的指针一直向下移动，并将沿途遇到的每个节点都添加到栈 stack 之中。第 2 个 while 循环结束之后，最左子节点（顺着指向左子节点的指针到达的最远的节点）位于栈顶，将它从栈顶出栈并遍历。按照中序遍历的顺序，在遍历一个节点之后再遍历它的右子树，因此把变量 cur 指向它的右子节点，开始下一轮的遍历，直到所有节点都遍历完为止。

❖ 前序遍历

下面介绍二叉树的前序遍历，即先遍历二叉树的根节点，再遍历二叉树的左子树，最后遍历二叉树的右子树。如果按照前序遍历的顺序遍历图 8.1 中的二叉树，则先后遍历节点 1、节点 2、节点 4、节点 5、节点 3、节点 6 和节点 7。

前序遍历的递归代码实现和中序遍历的递归代码实现类似，只需要调整递归函数中代码的顺序就可以。前序遍历是最先遍历节点自身，然后遍历左子树，最后遍历右子树。前序遍历的递归代码如下所示：

```java
public List<Integer> preorderTraversal(TreeNode root) {
    List<Integer> nodes = new LinkedList<>();
    dfs(root, nodes);
    return nodes;
}

private void dfs(TreeNode root, List<Integer> nodes) {
    if (root != null) {
        nodes.add(root.val);
        dfs(root.left, nodes);
        dfs(root.right, nodes);
    }
}
```

在不同的场合遍历二叉树所需要执行的操作可能不一样，在这里遍历二叉树是把先后遍历到的节点添加到一个链表中。

前序遍历的迭代代码和中序遍历的迭代代码也很类似。它们之间唯一的区别是在顺着指向左子节点的指针向下移动时，前序遍历将遍历遇到的每个节点并将它添加在栈中。这是由前序遍历的顺序决定的，前序遍历是先遍历根节点再遍历它的左子节点。二叉树前序遍历的迭代代码如下所示：

```java
public List<Integer> preorderTraversal(TreeNode root) {
    List<Integer> result = new LinkedList<>();
    Stack<TreeNode> stack = new Stack<>();
    TreeNode cur = root;
    while (cur != null || !stack.isEmpty()) {
        while (cur != null) {
```

```
                result.add(cur.val);
                stack.push(cur);
                cur = cur.left;
            }

            cur = stack.pop();
            cur = cur.right;
        }

    return result;
}
```

❖ 后序遍历

下面介绍二叉树的后序遍历。在后序遍历中，先遍历左子树，再遍历右子树，最后遍历根节点。如果按照后序遍历的顺序遍历图 8.1 中的二叉树，则先后遍历节点 4、节点 5、节点 2、节点 6、节点 7、节点 3 和节点 1。

二叉树后序遍历的递归代码和其他两种遍历方法的递归代码类似，只需要调整递归函数 dfs 中代码的顺序，把遍历根节点的代码移到最后就可以。后序遍历的递归代码如下所示：

```
public List<Integer> postorderTraversal(TreeNode root) {
    List<Integer> nodes = new LinkedList<>();
    dfs(root, nodes);
    return nodes;
}

private void dfs(TreeNode root, List<Integer> nodes) {
    if (root != null) {
        dfs(root.left, nodes);
        dfs(root.right, nodes);
        nodes.add(root.val);
    }
}
```

和中序遍历、前序遍历相比，后序遍历的迭代代码要稍微复杂一点。当达到某个节点时，如果之前还没有遍历过它的右子树就得前往它的右子节点，如果之前已经遍历过它的右子树那么就可以遍历这个节点。也就是说，此时要根据它的右子树此前有没有遍历过来确定是否应该遍历当前的节点。如果此前右子树已经遍历过，那么在右子树中最后一个遍历的节点应该是右子树的根节点，也就是当前节点的右子节点。可以记录遍历的前一个节点。如果一个节点存在右子节点并且右子节点正好是前一个被遍历的节点，那么它的右子树已经遍历过，现在是时候遍历当前的节点了。

二叉树后序遍历的参考代码如下所示：

```
public List<Integer> postorderTraversal(TreeNode root) {
    List<Integer> result = new LinkedList<>();
    Stack<TreeNode> stack = new Stack<>();
    TreeNode cur = root;
    TreeNode prev = null;
    while (cur != null || !stack.isEmpty()) {
        while (cur != null) {
            stack.push(cur);
            cur = cur.left;
        }

        cur = stack.peek();
        if (cur.right != null && cur.right != prev) {
            cur = cur.right;
        } else {
            stack.pop();
            result.add(cur.val);
            prev = cur;
            cur = null;
        }
    }

    return result;
}
```

在上述代码中，变量 prev 就是遍历过的前一个节点，它初始化为 null。在准备遍历下一个节点之前，就把它指向当前遍历的节点。

变量 cur 表示当前到达的节点。如果该节点有右子节点并且右子节点不是前一个遍历的节点，则表示它有右子树并且右子树还没有遍历过，按照后序遍历的顺序，应该先遍历它的右子树，因此把变量 cur 指向它的右子节点。

如果变量 cur 指向的节点没有右子树或它的右子树已经遍历过，则按照后序遍历的顺序此时可以遍历这个节点，于是把它出栈并遍历它。接下来准备遍历下一个节点，于是把变量 prev 指向这个节点。下一个遍历的节点一定是它的父节点，而父节点之前已经存放到栈中，所以需要将变量 cur 重置为 null，这样下一次就可以将它的父节点出栈并遍历。

❖ 3 种遍历方法小结

下面比较中序遍历、前序遍历和后序遍历这 3 种不同遍历算法的代码。它们的递归代码都很简单，只需要调整代码的顺序就能写出对应算法的代码。

它们的迭代代码也很类似，如它们都需要用到一个栈，而且代码的基本结构很相像，都有两个 while 循环并且它们的条件都一样。需要留意遍历当前节点的时机。前序遍历一边顺着指向左子节点的指针移动一边遍历当前的节点，而中序遍历和后序遍历则顺着指向左子节点的指针移动时只将节点放入栈中，并不遍历遇到的节点。只有当到达最左子节点之后再从栈中取出节点遍历。后序遍历最复杂，还需要保存前一个遍历的节点，并根据前一个遍历的节点是否为当前节点的右子节点来决定此时是否可以遍历当前的节点。

不管是哪种深度优先搜索算法，也不管是递归代码还是迭代代码，如果二叉树有 n 个节点，那么它们的时间复杂都是 $O(n)$。如果二叉树的深度为 h，那么它们的空间复杂度都是 $O(h)$。在二叉树中，二叉树的深度 h 的最小值是 $\log_2(n+1)$，最大值为 n。例如，包含 7 个节点的二叉树，最少只有 3 层（二叉树的第 1 层有 1 个节点，第 2 层有 2 个节点，第 3 层有 4 个节点），但最多可能有 7 层（二叉树中除了叶节点，其他每个节点只有 1 个子节点）。

3 种不同的二叉树深度优先搜索算法都有递归和迭代两种代码实现。这 6 段代码我们一定要深刻理解并能熟练写出正确的代码。这是因为很多与二叉树相关的面试题实际上都是在考查二叉树的深度优先搜索，理解中序遍历、前序遍历和后序遍历算法并能熟练写出代码，这些面试题都能迎刃而解。请看下面几个例题。

面试题 47：二叉树剪枝

> **题目**：一棵二叉树的所有节点的值要么是 0 要么是 1，请剪除该二叉树中所有节点的值全都是 0 的子树。例如，在剪除图 8.2（a）中二叉树中所有节点值都为 0 的子树之后的结果如图 8.2（b）所示。

分析：首先分析哪些子树会被剪除，哪些子树不能被剪除。在图 8.2（a）的二叉树中，以第 2 层第 1 个节点为根节点的子树的 3 个节点的值都是 0，因此整棵二叉树都被剪除。以第 2 层第 2 个节点为根节点的子树中有一个节点的值是 1（第 3 层第 4 个节点），因此这个子树不能删除，但是它的左子树（根节点为第 3 层第 4 个节点）只有一个节点并且值为 0，因此这个节点可以被剪除。

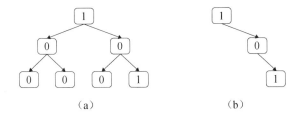

（a）　　　　　　　　　　　（b）

图 8.2　剪除所有节点的值都为 0 的子树

说明：（a）一棵节点值要么是 0 要么是 1 的二叉树；（b）剪除所有节点值都为 0 的子树的结果

　　下面总结什么样的节点可以被删除。首先，这个节点的值应该是 0。其次，如果它有子树，那么它的子树的所有节点的值都为 0。也就是说，如果一个节点可以被删除，那么它的子树的所有节点都可以被删除。例如，在图 8.2（a）的二叉树中，第 2 层第 1 个节点可以被删除，它的子树中的所有节点（第 3 层第 1 个节点和第 2 个节点）也可以被删除。

　　由此发现，后序遍历最适合用来解决这个问题。如果用后序遍历的顺序遍历到某个节点，那么它的左右子树的节点一定已经遍历过了。每遍历到一个节点，就要确定它是否有左右子树，如果左右子树都是空的，并且节点的值是 0，那么也就可以删除这个节点。

　　基于后序遍历的参考代码如下所示：

```java
public TreeNode pruneTree(TreeNode root) {
    if (root == null) {
        return root;
    }

    root.left = pruneTree(root.left);
    root.right = pruneTree(root.right);
    if (root.left == null && root.right == null && root.val == 0) {
        return null;
    }

    return root;
}
```

　　上述代码实质上是实现了递归的后序遍历。每当遍历到一个节点，如果该节点符合条件，则将该节点删除。由于是后序遍历，因此先对根节点 root 的左右子树递归调用函数 pruneTree 删除左右子树中节点值全是 0 的子树。只有当 root 的左右子树全部为空，并且它自己的值也是 0 时，这个节点才能被删除。所谓删除一个节点，就是返回 null 给它的父节点，这样这个节点就从这棵二叉树中消失。

面试题 48：序列化和反序列化二叉树

> 题目：请设计一个算法将二叉树序列化成一个字符串，并能将该字符串反序列化出原来二叉树的算法。

分析：先考虑如何将二叉树序列化为一个字符串。需要逐个遍历二叉树的每个节点，每遍历到一个节点就将节点的值序列化到字符串中。以前序遍历的顺序遍历二叉树最适合序列化。如果采用前序遍历的顺序，那么二叉树的根节点最先序列化到字符串中，然后是左子树，最后是右子树。这样做的好处是在反序列化时最方便，从字符串中读出的第 1 个数值一定是根节点的值。

实际上，只把节点的值序列化到字符串中是不够的。首先，要用一个分隔符（如逗号）把不同的节点分隔开。其次，还要考虑如何才能在反序列化的时候构建不同结构的二叉树。例如，图 8.3（a）和图 8.3（b）中的二叉树都有 5 个节点，并且每个节点的值都是 6。如果只把节点的值序列化到字符串，那么序列化这两棵二叉树的结果将是相同的，都是一串数字"6"。如果这样，反序列化的时候就不能构建不同结构的二叉树。

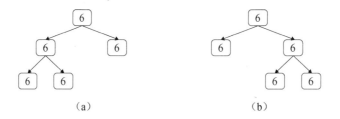

图 8.3 所有节点的值都相同的二叉树

说明：（a）序列化成字符串"6,6,6,#,#,6,#,#,6,#,#"的二叉树；（b）序列化成字符串"6,6,#,#,6,6,#,#,6,#,#"的二叉树

应该如何区分图 8.3（a）和图 8.3（b）中的两棵二叉树？图 8.3（a）中二叉树的第 2 层第 2 个节点的两个子节点均为 null，而图 8.3（b）中二叉树的第 2 层第 1 个节点的两个子节点均为 null。也就是说，尽管 null 节点通常没有在图上画出来，但它们对树的结构是至关重要的。因此，应该把 null 节点序列化成一个特殊的字符串。如果把 null 节点序列化成"#"，那么图 8.3（a）中的二叉树用前序遍历将被序列化成字符串"6,6,6,#,#,6,#,#,6,#,#"，而图 8.3（b）中的二叉树将被序列化成字符串"6,6,#,#,6,6,#,#,6,#,#"。

序列化二叉树的参考代码如下所示：

```java
public String serialize(TreeNode root) {
    if (root == null) {
        return "#";
    }

    String leftStr = serialize(root.left);
    String rightStr = serialize(root.right);
    return String.valueOf(root.val) + "," + leftStr + "," + rightStr;
}
```

在上述代码中，如果节点是 null 则返回特殊字符串"#"；否则生成一个字符串，它的开头是节点的值，然后是左子树序列化的结果，最后是右子树序列化的结果，因此这是按照前序遍历的顺序递归地序列化整棵二叉树。

接着考虑反序列化。由于把二叉树序列化成一个以逗号作为分隔符的字符串，因此可以根据分隔符把字符串分隔成若干子字符串，每个子字符串对应二叉树的一个节点。如果一个节点为 null，那么它和"#"对应；否则这个节点将和一个表示它的值的子字符串对应。

如果用前序遍历序列化二叉树，那么分隔后的第 1 个字符串对应的就是二叉树的根节点，因此可以先根据这个字符串构建出二叉树的根节点。然后先后反序列化二叉树的左子树和右子树。在反序列化它的左子树和右子树时可以采用类似的方法，也就是说，可以调用递归函数解决反序列化子树的问题。

递归地反序列化二叉树的参考代码如下所示：

```java
public TreeNode deserialize(String data) {
    String[] nodeStrs = data.split(",");
    int[] i = {0};
    return dfs(nodeStrs, i);
}

private TreeNode dfs(String[] strs, int[] i) {
    String str = strs[i[0]];
    i[0]++;

    if (str.equals("#")) {
        return null;
    }

    TreeNode node = new TreeNode(Integer.valueOf(str));
    node.left = dfs(strs, i);
    node.right = dfs(strs, i);
    return node;
}
```

在上述代码中，字符串数组 nodeStrs 保存分隔之后的所有节点对应的字符串，可以根据数组中的每个字符串逐一构建二叉树的每个节点。递归函数 dfs 的每次执行都会从字符串数组中取出一个字符串并以此反序列化出一个节点（如果取出的字符串是"#"，则返回 null 节点）。

我们需要一个下标去扫描字符串数组 nodeStrs 中的每个字符串。通常用一个整数值来表示数组的下标，但在上述代码中却定义了一个长度为 1 的整数数组 i。这是因为递归函数 dfs 每反序列化一个节点时下标就会增加 1，并且函数的调用者需要知道下标增加了。如果函数 dfs 的第 2 个参数 i 是整数类型，那么即使在函数体内修改 i 的值，修改之后的值也不能传递给它的调用者。但把 i 定义为整数数组之后，可以修改整数数组中的数字，修改之后的数值就能传给它的调用者。

面试题 49：从根节点到叶节点的路径数字之和

题目：在一棵二叉树中所有节点都在 0~9 的范围之内，从根节点到叶节点的路径表示一个数字。求二叉树中所有路径表示的数字之和。例如，图 8.4 的二叉树有 3 条从根节点到叶节点的路径，它们分别表示数字 395、391 和 302，这 3 个数字之和是 1088。

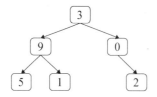

图 8.4　一棵从根节点到叶节点的路径分别表示数字 395、391 和 302 的二叉树

分析：首先考虑如何计算路径表示的数字。顺着指向子节点的指针路径向下遍历二叉树，每到达一个节点，相当于在路径表示的数字末尾添加一位数字。例如，在最开始到达根节点时，它表示数字 3。然后到达节点 9，此时路径表示数字 39（3×10+9=39）。然后向下到达节点 5，此时路径表示数字 395（39×10+5=395）。

这就是说，每当遍历到一个节点时都计算从根节点到当前节点的路径表示的数字。如果这个节点还有子节点，就把这个值传下去继续遍历它的子节点。先计算到当前节点为止的路径表示的数字，再计算到它的子节点的路径表示的数字，这实质上就是典型的二叉树前序遍历。

基于二叉树前序遍历的参考代码如下所示：

```
public int sumNumbers(TreeNode root) {
    return dfs(root, 0);
}

private int dfs(TreeNode root, int path) {
    if (root == null) {
        return 0;
    }

    path = path * 10 + root.val;
    if (root.left == null && root.right == null) {
        return path;
    }

    return dfs(root.left, path) + dfs(root.right, path);
}
```

在这个题目中，路径的定义是从根节点开始到叶节点结束，因此上述代码中只有遇到叶节点才返回路径表示的数字（代码中的变量 path）。如果在遇到叶节点之前就结束的路径，由于不符合题目要求，因此应该返回 0。这是辅助函数 dfs 的第 1 条 if 语句（root == null）为 true 时返回 0 的原因。例如，在图 8.4 中，当路径到达节点 0 时路径表示的数字为 30，此时如果顺着指向左子节点的指针将前往 null 节点，这时路径已经终止但终点并不是叶节点，因此不符合题目的条件，只能返回 0。

解题小经验

与二叉树中路径相关的面试题有很多，通常这些面试题都可以用深度优先搜索解决，很少采用广度优先搜索。这是因为路径通常顺着指向子节点的指针的方向，也就是纵向方向，这更加符合深度优先搜索的特点。广度优先搜索是从左到右遍历每层的节点，是横向的遍历。因此，深度优先搜索更加适合解决与路径相关的面试题。

面试题 50：向下的路径节点值之和

题目：给定一棵二叉树和一个值 sum，求二叉树中节点值之和等于 sum 的路径的数目。路径的定义为二叉树中顺着指向子节点的指针向下移动所经过的节点，但不一定从根节点开始，也不一定到叶节点结束。例如，在如图 8.5 所示中的二叉树中有两条路径的节点值之和等于 8，其中，第 1 条路径从节点 5 开始经过节点 2 到达节点 1，第 2 条路径从节点 2 开始到节点 6。

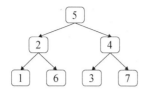

图 8.5　二叉树中有两条路径上的节点值之和等于 8，第 1 条路径从节点 5 开始经过节点 2 到达节点 1，第 2 条路径从节点 2 开始到节点 6

分析：在这个题目中，二叉树的路径的定义发生了改变，它不一定从根节点开始，也不一定到叶节点结束。路径的起止节点的不确定性给计算路径经过的节点值之和带来了很大的难度。

虽然路径不一定从根节点开始，但仍然可以求得从根节点开始到达当前遍历节点的路径所经过的节点值之和。例如，从图 8.5 的二叉树的根节点 5 出发，一边顺着指向子节点的指针在路径上向下移动，一边累加当前已经经过的节点值之和。到达节点 5 时，节点值之和为 5。假设先顺着指向左子节点的指针到达节点 2，此时路径经过的节点值之和为 7。如果再顺着指向右子节点的指针到达节点 6，此时路径经过的节点值之和为 15。

如果在路径上移动时把所有累加的节点值之和都保存下来，就容易知道是否存在从任意节点出发的值为给定 sum 的路径。例如，当到达图 8.5 中二叉树的根节点 5 时，从根节点开始的路径节点值之和是 5。当到达节点 2 时，从根节点开始的路径经过的节点值之和是 7。当到达节点 6 时，从根节点出发到当前节点的路径经过的节点值之和为 13。由于要找出节点值之和为 8 的路径，而 13 与 5 的差值是 8，这就说明从节点 5 的下一个节点（即节点 2）开始到节点 6 结束的路径经过的节点值之和为 8。

有了前面的经验，就可以采用二叉树深度优先搜索来解决与路径相关的问题。当遍历到一个节点时，先累加从根节点开始的路径上的节点值之和，再计算到它的左右子节点的路径的节点值之和。这就是典型的前序遍历的顺序。

根据上述思路编写的参考代码如下所示：

```
public int pathSum(TreeNode root, int sum) {
    Map<Integer, Integer> map = new HashMap<>();
    map.put(0, 1);

    return dfs(root, sum, map, 0);
}

private int dfs(TreeNode root, int sum,
```

```
      Map<Integer, Integer> map, int path) {
      if (root == null) {
          return 0;
      }

      path += root.val;
      int count = map.getOrDefault(path - sum, 0);
      map.put(path, map.getOrDefault(path, 0) + 1);

      count += dfs(root.left, sum, map, path);
      count += dfs(root.right, sum, map, path);

      map.put(path, map.get(path) - 1);

      return count;
}
```

上述代码用参数 path 表示从根节点开始的路径已经累加的节点值之和，并保存到哈希表 map 中。哈希表的键是累加的节点值之和，哈希表的值是每个节点值之和出现的次数。当遍历到一个节点时，就把当前的节点值累加到参数 path。如果这个和之前出现过，则将出现的次数加 1；如果这个和之前没有出现过，那么这是它第 1 次出现。然后更新哈希表 map 保存累加节点值之和 path 及出现的次数。

辅助函数 dfs 实现了递归的前序遍历，该函数遍历到二叉树的一个节点时将递归地遍历它的子节点。因此，当该函数结束时，程序将回到节点的父节点，也就是说，在函数结束之前需要将当前节点从路径中删除，从根节点到当前节点累加的节点值之和也要从哈希表 map 中删除。这是在函数 dfs 返回之前更新哈希表 map 把参数 path 出现的次数减 1 的原因。

面试题 51：节点值之和最大的路径

题目：在二叉树中将路径定义为顺着节点之间的连接从任意一个节点开始到达任意一个节点所经过的所有节点。路径中至少包含一个节点，不一定经过二叉树的根节点，也不一定经过叶节点。给定非空的一棵二叉树，请求出二叉树所有路径上节点值之和的最大值。例如，在如图 8.6 所示的二叉树中，从节点 15 开始经过节点 20 到达节点 7 的路径的节点值之和为 42，是节点值之和最大的路径。

分析：这个题目中二叉树路径的定义又和前面的不同。这里的路径最主要的特点是路径有可能同时经过一个节点的左右子节点。例如，在图 8.6 中，一条路径可以经过节点 15、节点 20 和节点 7，即节点 20 的左子节点

15 和右子节点 7 同时在一条路径上。当然，路径也可以不同时经过一个节点的左右子节点。例如，在图 8.6 中，一条路径可以经过节点-9、节点 20、节点 15 和节点-3。

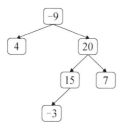

图8.6 在二叉树中，从节点 15 开始经过节点 20 到达节点 7 的路径的节点值之和为 42，是节点值之和最大的路径

值得注意的是，如果一条路径同时经过某个节点的左右子节点，那么该路径一定不能经过它的父节点。例如，在图 8.6 中，经过节点 20、节点 15、节点 7 的路径不能经过节点-9。

也就是说，当路径到达某个节点时，该路径既可以前往它的左子树，也可以前往它的右子树。但如果路径同时经过它的左右子树，那么就不能经过它的父节点。

由于路径可能只经过左子树或右子树而不经过根节点，为了求得二叉树的路径上节点值之和的最大值，需要先求出左右子树中路径节点值之和的最大值（左右子树中的路径不经过当前节点），再求出经过根节点的路径节点值之和的最大值，最后对三者进行比较得到最大值。由于需要先求出左右子树的路径节点值之和的最大值，再求根节点，这看起来就是后序遍历。基于二叉树的后序遍历的参考代码如下所示：

```java
public int maxPathSum(TreeNode root) {
    int[] maxSum = {Integer.MIN_VALUE};
    dfs(root, maxSum);
    return maxSum[0];
}

private int dfs(TreeNode root, int[] maxSum) {
    if (root == null) {
        return 0;
    }

    int[] maxSumLeft = {Integer.MIN_VALUE};
    int left = Math.max(0, dfs(root.left, maxSumLeft));

    int[] maxSumRight = {Integer.MIN_VALUE};
```

```
    int right = Math.max(0, dfs(root.right, maxSumRight));

    maxSum[0] = Math.max(maxSumLeft[0], maxSumRight[0]);
    maxSum[0] = Math.max(maxSum[0], root.val + left + right);

    return root.val + Math.max(left, right);
}
```

　　上述代码按照后序遍历的顺序遍历二叉树的每个节点。由于求左右子树的路径节点值之和的最大值与求整棵二叉树的路径节点值之和的最大值是同一个问题，因此用递归的代码解决这个问题最直观。

　　代码中的参数 maxSum 是路径节点值之和的最大值。由于递归函数 dfs 需要把这个最大值传给它的调用者，因此参数 maxSum 被定义为长度为 1 的数组。先递归调用函数 dfs 求得左右子树的路径节点值之和的最大值 maxSumLeft 及 maxSumRight，再求出经过当前节点 root 的路径的节点值之和的最大值，那么参数 maxSum 就是这 3 个值的最大值。

　　函数的返回值是经过当前节点 root 并前往其左子树或右子树的路径的节点值之和的最大值。它的父节点要根据这个返回值求路径的节点值之和。由于同时经过左右子树的路径不能经过父节点，因此返回值是变量 left 与 right 的较大值加上当前节点 root 的值。

8.3　二叉搜索树

　　二叉搜索树是一类特殊的二叉树，它的左子节点总是小于或等于根节点，而右子节点总是大于或等于根节点。例如，图 8.7 中的二叉树就是一棵二叉搜索树。

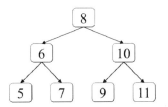

图 8.7　一棵二叉搜索树

　　二叉树的 3 种不同的深度优先搜索算法都适用于二叉搜索树，但中序遍历是解决二叉搜索树相关面试题最常用的思路，这是因为中序遍历按照节点值递增的顺序遍历二叉搜索树的每个节点。例如，如果按照中序遍历的顺序遍历图 8.7 中的二叉搜索树，那么将先后遍历节点 5、节点 6、节点 7、节点 8、节点 9、节点 10 和节点 11。

 解题小经验

由于中序遍历按照节点值递增的顺序遍历二叉搜索树的每个节点，因此中序遍历是解决二叉搜索树相关面试题最常用的思路。

在普通的二叉树中根据节点值查找对应的节点需要遍历这棵二叉树，因此需要 $O(n)$ 的时间。但如果是二叉搜索树就可以根据其特性进行优化。如果当前节点的值小于要查找的值，则前往它的右子节点继续查找；如果当前节点的值大于要查找的值，则前往它的左子节点继续查找，这样重复下去直到找到对应的节点为止。如果二叉搜索树的高度为 h，那么在二叉搜索树中根据节点值查找对应节点的时间复杂度是 $O(h)$。参考代码如下所示：

```java
public TreeNode searchBST(TreeNode root, int val) {
    TreeNode cur = root;
    while (cur != null) {
        if (cur.val == val) {
            break;
        }

        if (cur.val < val) {
            cur = cur.right;
        } else {
            cur = cur.left;
        }
    }

    return cur;
}
```

面试题 52：展平二叉搜索树

> **题目**：给定一棵二叉搜索树，请调整节点的指针使每个节点都没有左子节点。调整之后的树看起来像一个链表，但仍然是二叉搜索树。例如，把图 8.8（a）中的二叉搜索树按照这个规则展平之后的结果如图 8.8（b）所示。

分析：先分析展平之后二叉树的特性。它仍然是一棵二叉搜索树，而且它除叶节点外每个节点都只有右子节点。由于二叉搜索树中右子节点大于或等于它的父节点，因此调整之后的二叉搜索树从根节点开始顺着指向右子节点的指针向下经过的节点的值将是递增排序的。展平之后的二叉搜索树如图 8.8（b）所示，从上到下它的节点的值的确是递增排序的。

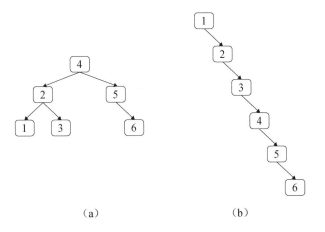

（a）　　　　　　　　　　（b）

图 8.8　把二叉搜索树展平成链表

说明：（a）一棵有 6 个节点的二叉树；（b）展平成看起来是链表的二叉搜索树，每个节点都没有左子节点

　　看起来需要按照节点的值递增的顺序遍历二叉搜索树中的每个节点，并将节点用指向右子节点的指针连接起来。这就容易让人联想到二叉树的中序遍历，只是在这里每遍历到一个节点要把前一个节点的指向右子节点的指针指向它。基于中序遍历的参考代码如下所示：

```
public TreeNode increasingBST(TreeNode root) {
    Stack<TreeNode> stack = new Stack<>();
    TreeNode cur = root;
    TreeNode prev = null;
    TreeNode first = null;
    while (cur != null || !stack.isEmpty()) {
        while (cur != null) {
            stack.push(cur);
            cur = cur.left;
        }

        cur = stack.pop();
        if (prev != null) {
            prev.right = cur;
        } else {
            first = cur;
        }

        prev = cur;
        cur.left = null;
        cur = cur.right;
    }
```

```
    return first;
}
```

上述代码只是对二叉树中序遍历的迭代代码稍做修改。变量 prev 表示前一个遍历到的节点。在遍历到当前节点 cur 时，把变量 prev 的右子节点的指针指向 cur，并将 cur 指向左子节点的指针设为 null。

展平之后的二叉搜索树的根节点是值最小的节点，因此也是中序遍历第 1 个被遍历到的节点。在上述代码中，变量 first 就是第 1 个被遍历到的节点，在展平之后就是二叉搜索树的根节点，因此将它作为函数的返回值。

面试题 53：二叉搜索树的下一个节点

题目：给定一棵二叉搜索树和它的一个节点 *p*，请找出按中序遍历的顺序该节点 *p* 的下一个节点。假设二叉搜索树中节点的值都是唯一的。例如，在图 8.9 的二叉搜索树中，节点 8 的下一个节点是节点 9，节点 11 的下一个节点是 null。

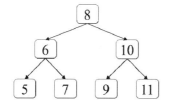

图 8.9　在二叉搜索树中，按照中序遍历的顺序节点 8 的下一个节点是节点 9，节点 11 的下一个节点是 null

分析：从不同的角度看待二叉搜索树中的节点的下一个节点，有不同的解决方法。

❖ 时间复杂度 *O*(*n*) 的解法

解决这个问题的最直观的思路就是采用二叉树的中序遍历。可以用一个布尔变量 found 来记录已经遍历到节点 *p*。该变量初始化为 false，遍历到节点 *p* 就将它设为 true。在这个变量变成 true 之后遍历到的第 1 个节点就是要找的节点。基于这种思路可以编写出如下所示的代码：

```
public TreeNode inorderSuccessor(TreeNode root, TreeNode p) {
    Stack<TreeNode> stack = new Stack<>();
```

```
        TreeNode cur = root;
        boolean found = false;
        while (cur != null || !stack.isEmpty()) {
            while (cur != null) {
                stack.push(cur);
                cur = cur.left;
            }

            cur = stack.pop();
            if (found) {
                break;
            } else if (p == cur) {
                found = true;
            }

            cur = cur.right;
        }

        return cur;
}
```

　　由于中序遍历会逐一遍历二叉树的每个节点，如果二叉树有 n 个节点，
那么这种思路的时间复杂度就是 $O(n)$。同时，需要用一个栈保存顺着指向
左子节点的指针的路径上的所有节点，因此空间复杂度为 $O(h)$，其中 h 为
二叉树的深度。

❖ 时间复杂度 $O(h)$的解法

　　下面换一个角度来看待二叉搜索树中节点 p 的中序遍历下一个节点。
首先下一个节点的值一定不会小于节点 p 的值，而且还是大于或等于节点 p
的值的所有节点中值最小的一个。例如，在图 8.9 的二叉搜索树中，有 3 个
节点的值比节点 8 的值大，分别是节点 9、节点 10 和节点 11，并且节点 9
是 3 个节点中值最小的。

　　下面按照在二叉搜索树中根据节点的值查找节点的思路来分析。从根
节点开始，每到达一个节点就比较根节点的值和节点 p 的值。如果当前节
点的值小于或等于节点 p 的值，那么节点 p 的下一个节点应该在它的右子
树。如果当前节点的值大于节点 p 的值，那么当前节点有可能是它的下一
个节点。此时当前节点的值比节点 p 的值大，但节点 p 的下一个节点是所
有比它大的节点中值最小的一个，因此接下来前往当前节点的左子树，确
定是否能找到值更小但仍然大于节点 p 的值的节点。重复这样的比较，直
至找到最后一个大于节点 p 的值的节点，就是节点 p 的下一个节点。

　　例如，在图 8.9 的二叉搜索树中找出节点 8 的下一个节点，从根节点 8

开始。由于此时节点的值等于 8，那么节点 8 的下一个节点一定在右子树，因此前往节点 10。此时节点的值大于 8，有可能是下一个节点，所以先记下来，接着前往它的左子节点，即节点 9，确定是否能在左子树中找到值更小但仍然大于 8 的节点。由于节点 9 的值也大于 8，因此找到了一个值更小但仍然符合条件的节点，于是把节点 8 的下一个节点更新为节点 9。由于节点 9 已经是叶节点没有子节点，因此节点 9 就是节点 8 的下一个节点。

根据这种思路可以编写出如下所示的代码：

```java
public TreeNode inorderSuccessor(TreeNode root, TreeNode p) {
    TreeNode cur = root;
    TreeNode result = null;
    while (cur != null) {
        if (cur.val > p.val) {
            result = cur;
            cur = cur.left;
        } else {
            cur = cur.right;
        }
    }

    return result;
}
```

上述代码用变量 result 记录节点 p 的下一个节点。每当找到一个值大于 p 的节点，就更新变量 result，并接着前往左子树看能否找到值更小但仍然大于节点 p 的值的节点。那么最后 result 就是所有大于节点 p 的值的节点中值最小的节点，也就是节点 p 的下一个节点。

由于 while 循环每运行一次都会顺着指向左子节点或右子节点的指针前往下一层节点，因此 while 循环执行的次数等于二叉搜索树的深度。如果把二叉树的深度记为 h，那么该算法的时间复杂度为 $O(h)$。同时，上述代码除几个变量外没有其他内存开销，因此空间复杂度是 $O(1)$。

面试题 54：所有大于或等于节点的值之和

题目：给定一棵二叉搜索树，请将它的每个节点的值替换成树中大于或等于该节点值的所有节点值之和。假设二叉搜索树中节点的值唯一。例如，输入如图 8.10（a）所示的二叉搜索树，由于有两个节点的值大于或等于 6（即节点 6 和节点 7），因此值为 6 节点的值替换成 13，其他节点的值的替换过程与此类似，所有节点的值替换之后的结果如图 8.10（b）所示。

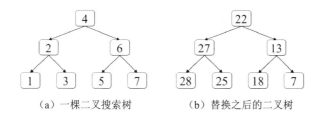

（a）一棵二叉搜索树　　　　（b）替换之后的二叉树

图 8.10　把二叉搜索树中每个节点的值替换成树中大于或等于该节点的值的所有节点的值之和

　　分析：首先需要注意到这个题目与节点值的大小顺序相关，因为要找出比某节点的值大的所有节点。在二叉搜索树的常用遍历算法中，只有中序遍历是按照节点值递增的顺序遍历所有节点的。

　　通常，二叉搜索树的中序遍历按照节点的值从小到大按顺序遍历，也就是当遍历到某个节点时比该节点的值小的节点都已经遍历过，因此也就知道了所有比该节点的值小的所有节点的值之和 sum。可是题目要求把每个节点的值替换成大于或等于该节点的值的所有节点的值之和。因此，可以先遍历一遍二叉树求出所有节点的值之和 total，再用 total 减去 sum 即可。

　　上面的思路需要遍历二叉搜索树两次，第 1 次不管用什么算法只要遍历所有节点即可，第 2 次则必须采用中序遍历。是否可以只遍历二叉搜索树一次呢？

　　如果能够按照节点值从大到小按顺序遍历二叉搜索树，那么只需要遍历一次就够了，因为遍历到一个节点之前值大于该节点的值的所有节点已经遍历过。通常的中序遍历是先遍历左子树，再遍历根节点，最后遍历右子树，由于左子树节点的值较小，右子树节点的值较大，因此总体上就是按照节点的值从小到大遍历的。如果要按照节点的值从大到小遍历，那么只需要改变中序遍历的顺序，先遍历右子树，再遍历根节点，最后遍历左子树，这样遍历的顺序就颠倒过来了。

　　基于这种颠倒的中序遍历，可以编写出如下所示的代码：

```java
public TreeNode convertBST(TreeNode root) {
    Stack<TreeNode> stack = new Stack<>();
    TreeNode cur = root;
    int sum = 0;
    while (cur != null || !stack.isEmpty()) {
        while (cur != null) {
            stack.push(cur);
            cur = cur.right;
        }
```

```
        cur = stack.pop();
        sum += cur.val;
        cur.val = sum;
        cur = cur.left;
    }

    return root;
}
```

与常规的中序遍历相比，上述代码的不同点在于左右交换。在常规的中序遍历中，第 2 个 while 循环是顺着指向左子节点的指针向下移动的，在上述代码中则是顺着指向右子节点的指针向下移动的。常规的中序遍历在当前节点出栈遍历之后接着前往它的右子节点，在上述代码中遍历完当前节点后将前往它的左子节点。

上述代码中的变量 sum 用来累加遍历过的节点的值。当遍历到一个节点时，值比它大的所有节点都已经遍历过，因此 sum 就是所有大于或等于当前节点的值之和，按照题目的规则，用 sum 替换当前节点的值即可。

面试题 55：二叉搜索树迭代器

> 题目：请实现二叉搜索树的迭代器 BSTIterator，它主要有如下 3 个函数。
> - 构造函数：输入二叉搜索树的根节点初始化该迭代器。
> - 函数 next：返回二叉搜索树中下一个最小的节点的值。
> - 函数 hasNext：返回二叉搜索树是否还有下一个节点。

分析：例如，输入图 8.11 中的二叉搜索树初始化 BSTIterator，第 1 次调用函数 next 将返回最小的节点的值 1，此时调用函数 hasNext 返回 true。第 2 次调用函数 next 将返回下一个节点的值 2，此时再调用函数 hasNext 将返回 true。第 3 次调用函数 next 将返回下一个节点的值 3，此时再调用函数 hasNext 将返回 false。

图 8.11　一棵有 3 个节点的二叉搜索树

解决这个问题有很多种不同的方法。如果允许修改输入的二叉搜索树，则可以在初始化迭代器时将它展平成除叶节点之外其他节点只有一个右子节点。这时二叉搜索树看起来像一个链表。然后用一个指针 P 指向展平后的二叉搜索树的根节点，如果指针 P 指向的节点不为 null，那么函数 hasNext 将返回 true。每次函数 next 被调用时都返回指针 P 指向节点的值，并将指针 P 朝着指向右子节点的指针向前移动一次。面试题 52 详细讨论了如何将一棵二叉搜索树展平。

假设二叉树有 n 个节点，深度为 h。当二叉树被展平之后，显然函数 hasNext 的时间复杂度是 $O(1)$。每次调用函数 next 只需要移动一次指针 P 就可以，因此函数 next 的时间复杂度是 $O(1)$。如果按照中序遍历的顺序将二叉搜索树展平，那么展平的过程中需要一个大小为 $O(h)$ 的栈。通常只在初始化迭代器的时候需要用这个栈，初始化完成之后只需要保存指针 P，因此，函数 hasNext 和 next 的空间复杂度都是 $O(1)$。

如果不允许修改输入的二叉搜索树，那么可以在迭代器初始化时另外创建一个链表保存二叉树所有节点的值。还是按照中序遍历的顺序遍历二叉搜索树，每遍历到一个节点就在链表中插入与树中节点的值相同的节点。然后将指针 P 指向链表的头节点，接下来函数 hasNext 和 next 的执行过程与前一种方法一样。

在完成迭代器的初始化之后，链表中将包含 n 个节点。这个链表在初始化完成之后一直存在，因此函数 hasNext 和 next 的空间复杂度是 $O(n)$。时间复杂度和前一种方法一样，是 $O(1)$。

可以在不修改输入的二叉搜索树的同时优化空间效率。如果对二叉树的中序遍历的迭代代码足够熟悉，我们就会注意到中序遍历的迭代代码中有一个 while 循环，循环的条件为 true 时循环体每执行一次就遍历二叉树的一个节点。当 while 循环的条件为 false 时，二叉树中的所有节点都已遍历完。因此，中序遍历的迭代代码中的 while 循环可以看成迭代器 hasNext 的判断条件，而 while 循环体内执行的操作就是函数 next 执行的操作。

基于二叉树中序遍历的迭代代码实现二叉搜索树的迭代器的参考代码如下所示：

```
public class BSTIterator {
    TreeNode cur;
    Stack<TreeNode> stack;

    public BSTIterator(TreeNode root) {
        cur = root;
```

```
            stack = new Stack<>();
        }

        public boolean hasNext() {
            return cur != null || !stack.isEmpty();
        }

        public int next() {
            while (cur != null) {
                stack.push(cur);
                cur = cur.left;
            }

            cur = stack.pop();
            int val = cur.val;
            cur = cur.right;

            return val;
        }
    }
```

在上述代码中，栈 stack 的大小为 $O(h)$。由于这个栈一直存在，因此函数 hasNext 和 next 的空间复杂度是 $O(h)$。函数 hasNext 的时间复杂度显然是 $O(1)$。如果二叉搜索树有 n 个节点，调用 n 次函数 next 才能遍历完所有的节点，因此函数 next 的平均时间复杂度是 $O(1)$。

面试题 56：二叉搜索树中两个节点的值之和

> 题目：给定一棵二叉搜索树和一个值 k，请判断该二叉搜索树中是否存在值之和等于 k 的两个节点。假设二叉搜索树中节点的值均唯一。例如，在如图 8.12 所示的二叉搜索树中，存在值之和等于 12 的两个节点（节点 5 和节点 7），但不存在值之和为 22 的两个节点。

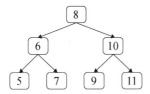

图 8.12　一棵二叉搜索树

说明：在该二叉搜索树中，存在值之和等于 12 的两个节点（节点 5 和节点 7），但不存在值之和为 22 的两个节点

分析：解决这个问题自然需要遍历二叉树中的所有节点，因此这是一个关于二叉树遍历的问题。

❖ 利用哈希表，空间复杂度为 $O(n)$ 的解法

　　解决这个问题最直观的思路是利用哈希表保存节点的值。可以采用任意遍历算法遍历输入的二叉搜索树，每遍历到一个节点（节点的值记为 v），就在哈希表中查看是否存在值为 $k-v$ 的节点。如果存在，就表示存在值之和等于 k 的两个节点。基于这种思路编写的代码如下所示：

```java
public boolean findTarget(TreeNode root, int k) {
    Set<Integer> set = new HashSet<>();
    Stack<TreeNode> stack = new Stack<>();
    TreeNode cur = root;
    while (cur != null || !stack.isEmpty()) {
        while (cur != null) {
            stack.push(cur);
            cur = cur.left;
        }

        cur = stack.pop();
        if (set.contains(k - cur.val)) {
            return true;
        }

        set.add(cur.val);
        cur = cur.right;
    }

    return false;
}
```

　　假设二叉搜索树中节点的数目是 n，树的深度为 h。上述代码由于需要遍历二叉搜索树，因此时间复杂度是 $O(n)$。该算法除了需要一个大小为 $O(h)$ 的栈保存朝着指向左子节点的指针经过的所有节点，还需要一个大小为 $O(n)$ 的哈希表保存节点的值，因此总的空间复杂度是 $O(n)$。

　　上述算法其实适合任何二叉树，并没有利用二叉搜索树的特性。接下来根据二叉搜索树的特性做进一步的优化。

❖ 应用双指针，空间复杂度为 $O(h)$ 的解法

　　面试题 6 介绍了如何利用双指针判断在排序数组中是否包含两个和为 k 的数字，即把第 1 个指针指向数组的第 1 个（也是最小的）数字，把第 2 个指针指向数组的最后一个（也是最大的）数字。如果两个数字之和等于 k，那么就找到了两个符合要求的数字；如果两个数字之和大于 k，那么向左移动第 2 个指针使它指向更小的数字；如果两个数字之和小于 k，那么向右移动第 1 个指针使它指向更大的数字。

实际上，在某种程度上可以把二叉搜索树看成一个排序的数组，因为
按照中序遍历的顺序遍历二叉搜索树将得到一个递增的序列。如果采用面
试题 55 中的 BSTIterator，则可以每次按照从小到大的顺序从二叉搜索树中
取出一个节点。此时 BSTIterator 相当于解决面试题 6 中的第 1 个指针。

第 2 个指针应该每次按照从大到小的顺序从二叉搜索树中取出一个节
点。受面试题 54 的启发，如果交换中序遍历算法中的指向左右子节点的指
针，就可以实现按照从大到小的顺序遍历二叉搜索树。因此，可以采用类
似的思路实现一个颠倒顺序的二叉搜索树的迭代器，如下所示：

```
public class BSTIteratorReversed {
    TreeNode cur;
    Stack<TreeNode> stack;

    public BSTIteratorReversed(TreeNode root) {
        cur = root;
        stack = new Stack<>();
    }

    public boolean hasPrev() {
        return cur != null || !stack.isEmpty();
    }

    public int prev() {
        while (cur != null) {
            stack.push(cur);
            cur = cur.right;
        }

        cur = stack.pop();
        int val = cur.val;
        cur = cur.left;

        return val;
    }
}
```

有了 BSTIteratorReversed 的迭代器，每次调用函数 prev 都将按照从大
到小的顺序从二叉搜索树中取出一个节点的值。

有了这两个迭代器之后，就可以很容易地运用双指针的思路，其参考
代码如下所示：

```
public boolean findTarget(TreeNode root, int k) {
    if (root == null) {
        return false;
    }

    BSTIterator iterNext = new BSTIterator(root);
    BSTIteratorReversed iterPrev = new BSTIteratorReversed(root);
```

```
        int next = iterNext.next();
        int prev = iterPrev.prev();
        while (next != prev) {
            if (next + prev == k) {
                return true;
            }

            if (next + prev < k) {
                next = iterNext.next();
            } else {
                prev = iterPrev.prev();
            }
        }

        return false;
}
```

在上述代码中，next 初始化为二叉搜索树中最小的节点值，而 prev 初始化为二叉搜索树中最大的节点值。如果两个值的和等于 k，就可以找到符合条件的两个节点；如果它们的和小于 k，就用 BSTIterator 取出一个更大的节点值；如果它们的和大于 k，就用 BSTIteratorReversed 取出一个更小的节点。

这两个迭代器一起使用可能需要遍历整棵二叉搜索树，因此时间复杂度是 $O(n)$。每个迭代器都需要一个大小为 $O(h)$ 的栈，因此总的空间复杂度是 $O(h)$。在大多数情况下，二叉树的深度远小于二叉树的节点数，因此第 2 种算法的总体空间效率要优于第 1 种算法。

8.4 TreeSet 和 TreeMap 的应用

二叉搜索树是一种很有用的数据结构。如果二叉搜索树有 n 个节点，深度为 h，那么查找、添加和删除操作的时间复杂度都是 $O(h)$。如果二叉搜索树是平衡的，那么深度 h 近似等于 $\log n$。但在极端情况下（如每个节点只有一个子节点），树的深度 h 等于 $n-1$，此时二叉搜索树的查找、添加和删除操作的时间复杂度都退化成 $O(n)$。二叉搜索树是否平衡对二叉搜索树的时间效率至关重要。

实现一棵平衡的二叉搜索树对于面试来说不是一件容易的事情。Java 根据红黑树这种平衡的二叉搜索树实现 TreeSet 和 TreeMap 两种数据结构，如果应聘者在面试的时候需要使用平衡的二叉树来高效地解决问题，则可以直接引用。

TreeSet 实现了接口 Set，它内部的平衡二叉树中的每个节点只包含一个值，根据这个值的查找、添加和删除操作的时间复杂度都是 $O(\log n)$。除 Set 定义的接口之外，TreeSet 的常用函数如表 8.1 所示。

表 8.1　TreeSet 的常用函数

序号	函数	函数功能
1	ceiling	返回键大于或等于给定值的最小键；如果没有则返回 null
2	floor	返回键小于或等于给定值的最大键；如果没有则返回 null
3	higher	返回键大于给定值的最小键；如果没有则返回 null
4	lower	返回键小于给定值的最大键；如果没有则返回 null

TreeMap 实现了接口 Map。和 TreeSet 不一样，TreeMap 内部的平衡二叉搜索树中的每个节点都是一个包含键值和值的映射。可以根据键值实现时间复杂度为 $O(\log n)$ 的查找、添加和删除操作。除 Map 定义的接口之外，TreeMap 的常用函数如表 8.2 所示。

表 8.2　TreeMap 的常用函数

序号	函数	函数功能
1	ceilingEntry/ceilingKey	返回键大于或等于给定值的最小映射/键；如果没有则返回 null
2	floorEntry/floorKey	返回键小于或等于给定值的最大映射/键；如果没有则返回 null
3	higherEntry/higherKey	返回键大于给定值的最小映射/键；如果没有则返回 null
4	lowerEntry/lowerKey	返回键小于给定值的最大映射/键；如果没有则返回 null

如果面试题的数据集合是动态的（即题目要求逐步在数据集合中添加更多的数据），并且需要根据数据的大小实现快速查找，那么可能需要用到 TreeSet 或 TreeMap。

第 5 章介绍了哈希表（HashSet 或 HashMap）中查找、添加和删除操作的时间复杂度都是 $O(1)$，是非常高效的。但它有一个缺点，哈希表只能根据键进行查找，只能判断该键是否存在。如果需要根据数值的大小查找，如查找数据集合中比某个值大的所有数字中的最小的一个，哈希表就无能为力。

如果在一个排序的动态数组（如 Java 的 ArrayList）中根据数值的大小进行查找，则可以应用二分查找算法实现时间效率为 $O(\log n)$ 的查找。但排序的动态数组的添加和删除操作的时间复杂度是 $O(n)$。

由于 TreeSet 或 TreeMap 能够保证其内部的二叉搜索树是平衡的，因此它们的查找、添加和删除操作的时间复杂度都是 $O(\log n)$，综合来看它们比动态排序数组更加高效。

面试题 57：值和下标之差都在给定的范围内

题目：给定一个整数数组 nums 和两个正数 k、t，请判断是否存在两个不同的下标 i 和 j 满足 i 和 j 之差的绝对值不大于给定的 k，并且两个数值 nums[i]和 nums[j]的差的绝对值不大于给定的 t。

例如，如果输入数组{1, 2, 3, 1}，k 为 3，t 为 0，由于下标 0 和下标 3 对应的数字之差的绝对值为 0，因此返回 true。如果输入数组{1, 5, 9, 1, 5, 9}，k 为 2，t 为 3，由于不存在两个下标之差小于或等于 2 且它们差的绝对值小于或等于 3 的数字，因此此时应该返回 false。

分析：首先考虑最直观的解法。可以逐一扫描数组中的每个数字。对于每个数字 nums[i]，需要逐一检查在它前面的 k 个数字是否存在从 nums[i]-t 到 nums[i]+t 的范围内的数字。如果存在，则返回 true。这种思路很容易用两个嵌套的循环实现。

由于数组中的每个数字都要和 k 个数字进行比较，如果数组的长度为 n，那么这种解法的时间复杂度是 $O(nk)$。

❖ 时间复杂度为 $O(n\log k)$的解法

接下来尝试优化时间复杂度。逐一扫描数组中的每个数字。对于每个数字 nums[i]，应该先从它前面的 k 个数字中找出小于或等于 nums[i]的最大的数字，如果这个数字与 nums[i]的差的绝对值不大于 t，那么就找到了一组符合条件的两个数字。否则，再从它前面的 k 个数字中找出大于或等于 nums[i]的最小的数字，如果这个数字与 nums[i]的差的绝对值不大于 t，就找到了一组符合条件的两个数字。

需要从一个大小为 k 的数据容器中找出小于或等于某个数字的最大值及大于或等于某个数字的最小值，这正是 TreeSet 或 TreeMap 适用的场景。因为这个容器只需要保存数字，所以可以用 TreeSet 来保存每个数字 nums[i]前面的 k 个数字。基于 TreeSet 的参考代码如下所示：

```java
public boolean containsNearbyAlmostDuplicate(int[] nums,
    int k, int t) {
    TreeSet<Long> set = new TreeSet<>();
    for (int i = 0; i < nums.length; ++i) {
        Long lower = set.floor((long)nums[i]);
        if (lower != null && lower >= (long)nums[i] - t) {
            return true;
        }

        Long upper = set.ceiling((long)nums[i]);
        if (upper != null && upper <= (long)nums[i] + t) {
            return true;
        }

        set.add((long)nums[i]);
        if (i >= k) {
            set.remove((long)nums[i - k]);
        }
    }

    return false;
}
```

在上述代码中，变量 set 是一个 TreeSet，它的大小是 k，因此空间复杂度是 $O(k)$。对它做查找、添加和删除操作的时间复杂度都是 $O(\log k)$，因此对于一个长度为 n 的数组而言，它的时间复杂度是 $O(n\log k)$。

❖ 时间复杂度为 $O(n)$ 的解法

下面换一种思路来解决这个问题。由于这个题目关心的是差的绝对值小于或等于 t 的数字，因此可以将数字放入若干大小为 $t+1$ 的桶中。例如，将从 0 到 t 的数字放入编号为 0 的桶中，从 $t+1$ 到 $2t+1$ 的数字放入编号为 1 的桶中。其他数字以此类推。这样做的好处是如果两个数字被放入同一个桶中，那么它们的差的绝对值一定小于或等于 t。

还是逐一扫描数组中的数字。如果当前扫描到数字 num，那么它将放入编号为 id 的桶中。如果这个桶中之前已经有数字，那么就找到两个差的绝对值小于或等于 t 的数字。如果桶中之前没有数字，则再判断编号为 id-1 和 id+1 的这两个相邻的桶中是否存在与 num 的差的绝对值小于或等于 t 的数字。因为其他桶中的数字与 num 的差的绝对值一定大于 t，所以不需要判断其他的桶中是否有符合条件的数字。

基于这种思路编写的代码如下所示：

```java
public boolean containsNearbyAlmostDuplicate(int[] nums,
    int k, int t) {
    Map<Integer, Integer> buckets = new HashMap<>();
```

```
    int bucketSize = t + 1;
    for (int i = 0; i < nums.length; i++) {
        int num = nums[i];
        int id = getBucketID(num, bucketSize);

        if (buckets.containsKey(id)
            || (buckets.containsKey(id-1) && buckets.get(id-1) + t >= num)
            || (buckets.containsKey(id+1) && buckets.get(id+1) - t <= num)) {
            return true;
        }

        buckets.put(id, num);
        if (i >= k) {
            buckets.remove(getBucketID(nums[i - k], bucketSize));
        }
    }

    return false;
}

private int getBucketID(int num, int bucketSize) {
    return num >= 0
        ? num / bucketSize
        : (num + 1) / bucketSize - 1;
}
```

在上述代码中，buckets 是一个 HashMap，用来表示大小为 t+1 的用来装数字的桶，它的键表示桶的编号。由于这个题目的每个桶中只能装一个数字，因此 buckets 的值是装在桶中的一个数字。函数 getBucketID 用来确定每个数字应该放入的桶的编号。

哈希表 buckets 的大小是 k，因此，空间复杂度是 O(k)。哈希表中的查找、添加和删除操作的时间复杂度都是 O(1)，因此，对于一个长度为 n 的数组而言，它的时间复杂度是 O(n)。

面试题 58：日程表

> 题目：请实现一个类型 MyCalendar 用来记录自己的日程安排，该类型用方法 book(int start, int end) 在日程表中添加一个时间区域为 [start, end) 的事项（这是一个半开半闭区间）。如果 [start, end) 中之前没有安排其他事项，则成功添加该事项并返回 true；否则，不能添加该事项，并返回 false。

例如，在下面的 3 次调用 book 方法中，第 2 次调用返回 false，这是因为时间 [15, 20) 已经被第 1 次调用预留了。由于第 1 次占用的时间是一个半开半闭区间，并没有真正占用时间 20，因此不影响第 3 次调用预留时间区间 [20, 30)。

```
MyCalendar cal = new MyCalendar();
cal.book(10, 20); // returns true
cal.book(15, 25); // returns false
cal.book(20, 30); // returns true
```

分析：添加到日程表中的每个事项都占用一个时间段。根据题目的要求，两个事项不能占用同一个时间段，也就是说，事项对应的时间区间不能重叠。当需要插入一个新的事项时，就需要遍历日程表中已有事项占用的时间区间。

如果待添加的事项占用的时间区间是$[m, n]$，就需要找出开始时间小于 m 的所有事项中开始最晚的一个，以及开始时间大于 m 的所有事项中开始最早的一个。如果待添加的事项和这两个事项都没有重叠，那么该事项可以添加在日程表中。

因此，需要高效地根据开始时间查找时间区间。可以根据时间区间的开始时间进行排序，通常排序之后能够优化查找的效率。如果用一个排序的动态数组（在 Java 中为 ArrayList）来保存日程表中的时间区间，那么查找的时间复杂度是 $O(\log n)$，但排序数组中插入新的时间区间的时间复杂度是 $O(n)$。

同样，也可以利用二叉搜索树来优化查找的效率。如果把时间区间存储到搜索二叉树中，那么在二叉搜索树中进行查找、插入和删除操作的时间复杂度都是 $O(\log n)$。

只是面试的时间通常是有限的，不一定来得及从头实现平衡的二叉搜索树的查找、添加等操作。幸运的是，Java 提供了 TreeMap 和 TreeSet 这两种二叉搜索树的数据结构，可以选择合适的类型来解决问题。由于每个时间区间都有开始时间和结束时间，也就是说，树的每个节点需要保存两个数字。一个简单的办法是用 TreeMap。在 TreeMap 中，每个节点是一个映射，可以把时间区间的开始时间作为映射的键，把结束时间作为映射的值。基于 TreeMap 的参考代码如下所示：

```
class MyCalendar {
    private TreeMap<Integer, Integer> events;

    public MyCalendar() {
        events = new TreeMap<>();
    }

    public boolean book(int start, int end) {
        Map.Entry<Integer, Integer> event = events.floorEntry(start);
        if (event != null && event.getValue() > start) {
```

```
            return false;
        }

        event = events.ceilingEntry(start);
        if (event != null && event.getKey() < end) {
            return false;
        }

        events.put(start, end);
        return true;
    }
}
```

上述代码把日程表中的时间区间保存到一个名叫 events 的 TreeMap 中。每当添加一个新的开始时间为 start、结束时间为 end 的时间区间时，就调用函数 floorEntry 查找日程表中开始时间小于 start 的最后一个时间区间,如果该时间区间的结束时间大于 start，则表明该时间区间与待添加的时间区间重叠。

图 8.13 中待添加时间区间的开始时间和结束时间分别为 start 和 end。时间区间 2 是开始时间早于 start 的最后一个时间区间，由于该时间区间的结束时间大于 start，因此时间区间 2 与待添加时间区间重叠。

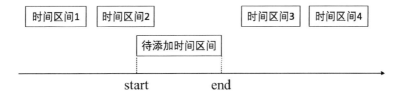

图 8.13　待添加时间区间与它前一个时间区间重叠的示意图

接着调用函数 ceilingEntry 查找日程表中开始时间大于 start 的第 1 个时间区间，如果该时间区间的开始时间比 end 还要早，则表明这两个时间区间重叠。

例如,图 8.14 中的时间区间 3 是开始时间晚于 start 的第 1 个时间区间，由于它的开始时间早于 end，因此待添加时间区间与它重叠。

TreeMap 能够保证其背后的二叉搜索树是平衡的,如果二叉搜索树中有 n 个节点，即日程表中有 n 个时间区间，那么其查找函数 floorEntry 和 ceilingEntry 及添加函数 put 的时间复杂度都是 $O(\log n)$,因此函数 book 的总体时间复杂度也是 $O(\log n)$。

图 8.14　待添加时间区间与它后一个时间区间重叠的示意图

8.5　本章小结

　　本章介绍了树这种数据结构，尤其着重介绍了二叉树。与二叉树相关的面试题大多与遍历相关，本章通过大量的面试题全面介绍了二叉树的中序遍历、前序遍历和后序遍历这 3 种深度优先搜索算法。笔者强烈建议读者对这 3 种遍历的循环和递归代码烂熟于心，这样在解决与二叉树相关的面试题时才能得心应手。

　　二叉搜索树是一种特殊的二叉树，在二叉搜索树中进行搜索、添加和删除操作的平均时间复杂度都是 $O(\log n)$。如果按照中序遍历的顺序遍历一棵二叉搜索树，那么按照从小到大的顺序依次遍历每个节点。由于这个特性，与二叉搜索树相关的很多面试题都适合使用中序遍历解决。

　　Java 中提供的 TreeSet 和 TreeMap 这两种数据结构实现了平衡二叉搜索树。如果需要动态地在一个排序的数据集合中添加元素，或者需要根据数据的大小查找，那么可以使用 TreeSet 或 TreeMap 解决。

第 9 章

堆

9.1 堆的基础知识

堆是一种特殊的树形数据结构。根据根节点的值与子节点的值的大小关系，堆又分为最大堆和最小堆。在最大堆中，每个节点的值总是大于或等于其任意子节点的值，因此最大堆的根节点就是整个堆的最大值。在最小堆中，每个节点的值总是小于或等于其任意子节点的值，因此最小堆的根节点就是整个堆的最小值。例如，图 9.1（a）所示是一个最大堆，图 9.1（b）所示是一个最小堆。

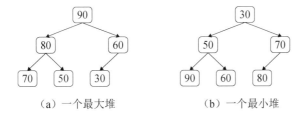

（a）一个最大堆　　　　　　　（b）一个最小堆

图 9.1　用完全二叉树表示的堆

堆通常用完全二叉树实现。在完全二叉树中，除最低层之外，其他层都被节点填满，最低层尽可能从左到右插入节点。图 9.1 中的两个堆都是完全二叉树。

完全二叉树又可以用数组实现，因此堆也可以用数组实现。如果从堆的根节点开始从上到下按层遍历，并且每层从左到右将每个节点按照 0、1、2 等的顺序编号，将编号为 0 的节点放入数组中下标为 0 的位置，编号为 1

的节点放入数组中下标为 1 的位置，以此类推就可以将堆的所有节点都添加到数组中。图 9.1（a）中的堆可以用数组表示成如图 9.2（a）所示的形式，而图 9.1（b）中的堆可以用数组表示成如图 9.2（b）所示的形式。

| 90 | 80 | 60 | 70 | 50 | 30 |

（a）一个最大堆

| 30 | 50 | 70 | 90 | 60 | 80 |

（b）一个最小堆

图 9.2　用数组表示的堆

如果用数组表示堆，那么数组中的每个元素对应堆的一个节点。如果数组中的一个元素的下标为 i，那么它在堆中对应节点的父节点在数组中的下标为 $(i-1)/2$，而它的左右子节点在数组中的下标分别为 $2i+1$ 和 $2i+2$。例如，图 9.1（a）中的堆如果用数组表示，节点 80 在数组中对应的下标是 1，它的父节点 90 在数组中的下标为 0（即 $(1-1)/2$），它的左子节点 70 和右子节点 50 在数组中的下标分别为 3（即 $1\times2+1$）和 4（即 $1\times2+2$）。

为了在最大堆中添加新的节点，应该先从上到下、从左到右找出第 1 个空缺的位置，并将新节点添加到该空缺位置。如果新节点的值比它的父节点的值大，那么交换它和它的父节点。重复这个过程，直到新节点的值小于或等于它的父节点，或者它已经到达堆的顶部位置。在最小堆中添加新节点的过程与此类似，唯一的不同是要确保新节点的值要大于或等于它的父节点。

例如，如果在图 9.3（a）的最大堆中添加一个新的元素 95，由于节点 60 的右子节点是第 1 个空缺的位置，因此创建一个新的节点 95 并使之成为节点 60 的右子节点，如图 9.3（b）所示。此时新节点 95 的值大于它的父节点 60 的值，这违背了最大堆的定义，于是交换它和它的父节点，此时堆的状态如图 9.3（c）所示。由于新节点 95 的值仍然大于它的父节点 90 的值，因此再交换新节点 95 和它的父节点 90，如图 9.3（d）所示。此时堆已经满足最大堆的定义。

通常只删除位于堆顶部的元素。如果删除最大堆的顶部节点，则将堆最低层最右边的节点移到堆的顶部。如果此时它的左子节点或右子节点的值大于它，那么它和左右子节点中值较大的节点交换。如果交换之后节点的值仍然小于它的子节点的值，则再次交换，直到该节点的值大于或等于它的左右子节点的值，或者到达最低层为止。删除最小堆的顶部节点的过程与此类似，唯一的不同是要确保节点的值要小于它的左右子节点的值。

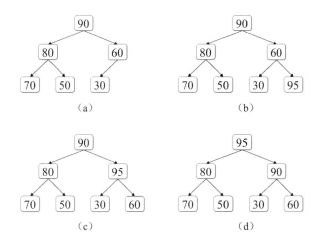

图 9.3　在最大堆中添加新的元素

说明：（a）堆的初始状态；（b）把新节点 95 添加到完全二叉树的第 1 个空缺位置；（c）交换新节点 95 和它的父节点 60；（d）交换新节点 95 和它的父节点 90

　　例如，删除图 9.4（a）中最大堆的顶部元素之后，如图 9.4（b）所示，则将位于最低层最右边的节点 60 移到最大堆的顶部，如图 9.4（c）所示。此时节点 60 比它的左子节点 80 和右子节点 90 的值都小，因此将它和值较大的右子节点 90 交换，交换之后的堆如图 9.4（d）所示。此时节点 60 大于它的左子节点 30，满足最大堆的定义。

　　堆的插入、删除操作都可能需要交换节点，以便把节点放到合适的位置，交换的次数最多为二叉树的深度，因此如果堆中有 n 个节点那么它的插入和删除操作的时间复杂度都是 $O(\log n)$。

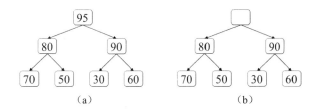

图 9.4　删除最大堆的最大值

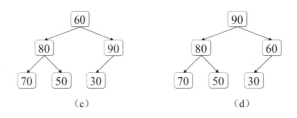

（c）　　　　　　　　　　　　　　（d）

图 9.4　删除最大堆的最大值（续）

说明：（a）堆的初始状态；（b）删除顶点节点 95；（c）把最低层最右边的值 60 放到堆的顶部；（d）交换节点 60 和它的右子节点 90

　　Java 提供了类型 PriorityQueue 实现数据结构堆。PriorityQueue 在默认情况下是一个最小堆，如果使用最大堆调用构造函数就需要传入 Comparator 改变比较排序的规则。PriorityQueue 实现了接口 Queue，它常用的函数如表 9.1 所示。

表 9.1　PriorityQueue 常用的函数

操作	抛异常	不抛异常
插入新的元素	add(e)	offer(e)
删除堆顶元素	remove	poll
返回堆顶元素	element	peek

　　PriorityQueue 和其他实现接口 Queue 的类型一样，在某些时候调用函数 add、remove 和 element 时可能会抛出异常，但调用函数 offer、poll 和 peek 不会抛出异常。例如，如果调用函数 remove 从一个空堆中删除堆顶元素，就会抛出异常。但如果调用函数 poll 从一个空堆中删除堆顶元素，则会返回 null。

　　值得强调的是，虽然 Java 中的 PriorityQueue 实现了 Queue 接口，但它并不是一个队列，也不是按照"先入先出"的顺序删除元素的。PriorityQueue 是一个堆，每次调用函数 remove 或 poll 都将删除位于堆顶的元素。PriorityQueue 根据比较规则的不同分为最大堆或最小堆。如果是最大堆，那么每次删除值最大的元素；如果是最小堆，那么每次删除值最小的元素。PriorityQueue 的删除顺序与元素添加的顺序无关。

　　同理，PriorityQueue 的函数 element 和 peek 都返回位于堆顶的元素，即根据堆的类型返回值最大或最小的元素，这与元素添加的顺序无关。

9.2　堆的应用

　　堆最大的特点是最大值或最小值位于堆的顶部，只需要 $O(1)$ 的时间就可以求出一个数据集合中的最大值或最小值，同时在堆中添加或删除元素的时间复杂度都是 $O(\log n)$，因此综合来看堆是一个比较高效的数据结构。如果面试题需要求出一个动态数据集合中的最大值或最小值，那么可以考虑使用堆来解决问题。

　　堆经常用来求取一个数据集合中值最大或最小的 k 个元素。通常，最小堆用来求取数据集合中 k 个值最大的元素，最大堆用来求取数据集合中 k 个值最小的元素。

　　接下来使用最小堆或最大堆解决几道典型的算法面试题。

 解题小经验

　　如果面试题需要求出一个动态数据集合中的最大值或最小值，那么可以考虑使用堆来解决问题。最小堆经常用来求取数据集合中 k 个值最大的元素，而最大堆用来求取数据集合中 k 个值最小的元素。

面试题 59：数据流的第 k 大数字

> 　　**题目**：请设计一个类型 KthLargest，它每次从一个数据流中读取一个数字，并得出数据流已经读取的数字中第 k（$k \geqslant 1$）大的数字。该类型的构造函数有两个参数：一个是整数 k，另一个是包含数据流中最开始数字的整数数组 nums（假设数组 nums 的长度大于 k）。该类型还有一个函数 add，用来添加数据流中的新数字并返回数据流中已经读取的数字的第 k 大数字。

　　例如，当 k=3 且 nums 为数组[4，5，8，2]时，调用构造函数创建类型 KthLargest 的实例之后，第 1 次调用 add 函数添加数字 3，此时已经从数据流中读取了数字 4、5、8、2 和 3，第 3 大的数字是 4；第 2 次调用 add 函数添加数字 5 时，则返回第 3 大的数字 5。

　　分析：与数据流相关的题目的特点是输入的数据是动态添加的，也就是说，可以不断地从数据流中读取新的数据，数据流的数据量是无限的。

在这个题目中，类型 KthLargest 的函数 add 用来添加从数据流中读出的新数据。

解决这个题目的关键在于选择合适的数据结构。如果数据存储在排序的数组中，那么只需要 $O(1)$的时间就能找出第 k 大的数字。但这个直观的方法有两个缺点。首先，需要把从数据流中读取的所有数据都存到排序数组中，如果从数据流中读出 n 个数字，那么动态数组的大小为 $O(n)$。随着不断地从数据流中读出新的数据，$O(n)$的空间复杂度可能会耗尽所有的内存。其次，在排序数组中添加新的数字的时间复杂度也是 $O(n)$。

下面换一个角度看待第 k 大的数字。如果能够找出 k 个最大的数字，那么第 k 大的数字就是这 k 个最大数字中最小的一个。例如，从数据流中已经读出了 4、5、8、2、3 这 5 个数字，其中最大的 3 个数字是 4、5、8。这 3 个数字的最小值 4 就是 4、5、8、2、3 这 5 个数字中的第 3 大的数字。

由于每次都需要找出 k 个数字中的最小值，因此可以把这 k 个数字保存到最小堆中。每当从数据流中读出一个数字，就先判断这个新的数字是不是有必要添加到最小堆中。如果最小堆中元素的数目还小于 k，那么直接将它添加到最小堆中。如果最小堆中已经有 k 个元素，那么将其和位于堆顶的最小值进行比较。如果新读出的数字小于或等于堆中的最小值，那么堆中的 k 个数字都比它大，因此它不可能是 k 个最大的数字中的一个。由于只需要保存最大的 k 个数字，因此新读出的数字可以忽略。如果新的数字大于堆顶的数字，那么堆顶的数字就是第 $k+1$ 大的数字，可以将它从堆中删除，并将新的数字添加到堆中，这样堆中保存的仍然是到目前为止从数据流中读出的最大的 k 个数字，此时第 k 大的数字正好位于最小堆的堆顶。

基于最小堆的参考代码如下所示：

```
class KthLargest {
    private PriorityQueue<Integer> minHeap;
    private int size;

    public KthLargest(int k, int[] nums) {
        size = k;
        minHeap = new PriorityQueue<>();
        for (int num : nums) {
            add(num);
        }
    }

    public int add(int val) {
        if (minHeap.size() < size) {
            minHeap.offer(val);
```

```
    } else if (val > minHeap.peek()) {
        minHeap.poll();
        minHeap.offer(val);
    }

    return minHeap.peek();
  }
}
```

在上述代码中，minHeap 是一个最小堆。由于 minHeap 中最多保存 k 个数字，因此它的空间复杂度是 $O(k)$。在函数 add 中，需要在最小堆中添加、删除一个元素，并返回它的堆顶元素，因此每次调用函数 add 的时间复杂度是 $O(\log k)$。

假设数据流中总共有 n 个数字。这种解法特别适合 n 远大于 k 的场景。当 n 非常大时，内存可能不能容纳数据流中的所有数字。但使用最小堆之后，内存中只需要保存 k 个数字，空间效率非常高。

面试题 60：出现频率最高的 k 个数字

题目：请找出数组中出现频率最高的 k 个数字。例如，当 k 等于 2 时，输入数组[1, 2, 2, 1, 3, 1]，由于数字 1 出现了 3 次，数字 2 出现了 2 次，数字 3 出现了 1 次，因此出现频率最高的 2 个数字是 1 和 2。

分析：如果在面试过程中遇到这个题目，首先要想到的是解决这个题目需要用到哈希表。这个题目的输入是一个数组，哈希表可以用来统计数组中数字出现的频率，哈希表的键是数组中出现的数字，而值是数字出现的频率。

接下来找出出现频率最高的 k 个数字。可以用一个最小堆存储频率最高的 k 个数字，堆中的每个元素是数组中的数字及其在数组中出现的次数。由于比较的是数字的频率，因此设置最小堆比较元素的规则，以便让频率最低的数字位于堆的顶部。

在用哈希表统计完数组中每个数字的频率之后，再逐一扫描哈希表中每个从数字到频率的映射，以便找出频率最高的 k 个数字。如果最小堆中元素的数目小于 k，则直接将从数字到频率的映射添加到最小堆中。如果最小堆中已经有 k 个元素，那么比较待添加数字的频率和位于堆顶的数字的频率。如果待添加的数字的频率低于或等于堆顶的数字的频率，那么堆中的 k 个数字的频率都比待添加的数字的频率高，它不可能是 k 个频率最高的数字中的一个，可以忽略。如果待添加的数字的频率高于堆顶的数字的频率，那么删除堆顶的数字（最小堆中频率最低的数字），并将待添加的数字添加到最小堆中。

按照上述规则在最小堆中添加数字，就可以确保最小堆中元素的数目不超过 k，里面保存的是出现频率最高的 k 个数字，并且这 k 个数字中频率最低的数字位于堆顶。实现这种思路的参考代码如下所示：

```
public List<Integer> topKFrequent(int[] nums, int k) {
    Map<Integer, Integer> numToCount = new HashMap<>();
    for (int num : nums) {
        numToCount.put(num, numToCount.getOrDefault(num, 0) + 1);
    }

    Queue<Map.Entry<Integer, Integer>> minHeap = new PriorityQueue<>(
        (e1, e2) -> e1.getValue() - e2.getValue());
    for (Map.Entry<Integer, Integer> entry : numToCount.entrySet()) {
        if (minHeap.size() < k) {
            minHeap.offer(entry);
        } else {
            if (entry.getValue() > minHeap.peek().getValue()) {
                minHeap.poll();
                minHeap.offer(entry);
            }
        }
    }

    List<Integer> result = new LinkedList<>();
    for (Map.Entry<Integer, Integer> entry : minHeap)
        result.add(entry.getKey());

    return result;
}
```

在上述代码中，哈希表 numToCount 用来统计数字出现的频率，它的键是数组中的数字，值是数字在数组中出现的次数。最小堆 minHeap 中的每个元素是哈希表中从数字到频率的映射。由于最小堆比较的是数字的频率，因此调用构造函数创建 minHeap 设置的比较规则是比较哈希表中映射的值，也就是数字的频率。

假设输入数组的长度为 n。上述代码需要一个大小为 $O(n)$ 的哈希表，以及一个大小为 $O(k)$ 的最小堆，因此总的空间复杂度是 $O(n)$。在大小为 k 的堆中进行添加或删除操作的时间复杂度是 $O(\log k)$，因此上述代码的时间复杂度是 $O(n\log k)$。

面试题 61：和最小的 *k* 个数对

> 题目：给定两个递增排序的整数数组，从两个数组中各取一个数字 *u* 和 *v* 组成一个数对(*u*, *v*)，请找出和最小的 *k* 个数对。例如，输入两个数组[1, 5, 13, 21]和[2, 4, 9, 15]，和最小的 3 个数对为(1, 2)、(1, 4)和(2, 5)。

分析：假设第 1 个数组 nums1 的长度为 *m*，第 2 个数组 nums2 的长度为 *n*，那么从两个数组中各取一个数字能组成 *m*×*n* 个数对。

❖ 使用最大堆

这个题目要求找出和最小的 *k* 个数对。可以用最大堆来存储这 *k* 个和最小的数对。逐一将 *m*×*n* 个数对添加到最大堆中。当堆中的数对的数目小于 *k* 时，直接将数对添加到堆中。如果堆中已经有 *k* 个数对，那么先要比较待添加的数对之和及堆顶的数对之和（也是堆中最大的数对之和）。如果待添加的数对之和大于或等于堆顶的数对之和，那么堆中的 *k* 个数对之和都小于或等于待添加的数对之和，因此待添加的数对可以忽略。如果待添加的数对之和小于堆顶的数对之和，那么删除堆顶的数对，并将待添加的数对添加到堆中，这样可以确保堆中存储的是和最小的 *k* 个数对。每次都是将待添加的数对与堆中和最大的数对进行比较，而这也是用最大堆的原因。

接下来考虑如何优化。题目给出的条件是输入的两个数组都是递增排序的，这个特性我们还没有用到。如果从第 1 个数组中选出第 *k*+1 个数字和第 2 个数组中的某个数字组成数对 *p*，那么该数对之和一定不是和最小的 *k* 个数对中的一个，这是因为第 1 个数组中的前 *k* 个数字和第 2 个数组中的同一个数字组成的 *k* 个数对之和都要小于数对 *p* 之和。因此，不管输入的数组 nums1 有多长，最多只需要考虑前 *k* 个数字。同理，不管输入的数组 nums2 有多长，最多也只需要考虑前 *k* 个数字。优化之后的代码如下所示：

```java
public List<List<Integer>> kSmallestPairs(int[] nums1,
    int[] nums2, int k) {
    Queue<int[]> maxHeap = new PriorityQueue<>((p1, p2)
        -> p2[0] + p2[1] - p1[0] - p1[1]);
    for (int i = 0; i < Math.min(k, nums1.length); ++i) {
        for (int j = 0; j < Math.min(k, nums2.length); ++j) {
            if (maxHeap.size() >= k) {
                int[] root = maxHeap.peek();
                if (root[0] + root[1] > nums1[i] + nums2[j]) {
                    maxHeap.poll();
                    maxHeap.offer(new int[] {nums1[i], nums2[j]});
```

```
                }
            } else {
                maxHeap.offer(new int[] {nums1[i], nums2[j]});
            }
        }
    }

    List<List<Integer>> result = new LinkedList<>();
    while (!maxHeap.isEmpty()) {
        int[] vals = maxHeap.poll();
        result.add(Arrays.asList(vals[0], vals[1]));
    }

    return result;
}
```

　　在上述代码中，maxHeap 是一个最大堆，它的每个元素都是一个长度为 2 的数组，表示一个数对。每个数对的第 1 个数字来自数组 nums1，第 2 个数字来自数组 nums2。由于希望和最大的数对位于堆的顶部，因此在 PriorityQueue 的构造函数中传入的比较规则比较的是两个数对之和。可以用一个 lambda 表达式定义比较规则，它的参数是两个数对 p1 和 p2。由于需要一个最大堆，和默认的最小堆的比较规则相反，因此 lambda 表达式的返回值是用数对 p2 之和减去数对 p1 之和。

　　上述代码有两个相互嵌套的 for 循环，每个循环最多执行 k 次。在循环体内可能在最大堆中进行添加或删除操作，由于最大堆中最多包含 k 个元素，因此添加、删除操作的时间复杂都是 $O(\log k)$。这两个 for 循环的时间复杂度是 $O(k^2 \log k)$。另外，上述代码还有一个 while 循环，它逐一从最大堆中删除元素并将对应的数对添加到链表中，这个 while 循环的时间复杂度是 $O(k \log k)$。因此，上述代码总的时间复杂度是 $O(k^2 \log k)$。

❖ 使用最小堆

　　接下来换一种思路。下面用一个具体的例子来分析解决这个问题的步骤。如果输入两个数组[1, 5, 13, 21]和[2, 4, 9, 15]求取和最小的 3 个数对，那么先从第 1 个数组中选取最前面的 3 个数字 1、5、13，它们分别和第 2 个数组的第 1 个数字 2 组成 3 个数对(1, 2)、(5, 2)、(13, 2)。此时两个数组及候选的数对如图 9.5（a）所示，图中两个数字之间的连线表示这两个数字组成一个候选的数对。这 3 个候选的数对中和最小的数对为(1, 2)。

　　找出(1,2)这个和最小的数对之后，接着找下一个和最小的数对。由于数对(1,2)的两个数字 1 和 2 在两个数组中的下标都是 0，因此下一个和最小的数对既可能是由第 1 个数组中下标为 0 和第 2 个数组中下标为 1 的两个数字组成的，即数对(1, 4)，也可能是由第 1 个数组中下标为 1 和第 2 个数组中下标为 0 的两个数字组成的，即数对(5, 2)。数对(5, 2)已经在候选的数对中，所以在候选的数对中添加数对(1, 4)即可。将这个新添加的数对与前一个和最小的数对(1, 2)进行比较可以发现，它们的第 1 个数字是相同的，但第 2 个数字在第 2 个数组中下标增加了 1。此时数组中的候选数对如图 9.5（b）所示。在 3 个候选的数对(1, 4)、(5, 2)、(13, 2)中和最小的数对是(1, 4)。

数对(1, 4)的两个数字 1 和 4 在两个数组中的下标分别为 0 和 1。接下来将由第 1 个数组中下标为 0 的数字和第 2 个数组中下标为 2 的数字组成的数对(1, 9)添加到候选数对中。此时，数组中的候选数对如图 9.5（c）所示。3 个候选数对(1, 9)、(5, 2)、(13, 2) 中和最小的数对是(5, 2)。

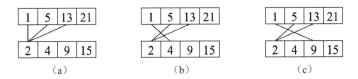

（a）　　　　　　　　（b）　　　　　　　　（c）

图 9.5　求两个数组[1, 5, 13, 21]和[2, 4, 9, 15]中和最小的 3 个数对

说明：（a）在(1, 2)、(5, 2)、(13, 2)这 3 个数对中选出和最小的数对(1, 2)；（b）在(1, 4)、(5, 2)、(13, 2)这 3 个数对中选出和最小的数对(1, 4)；（c）在(1, 9)、(5, 2)、(13, 2)这 3 个数对中选出和最小的数对(2, 5)

现在已经在考虑第 2 个数字在第 2 个数组中的下标为 2 的数对，那么有没有可能漏掉某些和更小的第 2 个数字在第 2 个数组中下标为 0 或 1 的数对？第 2 个数字在第 2 个数组中下标为 0 的数对，即数对(5, 2)和(13, 2)，都在候选的数对中，本身并没有遗漏。第 2 个数字在第 2 个数组中下标为 1 的数对，即数对(5, 4)和(13, 4)，在数对(5, 2)和(13, 2)作为和最小的数对选中之后，它们将会添加到候选的数对中。现在还没有到将它们添加为候选数对的时候，但并不会遗漏它们。

经过上面的步骤，先后找出了 3 个和最小的数对(1, 2)、(1, 4)和(2, 5)。由于每次都是从 3 个候选的数对中选取和最小的数对，因此可以用一个最小堆来存储候选的数对。如果和最小的数对的两个数字在两个数组中的下标分别为 $i1$ 和 $i2$，将该数对添加到结果中并将其从最小堆中删除，再将在两个数组中下标分别为 $i1$ 和 $i2+1$ 的两个数字作为新的候选数对添加到最小堆中。

　　基于最小堆的参考代码如下所示：

```
public List<List<Integer>> kSmallestPairs(int[] nums1,
    int[] nums2, int k) {
    Queue<int[]> minHeap = new PriorityQueue<>((p1, p2)
        -> nums1[p1[0]] + nums2[p1[1]] - nums1[p2[0]] - nums2[p2[1]]);
    if (nums2.length > 0) {
        for (int i = 0; i < Math.min(k, nums1.length); ++i) {
            minHeap.offer(new int[] {i, 0});
        }
    }

    List<List<Integer>> result = new ArrayList<>();
    while (k-- > 0 && !minHeap.isEmpty()) {
        int[] ids = minHeap.poll();
        result.add(Arrays.asList(nums1[ids[0]], nums2[ids[1]]));

        if (ids[1] < nums2.length - 1) {
            minHeap.offer(new int[] {ids[0], ids[1] + 1});
        }
    }

    return result;
}
```

　　在上述代码中，minHeap 是一个最小堆，它的每个元素都是一个长度为 2 的数组，数组的第 1 个数字表示数对的第 1 个数字在数组 nums1 中的下标，第 2 个数字表示数对的第 2 个数字在数组 nums2 中的下标。由于使用最小堆的目的是找出和最小的数对，因此在创建 minHeap 时在构造函数传入的 lambda 表达式中分别根据数对的两个数字在两个数组 nums1 和 nums2 的下标读取对应的数字并比较数对之和。

　　上述代码先用一个 for 循环构建一个大小为 k 的最小堆，该循环的时间复杂度是 $O(k\log k)$。接下来是一个执行 k 次的 while 循环，每次对大小为 k 的最小堆进行添加或删除操作，因此这个 while 循环的时间复杂度也是 $O(k\log k)$。上述代码总的时间复杂度为 $O(k\log k)$。

9.3 本章小结

　　本章介绍了堆这种数据结构。堆又可以分成最大堆和最小堆。在最大堆中最大值总是位于堆顶，在最小堆中最小值总是位于堆顶。因此，在堆

中只需要 $O(1)$ 的时间就能得到堆中的最大值或最小值。

堆经常用来解决在数据集合中找出 k 个最大值或最小值相关的问题。通常用最大堆找出数据集合中的 k 个最小值，用最小堆找出数据集合中的 k 个最大值。

Java 的库中提供了类型 PriorityQueue，虽然该类型实现了接口 Queue，但它是堆而不是队列。PriorityQueue 的构造函数能传入不同的比较规则，从而创建最大堆或最小堆。

第 10 章

前缀树

10.1 前缀树的基础知识

前缀树，又称为字典树，它用一个树状的数据结构存储一个字典中的所有单词。如果一个字典中包含单词"can"、"cat"、"come"、"do"、"i"、"in"和"inn"，那么保存该字典所有单词的前缀树如图 10.1 所示。

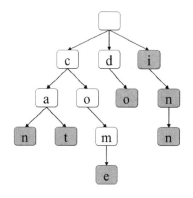

图 10.1　一棵存储字符串"can"、"cat"、"come"、"do"、"i"、"in"和"inn"的前缀树

前缀树是一棵多叉树，一个节点可能有多个子节点。前缀树中除根节点外，每个节点表示字符串中的一个字符，而字符串由前缀树的路径表示。前缀树的根节点不表示任何字符。例如，从图 10.1 中前缀树的根节点开始找到字符'c'对应的节点，接着经过字符'a'对应的节点到达字符'n'对应的节点，该路径表示字符串"can"。

如果两个单词的前缀（即单词最开始的若干字符）相同，那么它们在前缀树中对应的路径的前面的节点是重叠的。例如，"can"和"cat"的前两个字符相同，它们在前缀树对应的两条路径中最开始的 3 个节点（根节点、字符'c'和字符'a'对应的节点）重叠，它们共同的前缀之后的字符对应的节点一定是在最后一个共同节点的子树中。例如，"can"和"cat"的共同前缀"ca"在前缀树中的最后一个节点是第 3 层的第 1 个节点，两个字符串共同的前缀之后的字符'n'和't'都在最后一个公共节点的子树之中。

字符串在前缀树中的路径并不一定终止于叶节点。如果一个单词是另一个单词的前缀，那么较短的单词对应的路径是较长的单词对应的路径的一部分。例如，在图 10.1 中，字符串"in"对应的路径是字符串"inn"对应的路径的一部分。

如果前缀树路径到达某个节点时它表示了一个完整的字符串，那么字符串最后一个字符对应的节点有特殊的标识。例如，图 10.1 中字符串最后一个字符对应的节点都用灰色背景标识。从根节点出发到达表示字符'i'的节点，由于该节点被标识为字符串的最后一个字符，因此此时路径表示的字符串"i"是字典中的一个单词。接着往下到达表示字符'n'的节点，这个节点也被标识为字符串的最后一个字符，因此此时路径表示的字符串"in"是字典中的一个单词。接着往下到达另一个表示字符'n'的节点，该节点也有同样的标识，因此此时路径表示的字符串"inn"是字典中的另一个单词。

在本章中如果没有特殊说明，那么前缀树中都只包含英文小写字母。

面试题 62：实现前缀树

> 题目：请设计实现一棵前缀树 Trie，它有如下操作。
>
> ●函数 insert，在前缀树中添加一个字符串。
>
> ●函数 search，查找字符串。如果前缀树中包含该字符串，则返回 true；否则返回 false。
>
> ●函数 startWith，查找字符串前缀。如果前缀树中包含以该前缀开头的字符串，则返回 true；否则返回 false。

例如，调用函数 insert 在前缀树中添加单词"goodbye"之后，输入"good"调用函数 search 返回 false，但输入"good"调用函数 startWith 则返回 true。再次调用函数 insert 添加单词"good"之后，此时再输入"good"调用函数 search

则返回 true。

分析：首先定义前缀树中节点的数据结构。前缀树中的节点对应字符串中的一个字符。如果只考虑英文小写字母，那么字符可能是从'a'到'z'的任意一个，因此前缀树中的节点可能有 26 个子节点。可以将 26 个子节点放到一个数组中，数组中的第 1 个元素是对应字母'a'的子节点，第 2 个元素是对应字母'b'的子节点，其余的以此类推。

值得注意的是，前缀树的节点中没有一个字段表示节点对应的字符。这是因为可以通过节点是其父节点的第几个子节点得知它对应的字符，也就没有必要在节点中添加一个字段。

节点中还需要一个布尔类型的字段表示到达该节点的路径对应的字符串是否为字典中一个完整的单词。

前缀树及其节点的数据结构可以定义为如下形式：

```
class Trie {
    static class TrieNode {
        TrieNode children[];
        boolean isWord;

        public TrieNode() {
            children = new TrieNode[26];
        }
    }

    private TrieNode root;

    public Trie() {
        root = new TrieNode();
    }
}
```

在通常情况下，需要在 TrieNode 中包含一个布尔字段 isWord。在本章中如果没有特殊说明，则采用 TrieNode 定义前缀树节点的数据结构。

接下来讨论类型 Trie 的 3 个成员函数 insert、search 和 startWith。

在前缀树中添加单词时，首先到达前缀树的根节点，确定根节点是否有一个子节点和单词的第 1 个字符对应。如果已经有对应的子节点，则前往该子节点。如果该子节点不存在，则创建一个与第 1 个字符对应的子节点，并前往该子节点。接着判断该子节点中是否存在与单词的第 2 个字符相对应的子节点，并以此类推，将单词其他的字符添加到前缀树中。

当单词的所有字符都添加到前缀树中之后，所在的节点对应单词的最后一个字符。为了标识路径到达该节点时已经对应一个完整的单词，需要将该节点的 isWord 设为 true。

　　图10.2描述了在前缀树中先后添加单词"boy"、"boss"、"cowboy"和"cow"的过程，图中灰色背景的节点的 isWord 字段标记为 true，对应某个单词的最后一个字母。在一个空的前缀树中添加单词"boy"，逐个添加字母'b'、'o'和'y'对应的节点，并将最后一个字母'y'对应的节点的 isWord 标记为 true，如图 10.2（a）所示。然后在前缀树中添加单词"boss"，此时前两个字母'b'和'o'对应的节点之前已经创建出来，因此只需要创建两个对应's'的节点，并将第 2 个's'对应节点的 isWord 字段标记为 true，如图 10.2（b）所示。接下来添加单词"cowboy"。虽然此时前缀树中已经存在单词"boy"的 3 个字母对应的节点，但"boy"并不是"cowboy"的前缀，因此需要为"cowboy"的每个字母创建新的节点，如图 10.2（c）所示。最后添加单词"cow"。由于"cow"是"cowboy"的前缀，因此不需要添加新的节点，只将字母'w'对应的节点的 isWord 字段标记为 true 即可，如图 10.2（d）所示。

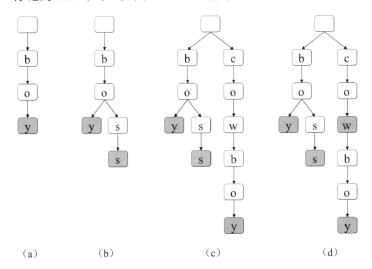

　　（a）　　　　　　（b）　　　　　　　（c）　　　　　　　（d）

图 10.2　在前缀树中先后添加单词"boy"、"boss"、"cowboy"和"cow"

说明：（a）在前缀树中添加单词"boy"；（b）在前缀树中添加单词"boss"；（c）在前缀树中添加单词"cowboy"；（d）在前缀树中添加单词"cow"

　　前缀树类型 Trie 的函数 insert 的参考代码如下所示：

```
public void insert(String word) {
    TrieNode node = root;
    for (char ch : word.toCharArray()) {
```

```
        if (node.children[ch - 'a'] == null) {
            node.children[ch - 'a'] = new TrieNode();
        }

        node = node.children[ch - 'a'];
    }

    node.isWord = true;
}
```

接着考虑如何实现函数 search。还是从前缀树的根节点开始查找。如果根节点没有一个子节点和字符串的第 1 个节点相对应，那么前缀树中自然不存在查找的单词，直接返回 false。如果根节点中存在与第 1 个字符对应的子节点，则前往该子节点，接着匹配单词的第 2 个字符。以此类推，直到到达和字符串最后一个字符对应的节点。如果该节点的 isWord 的值为 true，那么路径到达该节点时正好对应输入的单词，因此前缀树中存在该输入的单词，可以返回 true；否则返回 false。

前缀树类型 Trie 的函数 search 的参考代码如下所示：

```
public boolean search(String word) {
    TrieNode node = root;
    for (char ch : word.toCharArray()) {
        if (node.children[ch - 'a'] == null) {
            return false;
        }

        node = node.children[ch - 'a'];
    }

    return node.isWord;
}
```

函数 startWith 和 search 不同，只要前缀树中存在以输入的前缀开头的单词就应该返回 true。当顺着路径逐个匹配输入前缀的字符时，如果某个字符没有节点与之对应，那么可以返回 false。如果一直到前缀的最后一个字符在前缀树中都有节点与之对应，那么说明前缀树中一定存在以该前缀开头的单词。此时无论当前节点的 isWord 的值是什么，都应该返回 true。

例如，在前缀树中添加了单词"boy"、"boss"和"cowboy"之后，如图 10.2（c）所示，如果此时输入"cow"调用函数 search，尽管前缀树中存在"cow"的 3 个字母对应的节点，但此时字母'w'对应的节点的 isWord 字段为 false，前缀树中此时并没有单词"cow"，此时应该返回 false。但如果输入"cow"调用函数 startWith，只要前缀树中存在对应"cow"的 3 个字母的节点就表示此时前缀树中存在以"cow"为前缀的单词，不管字母'w'对应的节点的 isWord 字段的值是什么，都应该返回 true。

因此，函数 startWith 除最后的返回值和函数 search 不同之外，其他代码是一样的。函数 startWith 的参考代码如下所示：

```
public boolean startsWith(String prefix) {
    TrieNode node = root;
    for (char ch : prefix.toCharArray()) {
        if (node.children[ch - 'a'] == null) {
            return false;
        }

        node = node.children[ch - 'a'];
    }

    return true;
}
```

如果输入的单词的长度为 n，那么函数 insert、search 和 startWith 的时间复杂度都是 $O(n)$。

10.2 前缀树的应用

前缀树主要用来解决与字符串查找相关的问题。如果字符串的长度为 k，由于在前缀树中查找一个字符串相当于顺着前缀树的路径查找字符串的每个字符，因此时间复杂度是 $O(k)$。

前面提及，在哈希表中查找字符串的时间复杂度是 $O(1)$。已经有查找时间复杂度为 $O(1)$ 的哈希表，还需要时间复杂度为 $O(k)$ 的前缀树是因为前缀树和哈希表的应用场景不一样。在哈希表中，只有输入完整的字符串才能进行查找操作，在前缀树中就没有这个限制。例如，可以只输入字符串的前面若干字符，即前缀，查找以这个前缀开头的所有字符串。如果要求根据字符串的前缀进行查找，那么合理应用前缀树可能是解决这个问题的关键。

在讨论接下来的几个典型的关于前缀树的问题时会反复出现前缀树的添加和查找操作。事实上，可以将前面类型 Trie 的函数 insert 和 search 的代码当作模板，应聘者一定要熟练掌握，这样才能得心应手地应用前缀树解决相关的面试题。

解题小经验

如果面试题要求根据字符串的前缀进行查找，那么合理地应用前缀树可能是解决这个问题的关键。

面试题 63：替换单词

题目：英语中有一个概念叫词根。在词根后面加上若干字符就能拼出更长的单词。例如，"an"是一个词根，在它后面加上"other"就能得到另一个单词"another"。现在给定一个由词根组成的字典和一个英语句子，如果句子中的单词在字典中有它的词根，则用它的词根替换该单词；如果单词没有词根，则保留该单词。请输出替换后的句子。例如，如果词根字典包含字符串["cat", "bat", "rat"]，英语句子为"the cattle was rattled by the battery"，则替换之后的句子是"the cat was rat by the bat"。

分析：这个题目中的词根其实就是前缀，因此很容易想到用前缀树来解决。用前缀树解决问题通常分为两步，第 1 步是创建前缀树，第 2 步是在前缀树中查找。

创建前缀树的过程就是将字典中的单词逐个添加到前缀树中。前面介绍了在前缀树中添加一个单词的代码，这里只需要在前面代码的基础上增加一个循环，如下所示：

```
private TrieNode buildTrie(List<String> dict) {
    TrieNode root = new TrieNode();
    for (String word : dict) {
        TrieNode node = root;
        for (char ch : word.toCharArray()) {
            if (node.children[ch - 'a'] == null) {
                node.children[ch - 'a'] = new TrieNode();
            }

            node = node.children[ch - 'a'];
        }

        node.isWord = true;
    }

    return root;
}
```

题目要求用前缀替换句子中的单词，因此需要找出单词的前缀。由于已经用函数 buildTrie 将所有单词的前缀都添加到前缀树中，因此接下来在前缀树中查找单词的前缀，即从前缀树的根节点出发，逐个判断节点是否有子节点与单词的字符对应。如果在查找过程中遇到一个 isWord 标记为 true 的节点，那么就找到了单词的前缀。查找前缀的代码如下所示：

```java
private String findPrefix(TrieNode root, String word) {
    TrieNode node = root;
    StringBuilder builder = new StringBuilder();
    for (char ch : word.toCharArray()) {
        if (node.isWord || node.children[ch - 'a'] == null) {
            break;
        }

        builder.append(ch);
        node = node.children[ch - 'a'];
    }

    return node.isWord ? builder.toString() : "";
}
```

　　函数 findPrefix 如果在前缀树中找到单词的前缀，则返回该前缀；否则返回一个空字符串。

　　最后考虑如何替换句子中的单词。通常，英语使用空格作为分隔符，因此可以根据空格将句子分隔成若干单词。可以从前缀树中查找分隔出来的每个单词的前缀，如果找到了单词的前缀，则用前缀替换该单词。替换的代码可以用如下所示的参考代码实现：

```java
public String replaceWords(List<String> dict, String sentence) {
    TrieNode root = buildTrie(dict);
    StringBuilder builder = new StringBuilder();

    String[] words = sentence.split(" ");
    for (int i = 0; i < words.length; i++) {
        String prefix = findPrefix(root, words[i]);
        if (!prefix.isEmpty()) {
            words[i] = prefix;
        }
    }

    return String.join(" ", words);
}
```

面试题 64：神奇的字典

题目：请实现有如下两个操作的神奇字典。

●函数 buildDict，输入单词数组用来创建一个字典。

●函数 search，输入一个单词，判断能否修改该单词中的一个字符，使修改之后的单词是字典中的一个单词。

　　例如，输入["happy", "new", "year"]创建一个神奇字典。如果输入单词"now"进行查找操作，由于将其中的'o'修改成'e'就可以得到字典中的"new"，因此返回 true。如果输入单词"new"，那么将其中的任意字符修改成另一个不同的字符都无法得到字典中的单词，因此返回 false。

　　分析：将每个完整的单词保存到哈希表中并不能解决这个问题。这是因为字符串的哈希值是由整个字符串决定的，修改字符串中任意一个字符之后，字符串的哈希值和原来字符串的哈希值没有任何关系。因此，如果用哈希表保存字典中的所有单词，就没有办法找出只修改一个字符的字符串。

　　除了哈希表，还可以将单词保存到前缀树中，然后在前缀树中查找只修改一个字符的字符串。前缀树节点的数据结构和之前一样，每个节点都有 26 个子节点，还有一个布尔类型的字段 isWord 表示该节点是否对应字符串的最后一个字符。创建前缀树的过程也与面试题 63 大同小异，此处不再详细讨论。前缀树及其节点的数据结构、成员函数 buildDict 的参考代码如下所示：

```
class MagicDictionary {
    static class TrieNode {
        public TrieNode[] children;
        public boolean isWord;

        public TrieNode() {
            children = new TrieNode[26];
        }
    }

    TrieNode root;

    public MagicDictionary() {
        root = new TrieNode();
    }

    public void buildDict(String[] dict) {
        for (String word : dict) {
            TrieNode node = root;
            for (char ch : word.toCharArray()) {
                if (node.children[ch - 'a'] == null) {
                    node.children[ch - 'a'] = new TrieNode();
                }

                node = node.children[ch - 'a'];
            }

            node.isWord = true;
        }
```

```
    }
}
```

接下来着重讨论如何在前缀树中查找只修改一个字符的字符串。可以根据深度优先的顺序搜索前缀树的每条路径。如果到达的节点与字符串中的字符不匹配，则表示此时修改了字符串中的一个字符以匹配前缀树中的路径。如果到达对应字符串最后一个字符对应的节点时该节点的 isWord 字段的值为 true，而且此时正好修改了字符串中的一个字符，那么就找到了修改字符串中一个字符对应的路径，符合题目的条件，可以返回 true。

神奇字典的成员函数 search 的参考代码如下所示：

```
public boolean search(String word) {
    return dfs(root, word, 0, 0);
}

private boolean dfs(TrieNode root, String word, int i, int edit) {
    if (root == null) {
        return false;
    }

    if (root.isWord && i == word.length() && edit == 1) {
        return true;
    }

    if (i < word.length() && edit <= 1) {
        boolean found = false;
        for (int j = 0; j < 26 && !found; j++) {
            int next = j == word.charAt(i) - 'a' ? edit : edit + 1;
            found = dfs(root.children[j], word, i + 1, next);
        }

        return found;
    }

    return false;
}
```

在上述代码中，递归函数 dfs 实现了深度优先遍历，它的第 3 个参数 i 是当前查找的字符串中字符的下标，第 4 个参数 edit 是在字符串中当前已经修改的字符的个数。

面试题 65：最短的单词编码

题目：输入一个包含 n 个单词的数组，可以把它们编码成一个字符串和 n 个下标。例如，单词数组["time", "me", "bell"]可以编码成一个字符串 "time#bell#"，然后这些单词就可以通过下标[0, 2, 5]得到。对于每个下标，都可以从编码得到的字符串中相应的位置开始扫描，直到遇到'#'字符前所经过的子字符串为单词数组中的一个单词。例如，从"time#bell#"下标为 2 的位置开始扫描，直到遇到'#'前经过子字符串"me"是给定单词数组的第 2 个单词。给定一个单词数组，请问按照上述规则把这些单词编码之后得到的最短字符串的长度是多少？如果输入的是字符串数组["time", "me", "bell"]，那么编码之后最短的字符串是"time#bell#"，长度是 10。

分析：如果仔细观察输入的单词数组["time", "me", "bell"]和编码得到的字符串"time#bell#"，就能发现输入的单词有 3 个，但编码之后的字符串中用'#'隔开的单词只有 2 个。单词"me"并没有单独出现在编码得到的字符串中。单词"me"和单词"time"的后半段一样，也就是说，单词"me"是单词"time"的一个后缀，可以通过下标偏移从"time"中得到"me"。

这个题目的目标是得到最短的编码，因此，如果一个单词 A 是另一个单词 B 的后缀，那么单词 A 在编码字符串中就不需要单独出现，这是因为单词 A 可以通过在单词 B 中偏移下标得到。

前缀树是一种常见的数据结构，它能够很方便地表达一个字符串是另一个字符树串的前缀。这个题目是关于字符串的后缀。要把字符串的后缀转换成前缀也比较直观：如果一个字符串 A 是另一个字符串 B 的后缀，分别反转字符串 A 和 B 得到 A'和 B'，那么 A'是 B'的前缀。例如，把字符串"me"和"time"反转分别得到"em"和"emit"，"em"是"emit"的前缀。

如果一个字符串是另一个字符串的前缀，那么在前缀树中短字符串对应的路径是长字符串对应的路径的一部分。例如，"time"、"me"和"bell"这 3 个单词反转之后生成的前缀树如图 10.3 所示。

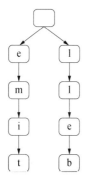

图 10.3 "time"、"me"和"bell"这 3 个单词反转之后生成的前缀树

由于作为前缀的单词在最短编码中不单独出现，因此在计算最短编

码的长度时前缀单词的长度不用考虑，而且它在前缀树中对应的路径的长度也不需要考虑。因此，只需要统计前缀树中从根节点到叶节点的所有路径的长度。例如，"time"、"me"和"bell"这 3 个单词的最短编码"time#bell#"中只出现了"time"和"bell"，在如图 10.3 所示的前缀树中，只需要统计路径 e→m→i→t 和 l→l→e→b 的长度。单词"me"在前缀树中对应的路径应该忽略。

　　如果两个单词共享部分前缀，但一个字符串不是另一个字符串的子字符串，那么公共前缀部分在编码中将会出现，在前缀树中统计路径长度时也会重复统计。例如，单词"at"、"bat"和"cat"的一个最短编码是"bat#cat#"，它的长度为 8。3 个单词可以通过下标 1、0 和 4 得到。这 3 个单词反转后分别为"ta"、"tab"和"tac"，它们的前缀树如图 10.4 所示。虽然单词"tab"和"tac"共享前缀"ta"，但公共前缀在最短编码中重复出现，单词"ta"是"tab"或"tac"的子字符串，它在最短编码中没有单独出现。因此，在前缀树中统计路径长度时只需要统计路径 t→a→b 和 t→a→c 的长度。

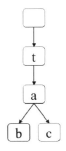

图 10.4　单词"at"、"bat"和"cat"反转之后生成的前缀树

　　由于在最短编码之中出现的每个单词之后都有一个字符'#'，因此计算长度时出现的每个单词的长度都要加 1。在前缀树中统计路径长度时，可以统计从根节点到每个叶节点的路径的长度。前缀树的根节点并不对应单词的任何字符，在统计路径时将根节点包括进去相当于将单词的长度加 1。通常用深度优先遍历的算法统计路径的长度。

　　基于上述思路的参考代码如下所示：

```
static class TrieNode {
    public TrieNode[] children;
    public TrieNode() {
        children = new TrieNode[26];
    }
}
```

```
public int minimumLengthEncoding(String[] words) {
    TrieNode root = buildTrie(words);

    int total[] = {0};
    dfs(root, 1, total);
    return total[0];
}

private TrieNode buildTrie(String[] words) {
    TrieNode root = new TrieNode();
    for (String word : words) {
        TrieNode node = root;
        for (int i = word.length() - 1; i >= 0; i--) {
            char ch = word.charAt(i);
            if (node.children[ch - 'a'] == null) {
                node.children[ch - 'a'] = new TrieNode();
            }

            node = node.children[ch - 'a'];
        }
    }

    return root;
}

private void dfs(TrieNode root, int length, int[] total) {
    boolean isLeaf = true;
    for (TrieNode child : root.children) {
        if (child != null) {
            isLeaf = false;
            dfs(child, length + 1, total);
        }
    }

    if (isLeaf) {
        total[0] += length;
    }
}
```

由于这个题目只关注前缀树的所有从根节点到叶节点的路径的长度，并不需要查找单词，因此并不需要知道哪些节点对应一个单词的最后一个字符，上述代码中表示前缀树节点的类型 TrieNode 中没有字段 isWord。

 解题小经验

前缀树是一种树状结构。前缀树中的遍历有广度优先遍历和深度优先遍历这两种算法。字符串与前缀树中的路径对应。如果路径信息对解决问题起着关键作用，那么应该采用深度优先遍历算法遍历前缀树。

面试题 66：单词之和

> 题目：请设计实现一个类型 MapSum，它有如下两个操作。
>
> ●函数 insert，输入一个字符串和一个整数，在数据集合中添加一个字符串及其对应的值。如果数据集合中已经包含该字符串，则将该字符串对应的值替换成新值。
>
> ●函数 sum，输入一个字符串，返回数据集合中所有以该字符串为前缀的字符串对应的值之和。

例如，第 1 次调用函数 insert 添加字符串"happy"和它的值 3，此时如果输入"hap"调用函数 sum 则返回 3。第 2 次调用函数 insert 添加字符串"happen"和它的值 2，此时如果输入"hap"调用函数 sum 则返回 5。

分析：在这个题目中，每个字符串和一个整数值对应，存在从字符串到数值的映射，看起来可以用哈希表类型 HashMap 解决。但在 HashMap 中只能实现一对一的查找，即根据一个完整的字符串查找它对应的值，无法找到以某个前缀开头的所有字符串及其对应的值。

既然需要根据字符串的前缀进行查找，就可以使用前缀树。首先定义前缀树节点的数据结构。由于每个字符串对应一个数值，因此需要在节点中增加一个整数字段。如果一个节点对应一个字符串的最后一个字符，那么该节点的整数字段的值就设为字符串的值；如果一个节点对应字符串的其他字符，那么该节点的整数字段将被设为 0。由于这个题目只关注字符串对应的值之和，这些值已经在节点中的整数字段得以体现，因此节点中没有必要包含一个布尔变量标识节点是否对应字符串的最后一个字符。

前缀树及其节点的数据结构的定义如下所示：

```
class MapSum {
    static class TrieNode {
        public TrieNode[] children;
        public int value;

        public TrieNode() {
            children = new TrieNode[26];
        }
    }

    private TrieNode root;
```

```
public MapSum() {
    root = new TrieNode();
}
}
```

接下来考虑 MapSum 的成员函数 insert。在前缀树中添加字符串的过程和之前类似，唯一和之前不同的是，当到达字符串最后一个字符对应的节点时，将该节点的 value 字段的值设为字符串的值。函数 insert 的参考代码如下所示：

```
public void insert(String key, int val) {
    TrieNode node = root;
    for (int i = 0; i < key.length(); ++i) {
        char ch = key.charAt(i);
        if (node.children[ch - 'a'] == null) {
            node.children[ch - 'a'] = new TrieNode();
        }

        node = node.children[ch - 'a'];
    }

    node.value = val;
}
```

当输入一个前缀在前缀树中查找时，可以在前缀树中逐个查找和前缀中每个字符对应的节点。如果当扫描到字符串的每个字符时前缀树中已经没有节点与之对应，那么前缀树中没有以该前缀开头的字符串，直接返回 0。

如果一直到字符串的最后一个字符前缀树中都有节点与其对应，那么前缀树中存在若干以该前缀开头的字符串。在前缀树中查找前缀的所有字符之后，就处在的节点对应前缀的最后一个字符，以该前缀开头的所有字符的后序字符对应的节点都在当前所处节点的子树中，可以遍历整个子树找出所有以前缀开头的字符串。基于这种思路可以编写出如下所示的代码：

```
public int sum(String prefix) {
    TrieNode node = root;
    for (int i = 0; i < prefix.length(); ++i) {
        char ch = prefix.charAt(i);
        if (node.children[ch - 'a'] == null) {
            return 0;
        }

        node = node.children[ch - 'a'];
    }

    return getSum(node);
}

private int getSum(TrieNode node) {
    if (node == null) {
```

```
        return 0;
    }

    int result = node.value;
    for (TrieNode child : node.children) {
        result += getSum(child);
    }

    return result;
}
```

在找到前缀 prefix 最后一个字符对应的节点之后，上述代码调用函数 getSum 递归地遍历该节点的整个子树，以便找出所有以前缀开头的字符串并累加它们的值。

面试题 67：最大的异或

> 题目：输入一个整数数组（每个数字都大于或等于 0），请计算其中任意两个数字的异或的最大值。例如，在数组[1, 3, 4, 7]中，3 和 4 的异或结果最大，异或结果为 7。

分析：这个题目的蛮力法不难想到。如果找出数组中所有可能由两个数字组成的数对并求出它们的异或，通过比较就能得出最大的异或值。如果整数数组的长度为 n，那么这种直观的算法的时间复杂度是 $O(n^2)$。

接下来尝试找到更好的解法。整数的异或有一个特点，如果两个相同数位异或的结果是 0，那么两个相反的数位异或的结果为 1。如果想找到某个整数 k 和其他整数的最大异或值，那么尽量找和 k 的数位不同的整数。

因此，这个问题可以转化为查找的问题，而且还是按照整数的二进制数位进行查找的问题。需要将整数的每个数位都保存下来。前缀树可以实现这种思路，前缀树的每个节点对应整数的一个数位，路径对应一个整数。

由于每个节点只有两个分别表示 0 和 1 的子节点，因此前缀树节点的数据结构可以定义为如下所示的形式：

```
static class TrieNode {
    public TrieNode[] children;

    public TrieNode () {
        children = new TrieNode[2];
    }
}
```

由于整数都是 32 位，它们在前缀树中对应的路径的长度都是一样的，因此没有必要用一个布尔值字段标记最后一个数位。

然后创建一棵能够保存整数的前缀树，这和保存字符串的前缀树类似。从左到右逐一取出整数的每个数位，并根据值 0 或 1 在必要的时候创建新的节点。创建前缀树的参考代码如下所示：

```java
private TrieNode buildTrie(int[] nums) {
    TrieNode root = new TrieNode();
    for (int num : nums) {
        TrieNode node = root;
        for (int i = 31; i >= 0; i--) {
            int bit = (num >> i) & 1;
            if (node.children[bit] == null) {
                node.children[bit] = new TrieNode();
            }

            node = node.children[bit];
        }
    }

    return root;
}
```

最后考虑如何基于前缀树的查找计算最大的异或值。从高位开始扫描整数 num 的每个数位。如果前缀树中存在某个整数的相同位置的数位和 num 的数位相反，则优先选择这个相反的数位，这是因为两个相反的数位异或的结果为 1，比两个相同的数位异或的结果大。按照优先选择与整数 num 相反的数位的规则就能找出与 num 异或最大的整数。

计算最大异或值的参考代码如下所示：

```java
public int findMaximumXOR(int[] nums) {
    TrieNode root = buildTrie(nums);
    int max = 0;
    for (int num : nums) {
        TrieNode node = root;
        int xor = 0;
        for (int i = 31; i >= 0; i--) {
            int bit = (num >> i) & 1;
            if (node.children[1 - bit] != null) {
                xor = (xor << 1) + 1;
                node = node.children[1 - bit];
            } else {
                xor = xor << 1;
                node = node.children[bit];
            }
        }

        max = Math.max(max, xor);
    }
```

```
    return max;
}
```

在上述代码中，变量 xor 是整数 num 与其他整数异或的最大值，而变量 max 是所有异或的最大值。变量 bit 为整数 num 中的一个数位，如果前缀树中相应的位置存在一个对应 1-bit 的节点，则优先选择这个节点。

函数 buildTrie 和 findMaximumXOR 都有两层循环。第 1 层循环逐个扫描数组中的每个整数，而第 2 层循环的执行次数是 32 次，是一个常数。如果数组 nums 的长度为 n，那么这种算法的时间复杂度是 $O(n)$。

10.3　本章小结

本章介绍了前缀树这种数据结构。前缀树通常用来保存字符串，它的节点和字符串的字符对应，而路径和字符串对应。如果只考虑英文小写字母，那么前缀树的每个节点有 26 个子节点。为了标注某些节点和字符串的最后一个字符对应，前缀树节点中通常需要一个布尔类型的字段。

前缀树经常用来解决与字符串查找相关的问题。和哈希表相比，在前缀树中查找更灵活。既可以从哈希表中找出所有以某个前缀开头的所有单词，也可以找出修改了一个（或多个）字符的字符串。

使用前缀树解决问题通常需要两步：第 1 步是创建前缀树，第 2 步是在前缀树中查找。虽然相关的面试题千变万化，但这两步及其代码却大同小异。如果应聘者能够熟练地编写出创建前缀树和在前缀树中查找的正确代码，那么就能得心应手地解决与前缀树相关的面试题。

第 11 章

二分查找

11.1 二分查找的基础知识

在一个长度为 n 的数组中查找一个数字，如果逐一扫描数组中的每个数字，那么需要 $O(n)$ 的时间。

如果数组是排序的（通常按照递增的顺序排序），那么可以采用二分查找算法进行优化。可以取出位于数组中间的数字并和目标数字比较。如果中间数字正好等于目标数字，那么就找到了目标数字。如果中间数字大于目标数字，那么只需要查找数组的前半部分，这是因为数组是排序的，后半部分的数字都大于或等于中间数字，所以一定都大于目标数字，也就没有必要再在后半部分查找。如果中间数字小于目标数字，那么接下来只需要查找数组的后半部分，这是因为排序数组的前半部分的数字都小于或等于中间数字，所以一定都小于目标数字，也就没有必要再在前半部分查找。

在递增排序数组中进行二分查找的参考代码如下所示：

```java
public int search(int[] nums, int target) {
    int left = 0;
    int right = nums.length - 1;
    while (left <= right) {
        int mid = (left + right) / 2;
        if (nums[mid] == target) {
            return mid;
        }

        if (nums[mid] > target) {
            right = mid - 1;
        } else {
            left = mid + 1;
```

```
        }
    }

    return -1;
}
```

在上述代码中，如果排序数组 nums 中包含目标数字 target，那么返回 target 在数组中的下标；否则返回-1。

函数 search 总是在下标为 left 和 right 之间的子数组中查找。left 是查找范围子数组最左边的下标，初始化为 0，right 是查找范围子数组最右边的下标，初始化为数组的最后一个下标，因此最初的查找范围为整个数组。

当 left 等于 right 时，查找范围是长度为 1 的子数组。长度为 1 的子数组仍然是一个有效的查找范围，但当 left 大于 right 时这两个下标就不能形成一个有效的查找返回，因此 while 循环的条件是 left 小于或等于 right。

在由 left 和 right 确定的查找范围内，可以找到位于它们中间的下标 mid。如果中间数字刚好等于目标数字 target，那么可以返回中间数字的下标 mid。如果中间数字大于目标数字，那么只需要在当前查找范围的前半部分查找。由于此时下标为 mid 的中间数字不等于目标数字，因此可以将 right 指向当前中间数字的前一个数字，即下标为 mid-1 的位置，下一轮查找范围（还是下标从 left 到 right 的子数组）就是当前查找范围的前半部分。中间数字小于目标数字的情形则刚好相反，接下来只需要在当前查找范围的后半部分查找。因为下标为 mid 的中间数字不等于目标数字，所以可以将 left 指向当前中间数字的下一个数字，即下标为 mid+1 的位置，下一轮查找范围（还是下标从 left 到 right 的子数组）就是当前查找范围的后半部分。

二分查找算法每次将查找范围减少一半，因此对于一个长度为 n 的数组可能需要 $O(\log n)$ 次查找，每次查找只需要比较当前查找范围的中间数字和目标数字，在 $O(1)$ 的时间可以完成，因此二分查找算法的时间复杂度是 $O(\log n)$。

11.2 在排序数组中二分查找

在数组中查找一个数字原本是一件非常直观的事情，逐一扫描数组中的数字即可。如果面试题强调数组是排序的，要求在排序数组中查找符合某个条件的数字，那么面试官可能是希望应聘者能够应用二分查找算法优化查找的时间效率。数组既可能是整体排序的，也可能是分段排序的，但一旦题目是关于排序数组并且还有查找操作，那么二分查找算法总是值得尝试的。

接下来通过几道典型的面试题详细介绍如何在排序数组中应用二分查找算法。

解题小经验

如果问题是关于在排序数组中的查找操作，那么可以考虑采用二分查找算法。

面试题 68：查找插入位置

题目：输入一个排序的整数数组 nums 和一个目标值 t，如果数组 nums 中包含 t，则返回 t 在数组中的下标；如果数组 nums 中不包含 t，则返回将 t 按顺序插入数组 nums 中的下标。假设数组中没有相同的数字。例如，输入数组 nums 为[1, 3, 6, 8]，如果目标值 t 为 3，则输出 1；如果 t 为 5，则返回 2。

分析：首先考虑如果目标值 t 不在数组中时它应该被插入哪个位置。由于数组是排序的，因此它应该排在所有比它小的数字的后面。也就是说，它的插入位置满足两个条件：一是该位置上的数字大于 t，二是该位置的前一个数字小于 t。例如，当数组为[1, 3, 6, 8]，目标值为 5 时，它将被插入下标为 2 的位置，该位置当前的值为 6，大于目标值，该位置的前一个值是 3，小于目标值。

当数组中包含目标值时，返回它在数组中的位置。由于数组中没有相同的数字，因此它前一个数字一定小于目标值。于是可以将目标值 t 是否在数组中出现的两种情况统一起来，即查找满足两个条件的位置：一是该位置上的数字大于或等于 t，二是该位置的前一个数字小于 t。

按顺序扫描数组自然能够找到符合条件的位置，这需要 $O(n)$ 的时间。由于数组是排序的，而且是关于排序数组的查找操作，因此可以考虑二分查找。

二分查找是在数组 nums 的某个范围内进行的，初始范围包括整个数组。每次二分查找都选取位于当前查找范围中间的下标为 mid 的值，然后比较 nums[mid]和目标值 t。如果 nums[mid]大于或等于 t，那么接着比较它的前一个数字 nums[mid-1] 和 t。如果同时满足 nums[mid]≥t 并且 nums[mid-1]<t，那么 mid 就是符合条件的位置，返回 mid 即可。如果 nums[mid]≥t 并且 nums[mid-1]≥t，那么符合条件的位置一定位于 mid 的前面，接下来在当前范围的前半部分查找。如果 nums[mid]小于 t，则意味着符合条件的位置一定位于 mid 的后面，接下来在当前范围的后半部分查找。

有两种情况需要特别注意。第 1 种情况是当 mid 等于 0 时如果 nums[mid]依然大于目标值 t，则意味着数组中的所有数字都比目标值大，应该返回 0。第 2 种情况是当数组中不存在大于或等于目标值 t 的数字时，那么 t 应该添加到数组所有值的后面，即返回数组的长度。

基于二分查找的参考代码如下所示：

```
public int searchInsert(int[] nums, int target) {
    int left = 0;
    int right = nums.length - 1;
    while (left <= right) {
        int mid = (left + right) / 2;
        if (nums[mid] >= target) {
            if (mid == 0 || nums[mid - 1] < target) {
                return mid;
            }

            right = mid - 1;
        } else {
            left = mid + 1;
        }
    }

    return nums.length;
}
```

上述代码实现了典型的二分查找的过程。如果数组的长度是 n，那么二分查找的时间复杂度是 $O(\log n)$。

面试题 69：山峰数组的顶部

题目：在一个长度大于或等于 3 的数组中，任意相邻的两个数字都不相等。该数组的前若干数字是递增的，之后的数字是递减的，因此它的值看起来像一座山峰。请找出山峰顶部，即数组中最大值的位置。例如，在数组[1, 3, 5, 4, 2]中，最大值是 5，输出它在数组中的下标 2。

　　分析：不难想到直观的解法来解决这个题目，即逐一扫描整个数组，通过比较就能找出数组中的最大值。显然，这种解法的时间复杂度是 $O(n)$。这种解法对任意数组都适用，并没有充分利用这个题目的特点，即数组先递增再递减。由于问题是关于在排序数组中查找数字，虽然整个数组并不是排序的，但分成前后两段后每段都分别排序，因此二分查找算法值得一试。

　　山峰数组中的最大值是数组中唯一一个比它左右两边数字都大的数字。位于最大值前面的数字（除第 1 个数字之外）总是比它前一个数字大但比它后一个数字小，位于最大值后面的数字（除最后一个数字之外）总是比它后一个数字大但比它前一个数字小。

　　可以根据山峰数组的这个特点应用二分查找算法。先取出位于数组中间的数字。如果这个数字比它前后两个数字都大，那么就找到了数组的最大值。如果这个数字比它前一个数字大但比后一个数字小，那么这个数字位于数组递增的部分，数组的最大值一定在它的后面，接下来只需要在数组的后半部分查找就可以。如果这个数字比它前一个数字小但比后一个数字大，那么这个数字位于数组递减的部分，数组的最大值一定在它的前面，接下来只需要在数组的前半部分查找就可以。

　　基于上面的分析可以编写出如下所示的参考代码：

```
public int peakIndexInMountainArray(int[] nums) {
    int left = 1;
    int right = nums.length - 2;
    while (left <= right) {
        int mid = (left + right) / 2;
        if (nums[mid] > nums[mid + 1] && nums[mid] > nums[mid - 1]) {
            return mid;
        }

        if (nums[mid] > nums[mid - 1]) {
            left = mid + 1;
        } else {
            right = mid - 1;
        }
    }

    return -1;
}
```

　　在一个长度为 n 的山峰数组中，由于第 1 个数字和最后一个数字都不可能是最大值，因此初始查找范围为数组下标从 1 到 n-2 的部分。取出位于当前查找范围中间的数字，即下标为 mid 的数字，如果这个数字大于它前后两个数字，那么它就是最大值；如果它大于它前面的数字，那么它位于数组递增的部分，接下来查找它的后半部分；否则它位于数组递减的部分，接下来查找它的前半部分。

如果输入的数组是一个有效的山峰数组，那么在 while 循环中一定能找到山峰数组的最大值。只是 Java 的语法要求函数的每个分支必须有返回值，所以在函数体的最后添加一行返回 -1 的代码。实际上，这一行代码不会被执行。

面试题 70：排序数组中只出现一次的数字

> 题目：在一个排序的数组中，除一个数字只出现一次之外，其他数字都出现了两次，请找出这个唯一只出现一次的数字。例如，在数组[1, 1, 2, 2, 3, 4, 4, 5, 5]中，数字 3 只出现了一次。

分析：如果将题目的条件稍稍改动，输入的数组没有经过排序，其他条件不变，那么这就是另一类很经典的面试题。由于两个相同的数字异或的结果是 0，因此如果将数组中所有数字异或，最终的结果就是那个唯一只出现一次的数字。我们需要计算数组中所有数字的异或，如果数组的长度为 n，那么这种解法的时间复杂度是 $O(n)$。

现在题目增加了一个条件，输入的数组是排序的，前面基于异或的解法仍然有效。但是面试官增加一个条件，可能是希望应聘者能够想出新的更好的解法。既然是在排序数组中查找某个数字，就尝试应用二分查找算法。

首先换一个角度来看待这个数组。在一个排序数组中，如果所有数字都出现了两次，那么将数组中的数字每两个分成一组，每组的两个数字都是相等的。但如果在数组中添加一个只出现一次的数字，那么这个规律就会被打破。例如，在数组[1, 1, 2, 2, 3, 4, 4, 5, 5]中，如果将两个数字分成一组，可以分成(1, 1)、(2, 2)、(3, 4)和(4, 5)，以及最后还剩下的数字 5。在这几组数字中，前两组的数字分别相同，但后面两组的数字就不相同。

下面试着找出其中的规律。数组中的数字每两个分成一组，最初的若干组的两个数字都是相同的。但遇到了只出现一次的数字之后，情况发生变化。这个只出现一次的数字和后面的数字结合成一组，导致后面所有出现两次的数字都被分到两个不同的组，即后面所有组的两个数字都不相同。

由此可见，只出现一次的数字正好是第 1 个两个数字不相等的分组的第 1 个数字。

接着考虑如何用二分查找的思路来解决这个问题。将数组中的数字每两个分为一组。先找出位于中间的一组，确定这一组的两个数字是否相同。如果两个数字相同，那么那个只出现一次的数字一定在它的后面，因此接着查找它的后半部分。如果两个数字不相同，那么接着检查这一组是不是第 1 组两个数字不相同的分组。如果是第 1 组，那么这一组的第 1 个数字就是只出现一次的数字。如果不是第 1 组，那么第 1 组一定在它的前面，因此接着查找它的前半部分。

根据二分查找的思路编写的参考代码如下所示：

```
public int singleNonDuplicate(int[] nums) {
    int left = 0;
    int right = nums.length / 2;
    while (left <= right) {
        int mid = (left + right) / 2;
        int i = mid * 2;
        if (i < nums.length - 1 && nums[i] != nums[i + 1]) {
            if (mid == 0 || nums[i - 2] == nums[i - 1]) {
                return nums[i];
            }

            right = mid - 1;
        } else {
            left = mid + 1;
        }
    }

    return nums[nums.length - 1];
}
```

如果数组的长度是 n（n 为奇数），每两个数字分成一组，则可以分成 $n/2+1$ 组，最后一组只有一个数字。把这些分组从 0 开始编号，那么编号为 $0\sim n/2$。在上述代码中，left 是查找范围内的第 1 个分组的编号，right 是查找范围内的最后一个分组的编号。

先找出位于查找范围中间编号为 mid 的分组，这个分组的第 1 个数字在数组中的下标为 i。如果这个分组中有两个数字并且这两个数字不相等，那么接着判断这是不是第 1 组两个数字不同的分组。如果这个分组的编号是 0，那么自然是第 1 组。如果这一组前面的两个数字相同，那么这也是两个数字不同的第 1 个分组。如果这一组不是第 1 组两个数字不同的分组，那么第 1 组一定出现在它的前面，那么接下来只需要在当前查找范围的前

半部分查找。如果编号为 mid 的分组的两个数字相同，那么只出现一次的
数字一定出现它的后面，接下来只需要在当前查找范围的后半部分查找。

最后考虑一个特例，如果直到最后都没有找到两个数字不同的分组，
那是因为只出现一次的数字在数组的尾部。如果把这个数组的每两个数字
分成一组，那么每个分组中的两个数字都相同。例如，在数组[1, 1, 2, 2, 3]
中，可以将它分成(1, 1)和(2, 2)，以及最后还剩下的一个数字 3。此时数组
的最后一个数字 3 就是只出现一次的数字。

面试题 71：按权重生成随机数

> 题目：输入一个正整数数组 w，数组中的每个数字 w[i]表示下标 i 的权
> 重，请实现一个函数 pickIndex 根据权重比例随机选择一个下标。例如，如
> 果权重数组 w 为[1, 2, 3, 4]，那么函数 pickIndex 将有 10%的概率选择 0、20%
> 的概率选择 1、30%的概率选择 2、40%的概率选择 3。

分析：首先考虑如何根据权重比例计算选择下标的概率。先把权重数
组中的所有权重全部加起来得到权重之和，然后用每个权重除以权重之和
就能得到每个下标被选择的概率。例如，如果权重数组为[1, 2, 3, 4]，那么
权重之和是 10。由于下标 0 对应的权重是 1，那么选择 0 的概率是 10%
（1/10）。以此类推，选择下标 1、2 和 3 的概率分别为 20%、30%和 40%。

接着考虑如何根据权重比例随机选择一个下标。还是以权重数组[1, 2,
3, 4]为例。先按照等概率生成 0 到 9 之间的一个整数 p。整数 0～9 一共有
10 个数字，按等概率生成的 p 是 0～9 任意一个数字的概率都是 10%。如果
p 是 0 就选择 0，即选择 0 的概率是 10%；如果 p 为 1 或 2 就选择 1，即选
择 1 的概率是 20%；如果 p 为 3、4 或 5 就选择 2，即选择 2 的概率是 30%；
如果 p 为 6、7、8 或 9 就选择 3，即选择 3 的概率是 40%。

可以创建另一个和权重数组的长度一样的数组 sums，新数组的第 i 个
数值 sums[i]是权重数组中前 i 个数字之和。有了这个数组 sums 就能很方便
地根据等概率随机生成的数字 p 按照权重比例选择下标。

例如，累加权重数组[1, 2, 3, 4]中的权重得到的数组 sums 为[1, 3, 6, 10]。
有了这个累加权重的数组之后，如果 0 到 9 之间的随机数 p<1，那么选择 0；
如果 1≤p<3，那么选择 1；如果 3≤p<6，那么选择 2；如果 6≤p<10，那
么选择 3。这个过程的示意图如图 11.1 所示。

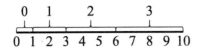

图 11.1　根据权重数组[1, 2, 3, 4]随机生成数字示意图

　　也就是说，随机生成 p 之后，先顺序扫描累加权重数组 sums 找到第 1 个大于 p 的值，然后选择它对应的下标。例如，如果数组 sums 是[1, 3, 6, 10]，当 $p=5$ 时，数组中的 6 是第 1 个大于 5 的数字，此时选择 6 对应的下标 2。当 $p=6$ 时，数组中的 10 是第 1 个大于 6 的数字，此时选择 10 对应的下标 3。如果数组 sums 的长度是 n，则按照这种思路每次随机选择下标的时间复杂度是 $O(n)$。

　　值得注意的是，累加权重数组 sums 是递增排序的，需要在数组中找到第 1 个大于随机数 p 的数字，因此这也是一个在排序数组中查找的问题，可以尝试用二分查找算法解决。

　　数组中第 1 个大于 p 的数字满足两个条件：一是这个数字本身要大于 p，二是如果它前面有数字那么前一个数字要小于或等于 p。从数组中选取位于中间的数字，如果这个数字小于 p，那么第 1 个大于 p 的数字一定在它的后面，接下来只需要查找它的后半部分。如果这个数字大于 p，那么检查它是否有前一个数字，如果有则再比较前一个数字和 p 的大小。如果它的确是第 1 个大于 p 的值，那么就找到了符合要求的数字；否则第 1 个大于 p 的数一定在它的前面，接下来只需要在数组的前半部分查找。

　　基于二分查找的参考代码如下所示：

```
class Solution {
    private int[] sums;
    private int total;

    public Solution(int[] w) {
        sums = new int[w.length];
        for (int i = 0; i < w.length; ++i) {
            total += w[i];
            sums[i] = total;
        }
    }

    public int pickIndex() {
        Random random = new Random();
        int p = random.nextInt(total);
```

```
    int left = 0;
    int right = sums.length;
    while (left <= right) {
        int mid = (left + right) / 2;
        if (sums[mid] > p) {
            if (mid == 0 || (sums[mid - 1] <= p)) {
                return mid;
            }

            right = mid - 1;
        } else {
            left = mid + 1;
        }
    }

    return -1;
    }
}
```

在上述代码中，输入权重数组 w 初始化类型 Solution 时累加权重得到数组 sums。函数 pickIndex 根据数组 sums 采用二分查找按照权重比例随机从 0 到 $n-1$ 之间选择一个数。如果权重数组的长度是 n，那么累加权重的数组 sums 的长度也是 n，每次调用函数 pickIndex 的时间复杂度是 $O(\log n)$。

11.3 在数值范围内二分查找

如果一开始不知道问题的解是什么，但是知道解的范围是多少，则可以尝试在这个范围内应用二分查找。

假设解的范围的最小值是 min，最大值是 max，先尝试范围内的中间值 mid。如果 mid 正好是问题的解，那么固然好。当 mid 不是问题的解时，如果能够判断接下来应该在从 min 到 mid-1 或从 mid+1 到 max 的范围内查找，那么就可以继续重复二分查找的过程，直到找到解为止。

应用这种思路的关键在于两点：一是确定解的范围，即解的可能的最小值和最大值。二是在发现中间值不是解之后如何判断接下来应该在解的范围的前半部分还是后半部分查找。只有每次将查找范围减少一半时才能应用二分查找算法。

面试题 72：求平方根

> **题目**：输入一个非负整数，请计算它的平方根。正数的平方根有两个，只输出其中的正数平方根。如果平方根不是整数，那么只需要输出它的整数部分。例如，如果输入 4 则输出 2；如果输入 18 则输出 4。

分析：假设输入的非负整数为 n。解决这个问题的直观方法是从 0 开始每次增加 1，对于每个整数 m，判断 m^2 是否小于或等于 n。如果找到一个 m，并且满足 $m^2 \leqslant n$ 和 $(m+1)^2 > n$，那么 m 就是 n 的平方根。这种直观的解法从 0 一直试到 n 的平方根，因此时间复杂度是 $O(n^{0.5})$。

由数学常识可知，整数 n 的平方根一定小于或等于 n。同时，除 0 之外的所有整数的平方根都大于或等于 1。因此，整数 n 的平方根一定在从 1 到 n 的范围内，取这个范围内的中间数字 m，并判断 m^2 是否小于或等于 n。如果 $m^2 \leqslant n$，那么接着判断 $(m+1)^2$ 是否大于 n。如果满足 $(m+1)^2 > n$，那么 m 就是 n 的平方根。如果 $m^2 \leqslant n$ 并且 $(m+1)^2 \leqslant n$，则 n 的平方根比 m 大，接下来搜索从 $m+1$ 到 n 的范围。如果 $m^2 > n$，则 n 的平方根小于 m，接下来搜索从 1 到 $m-1$ 的范围。然后在相应的范围内重复这个过程，总是取出位于范围中间的 m，计算 m^2 和 $(m+1)^2$ 并与 n 比较，直到找到一个满足 $m^2 \leqslant n$ 并且 $(m+1)^2 > n$ 的 m。

这种思路每次都取某个范围的中间值，如果中间值满足条件，则搜索结束；如果中间值不满足条件，则该中间值将下一轮搜索的范围缩小一半。这正是典型的二分查找的过程。基于二分查找的代码如下所示：

```
public int mySqrt(int n) {
    int left = 1;
    int right = n;
    while (left <= right) {
        int mid = left + (right - left) / 2;
        if (mid <= n / mid) {
            if ((mid + 1) > n / (mid + 1)) {
                return mid;
            }

            left = mid + 1;
        } else {
            right = mid - 1;
        }
    }

    return 0;
}
```

如果上述函数 mySqrt 的输入参数是 0，left 等于 1 而 right 等于 0，不满足 while 循环的条件"left <= right"，则直接返回 0。

变量 mid 表示某个范围的中间值。上述代码将"mid * mid <= n"写成了"mid <= n / mid"。虽然这两个不等式在数学上等价的，但计算 mid * mid 可能会产生溢出。

二分查找算法每次将搜索范围缩小一半，从 1 到 n 的范围只需要搜索 $O(\log n)$ 次，因此基于二分查找的解法的时间复杂度是 $O(\log n)$。

面试题 73：狒狒吃香蕉

> 题目：狒狒很喜欢吃香蕉。一天它发现了 n 堆香蕉，第 i 堆有 piles[i] 根香蕉。门卫刚好走开，H 小时后才会回来。狒狒吃香蕉喜欢细嚼慢咽，但又想在门卫回来之前吃完所有的香蕉。请问狒狒每小时至少吃多少根香蕉？如果狒狒决定每小时吃 k 根香蕉，而它在吃的某一堆剩余的香蕉的数目少于 k，那么它只会将这一堆的香蕉吃完，下一个小时才会开始吃另一堆的香蕉。

例如，有 4 堆香蕉，表示香蕉数目的数组 piles 为[3, 6, 7, 11]，门卫将于 8 小时之后回来，那么狒狒每小时吃香蕉的最少数目为 4 根。如果它每小时吃 4 根香蕉，那么它用 8 小时吃完所有香蕉。如果它每小时只吃 3 根香蕉，则需要 10 小时，不能在门卫回来之前吃完。

分析：虽然还不知道狒狒 1 小时至少要吃几根香蕉才能在门卫回来之前吃完所有的香蕉，但知道它吃香蕉的速度的范围。显然，它每小时至少要吃 1 根香蕉。由于它 1 小时内只吃一堆香蕉，因此它每小时吃香蕉数目的上限是最大一堆香蕉的数目，记为 max 根。

也就是说，狒狒吃香蕉的速度应该在最小值 1 根和最大值 max 根的范围内。在 1～max 根取中间值 mid 根，求出按照每小时吃 mid 根香蕉的速度吃完所有香蕉的时间。如果需要的时间多于 H 小时，则意味着它应该吃得更快一些，因此狒狒吃香蕉的速度应该在 mid+1 根到 max 根这个范围内。如果需要的时间少于或等于 H 小时，那么先判断 mid 根是不是最慢的速度。判断的办法是计算如果按照每小时吃 mid-1 根香蕉的速度需要多久吃完。如果按照每小时吃 mid-1 根香蕉的速度需要的时间也小于或等于 H 小时，就意味着每小时 mid 根香蕉不是能在 H 小时吃完所有香蕉的最慢的速度，因此狒狒吃香蕉的速度应该在 1 根到 mid-1 根之间。如果按照每小时 mid-1 根香蕉的速度吃完所有香蕉需要的时间大于 H 小时，这意味着 mid 根就是能在 H 小时内吃完所有香蕉的最慢速度。整个过程其实就是在 1 根到 max 根之间做二分查找。

再以求狒狒用 8 小时吃完 4 堆数目分别为[3, 6, 7, 11]的最慢速度为例分析二分查找的过程。显然，狒狒每小时至少吃 1 根香蕉，每小时最多吃 11 根香蕉，于是先计算以中间值每小时吃 6 根香蕉的速度吃完所有香蕉所需要的时间。如果每小时吃 6 根香蕉，吃完 4 堆香蕉分别需要 1 小时、1 小时、2 小时、2 小时，总共需要 6 小时，少于 8 小时。接着判断每小时吃 6 根香蕉是不是能在 8 小时吃完的最慢速度。判断的办法是让狒狒尝试慢一点的速度，每小时吃 5 根香蕉。如果狒狒每小时吃 5 根香蕉，它吃完 4 堆香蕉分别需要 1 小时、2 小时、2 小时、3 小时，总共需要 8 小时。因此，每小时吃 6 根香蕉不是最慢的速度。接下来可以在 1 根到 5 根的范围内查找。

1 根到 5 根的中间值是 3 根。如果狒狒每小时吃 3 根香蕉，它吃完 4 堆香蕉分别需要 1 小时、2 小时、3 小时、4 小时，吃完所有香蕉总共需要 10 小时。因此，它需要吃得快一些。接下来在 4 根到 5 根的范围内查找。

接着尝试 4 根到 5 根的中间值 4 根。如果狒狒每小时吃 4 根香蕉，那么它吃完 4 堆香蕉分别需要 1 小时、2 小时、2 小时、3 小时，吃完所有香蕉需要 8 小时。接着判断每小时吃 4 根香蕉是不是能在 8 小时吃完所有香蕉的最慢速度。如果狒狒每小时只吃 3 根香蕉，那么它需要 10 小时才能吃完所有香蕉，因此每小时吃 4 根香蕉的确是它能在 8 小时吃完所有香蕉的最慢速度。

上述二分查找的过程可以用如下所示的 Java 代码实现：

```java
public int minEatingSpeed(int[] piles, int H) {
    int max = Integer.MIN_VALUE;
    for (int pile : piles) {
        max = Math.max(max, pile);
    }

    int left = 1;
    int right = max;
    while (left <= right) {
        int mid = left + (right - left) / 2;
        int hours = getHours(piles, mid);
        if (hours <= H) {
            if (mid == 1 || getHours(piles, mid - 1) > H) {
                return mid;
            }
```

```
            right = mid - 1;
        } else {
            left = mid + 1;
        }
    }

    return -1;
}
private int getHours(int[] piles, int speed) {
    int hours = 0;
    for (int pile : piles) {
        hours += (pile + speed - 1) / speed;
    }

    return hours;
}
```

上述代码中的函数 getHours 用来计算按某一速度吃完所有香蕉所需要的时间。

如果总共有 m 堆香蕉，最大一堆香蕉的数目为 n，函数 minEatingSpeed 在 1 到 n 的范围内做二分查找，需要尝试 $O(\log n)$ 次，每尝试一次需要遍历整个数组求出按某一速度吃完所有香蕉需要的时间，因此总的时间复杂度是 $O(m\log n)$。

11.4 本章小结

本章介绍了二分查找算法。如果要求在一个排序数组中查找一个数字，那么可以用二分查找算法优化查找的效率。二分查找算法的基本思路是在查找范围内选取位于中间的数字。如果中间数字刚好符合要求，那么就找到了目标数字。如果中间数字不符合要求，则比较中间数字和目标数字的大小并相应地确定下一轮查找的范围是当前查找范围的前半部分还是后半部分。由于每轮查找都将查找范围缩小一半，如果排序数组的长度为 n，那么二分查找算法的时间复杂度是 $O(\log n)$。

二分查找除了可以在排序数组中查找某个数字，还可以在数值范围内实现快速查找。可以先根据数值的最小值和最大值确定查找范围，然后按照二分查找的思路尝试数值范围的中间值。如果这个中间值不符合要求，则尝试数值范围的前半部分或后半部分。

第 12 章

排序

12.1 排序的基础知识

　　排序是非常基础、重要的算法，它将若干数据依照特定的顺序进行排列。如果排序的对象是数值，那么按数值递增或递减的顺序进行排序；如果排序的对象是字符串，那么按照字典顺序进行排序。由于数据排序之后能够利用二分查找算法提高查找的效率，因此很多数据都是排序之后再存储的。

　　目前已经有多种不同的排序算法。在面试的时候面试官经常要求应聘者比较插入排序、冒泡排序、堆排序、计数排序、归并排序和快速排序等不同算法的优劣。因此，应聘者在准备面试的时候一定要对各种排序算法的特点非常熟悉，能够从额外空间消耗、平均时间复杂度和最差时间复杂度等方面比较它们的优点与缺点。

　　一般面试中最可能遇到的是计数排序、快速排序和归并排序，并且经常有面试官要求现场写出这 3 种排序的代码，因此，应聘者在准备面试的时候一定要做到对这 3 种排序能够信手拈来才可以。另外，还需要着重理解快速排序和归并排序这两种算法的思想，因为有很多典型的算法面试题都可以应用它们的思想来解决。

　　如果面试题中的输入数据不是排序的，但数据排序之后便于解决问题，那么如果时间复杂度允许就可以先将输入的数据排序。下面是一个经典的例子。

面试题 74：合并区间

> **题目**：输入一个区间的集合，请将重叠的区间合并。每个区间用两个数字比较，分别表示区间的起始位置和结束位置。例如，输入区间[[1, 3], [4, 5], [8, 10], [2, 6], [9, 12], [15, 18]]，合并重叠的区间之后得到[[1, 6], [8, 12], [15, 18]]。

分析：首先需要考虑两个区间在什么情况下才能被合并。如图 12.1（a）所示，如果区间 1 的起始位置小于区间 2 的起始位置，并且区间 1 的结束位置大于或等于区间 2 的起始位置，那么两个区间中间有重叠部分，它们能够被合并，合并之后的区间的起始位置是区间 1 的起始位置，合并之后的区间的结束位置是两个区间的结束位置的较大者。反之，如图 12.1（b）所示，如果区间 3 的起始位置小于区间 4 的起始位置，并且区间 3 的结束位置也小于区间 4 的起始位置，那么两个区间没有重叠部分，它们不能被合并。

（a）　　　　　　　　　　　　　　　　　　（b）

图 12.1　判断两个区间能否被合并

说明：（a）区间 1 和区间 2 能够被合并；（b）区间 3 和区间 4 不能被合并

如果先将所有区间按照起始位置排序，那么只需要比较相邻两个区间的结束位置就能知道它们是否重叠。如果它们重叠就将它们合并，然后判断合并的区间是否和下一个区间重叠。重复这个过程，直到所有重叠的区间都合并为止。

例如，如果将区间列表[[1, 3], [4, 5], [8, 10], [2, 6], [9, 12], [15, 18]]按照起始位置排序就可以得到[[1, 3], [2, 6], [4, 5], [8, 10], [9, 12], [15, 18]]。接下来扫描排序之后的区间。区间[1, 3]和[2, 6]重叠，可以合并，它们合并之后得到区间[1, 6]。接下来的区间[1, 6]和[4, 5]重叠，也可以合并，它们合并之后得到区间[1, 6]。由于区间[1, 6]与下一个区间[8, 10]不重叠，因此将区间[1, 6]保存到合并之后的区间列表中，然后从区间[8, 10]开始与后面的区间合并。区间[8, 10]与它的下一个区间[9, 12]重叠，合并之后得到区间[8, 12]。由于区间[8, 12]与下一个区间[15, 18]不重叠，因此将区间[8, 12]添加到合并之后的区间列表中，再从下一个区间[15, 18]开始合并之后的区间。最终合并之后的区间列表是[[1, 6], [8, 12], [15, 18]]。

这个合并的过程可以用如下所示的参考代码实现：

```java
public int[][] merge(int[][] intervals) {
    Arrays.sort(intervals, (i1, i2) -> i1[0] - i2[0]);

    List<int[]> merged = new LinkedList<>();
    int i = 0;
    while (i < intervals.length) {
        int[] temp = new int[] {intervals[i][0], intervals[i][1]};
        int j = i + 1;
        while (j < intervals.length && intervals[j][0] <= temp[1]) {
            temp[1] = Math.max(temp[1], intervals[j][1]);
            j++;
        }

        merged.add(temp);
        i = j;
    }

    int[][] result = new int[merged.size()][];
    return merged.toArray(result);
}
```

上述代码先调用函数 Arrays.sort 对输入的区间数组进行排序。排序的标准由 lambda 表达式 "(i1, i2) -> i1[0] - i2[0]" 确定，该 lambda 表达式表明将两个区间 i1 和 i2 的起始位置（i1[0]和 i2[0]）进行比较，并将起始位置小的排在前面。

如果输入数组中有 n 个区间，那么将它排序的时间复杂度是 $O(n\log n)$，接着逐一扫描排序的区间数组并将相邻的区间合并。虽然代码中有嵌套的二重循环，但每个区间只会扫描一次，因此时间复杂度是 $O(n)$。上述算法的总体时间复杂度是 $O(n\log n)$。

12.2 计数排序

计数排序是一种线性时间的整数排序算法。如果数组的长度为 n，整数范围（数组中最大整数与最小整数的差值）为 k，对于 k 远小于 n 的场景（如对某公司所有员工的年龄排序），那么计数排序的时间复杂度优于其他基于比较的排序算法（如归并排序、快速排序等）。

计数排序的基本思想是先统计数组中每个整数在数组中出现的次数，然后按照从小到大的顺序将每个整数按照它出现的次数填到数组中。例如，如果输入整数数组[2, 3, 4, 2, 3, 2, 1]，扫描一次整个数组就能知道数组中 1 出现了 1 次，2 出现了 3 次，3 出现了 2 次，4 出现了 1 次，于是先后在数组中填入 1 个 1、3 个 2、2 个 3 及 1 个 4，就可以得到排序后的数组[1, 2, 2, 2, 3, 3, 4]。

计数排序的参考代码如下所示：

```java
public int[] sortArray(int[] nums) {
    int min = Integer.MAX_VALUE;
    int max = Integer.MIN_VALUE;
    for (int num : nums) {
        min = Math.min(min, num);
        max = Math.max(max, num);
    }

    int[] counts = new int[max - min + 1];
    for (int num : nums) {
        counts[num - min]++;
    }

    int i = 0;
    for (int num = min; num <= max; num++) {
        while (counts[num - min] > 0) {
            nums[i++] = num;
            counts[num - min]--;
        }
    }

    return nums;
}
```

上述代码先扫描数组 nums 得到整数的最大值和最小值，并根据整数范围创建辅助数组 counts。数组 counts 用来统计每个整数出现的次数。

如果数组的长度为 n，整数的范围为 k，那么计数排序的时间复杂度就是 $O(n+k)$。由于需要创建一个长度为 $O(k)$ 的辅助数组 counts，因此空间复杂度为 $O(k)$。当 k 较小时，无论从时间复杂度还是空间复杂度来看计数排序都是非常高效的算法。当 k 很大时，计数排序可能就不如其他排序算法（如快速排序、归并排序）高效。

面试题 75：数组相对排序

题目：输入两个数组 arr1 和 arr2，其中数组 arr2 中的每个数字都唯一，并且都是数组 arr1 中的数字。请将数组 arr1 中的数字按照数组 arr2 中的数字的相对顺序排序。如果数组 arr1 中的数字在数组 arr2 中没有出现，那么将这些数字按递增的顺序排在后面。假设数组中的所有数字都在 0 到 1000 的范围内。例如，输入的数组 arr1 和 arr2 分别是[2, 3, 3, 7, 3, 9, 2, 1, 7, 2]和[3, 2, 1]，则数组 arr1 排序之后为[3, 3, 3, 2, 2, 2, 1, 7, 7, 9]。

分析：题目明确提出数组中的数字都在 0 到 1000 的范围内。这是一个很明显的提示，据此可以考虑采用计数排序。先统计数组[2, 3, 3, 7, 3, 9, 2, 1, 7, 2]中每个数字出现的次数，发现数字 1 出现了 1 次，2 出现了 3 次，3 出现了 3 次，7 出现了 2 次，以及 9 出现了 1 次。接下来根据数组[3, 2, 1]确定的数字顺序，先后输出 3 个 3、3 个 2、1 个 1。由于还剩下数字 7 和 9，因此再按照大小输出 2 个 7 和 1 个 9。

这个排序过程可以用如下所示的参考代码实现：

```
public int[] relativeSortArray(int[] arr1, int[] arr2) {
    int[] counts = new int[1001];
    for (int num : arr1) {
        counts[num]++;
    }

    int i = 0;
    for (int num : arr2) {
        while (counts[num] > 0) {
            arr1[i++] = num;
            counts[num]--;
        }
    }

    for (int num = 0; num < counts.length; num++) {
        while (counts[num] > 0) {
            arr1[i++] = num;
            counts[num]--;
        }
    }

    return arr1;
}
```

由于这个题目中的数字在 0 到 1000 的范围内，上述代码用来统计每个数字出现次数的辅助数组 counts 的长度为 1001，是一个常数，因此空间复杂度可以认为是 $O(1)$。如果数组 arr1 的长度为 m，数组 arr2 的长度为 n，那么时间复杂度是 $O(m+n)$。

12.3 快速排序

快速排序是一种非常高效的算法，从其名字可以看出这种排序算法最大的特点就是快。当表现良好时，快速排序的速度比其他主要对手（如归并排序）快 2～3 倍。

快速排序的基本思想是分治法，排序过程如下：在输入数组中随机选取一个元素作为中间值（pivot），然后对数组进行分区（partition），使所有比中间值小的数据移到数组的左边，所有比中间值大的数据移到数组的右边。接下来对中间值左右两侧的子数组用相同的步骤排序，直到子数组中只有一个数字为止。这个过程可以用如下所示的递归代码实现：

```
public int[] sortArray(int[] nums) {
    quicksort(nums, 0, nums.length - 1);
    return nums;
}

public void quicksort(int[] nums, int start, int end) {
    if (end > start) {
        int pivot = partition(nums, start, end);
        quicksort(nums, start, pivot - 1);
        quicksort(nums, pivot + 1, end);
    }
}
```

理解快速排序的关键在于理解它分区的过程。下面以数组[4, 1, 5, 3, 6, 2, 7, 8]为例分析分区的过程。假设数字 3 被随机选中称为中间值，该数字被交换到数组的尾部。接下来初始化两个指针，指针 P_1 初始化至下标为-1 的位置，指针 P_2 初始化至下标为 0 的位置，如图 12.2（a）所示。始终将指针 P_1 指向已经发现的最后一个小于 3 的数字。此时尚未发现任何一个小于 3 的数字，因此将指针 P_1 指向一个无效的位置。将指针 P_2 从下标为 0 的位置开始向右扫描数组中的每个数字。当指针 P_2 指向第 1 个小于 3 的数字 1 时，指针 P_1 向右移动一格，然后交换两个指针指向的数字，此时数组（即两个指针）的状态如图 12.2（b）所示。继续右移指针 P_2 直到遇到下一个小于 3 的数字 2，指针 P_1 再次向右移动一格，然后交换两个指针指向的数字，此时数组（即两个指针）的状态如图 12.2（c）所示。继续右移指针 P_2 直到指向数字 3 也没有遇到新的小于 3 的数字，此时整个数组都已经扫描完毕。再次将指针 P_1 向右移动一格，然后交换指针 P_1 和 P_2 指向的数字，于是所有小于 3 的数字都位于 3 的左边，所有大于 3 的数字都位于数组的右边，如图 12.2（d）所示。

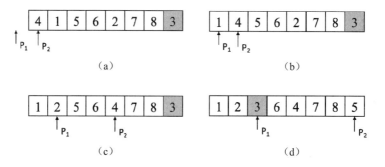

图 12.2 对数组[4, 1, 5, 3, 6, 2, 7, 8]分组的过程

说明：（a）选取 3 作为中间值，将其交换至数组的尾部。初始化指针 P_1 至下标为-1 的位置，指针 P_2 至下标为 0 的位置。（b）右移指针 P_2 直到遇到第 1 个比 3 小的数字 1，指针 P_1 右移一格然后交换指针 P_1 和 P_2 指向的数字。（c）右移指针 P_2 直到遇到下一个比 3 小的数字 2，指针 P_1 右移一格然后交换指针 P_1 和 P_2 指向的数字。（d）右移指针 P_2 直到指向数字 3，指针 P_1 右移一格然后交换指针 P_1 和 P_2 指向的数字

上述分区过程可以用如下所示的代码实现：

```
private int partition(int[] nums, int start, int end) {
    int random = new Random().nextInt(end - start + 1) + start;
    swap(nums, random, end);

    int small = start - 1;
    for (int i = start; i < end; ++i) {
        if (nums[i] < nums[end]) {
            small++;
            swap(nums, i, small);
        }
    }

    small++;
    swap(nums, small, end);

    return small;
}
```

函数 partition 中的变量 small 相当于指针 P_1，它始终指向已经发现的最后一个小于中间值的数字。而 for 循环中的变量 i 相当于指针 P_2，它从左到右扫描整个数组。函数 partition 先将随机选取的中间值交换到数组的尾部，最后又将它交换到合适的位置，使比它小的数字都在它的左边，比它大的数字都在它的右边。函数 partition 的返回值是中间值的最终下标。

函数 swap 用来交换数组中两个下标的值，它的代码如下所示：

```java
private void swap(int[] nums, int index1, int index2) {
    if (index1 != index2) {
        int temp = nums[index1];
        nums[index1] = nums[index2];
        nums[index2] = temp;
    }
}
```

快速排序的时间复杂度取决于所选取的中间值在数组中的位置。如果每次选取的中间值在排序数组中都接近数组中间的位置，那么快速排序的时间复杂度是 $O(n\log n)$。如果每次选取的中间值都位于排序数组的头部或尾部，那么快速排序的时间复杂度是 $O(n^2)$。这也是随机选取中间值的原因，避免在某些情况下快速排序退化成时间复杂度为 $O(n^2)$ 的算法。由此可知，在随机选取中间值的前提下，快速排序的平均时间复杂度是 $O(n\log n)$，是非常高效的排序算法。

很多面试官喜欢要求应聘者手写快速排序算法的代码，因此应聘者需要深刻理解快速排序的思想及分区的过程，这样在遇到要求手写快速排序的代码时也能心中有底。另外，快速排序中的 partition 函数还经常被用来选择数组中第 k 大的数字，而这也是一道非常经典的算法面试题。

面试题 76：数组中第 k 大的数字

> **题目**：请从一个乱序数组中找出第 k 大的数字。例如，数组[3, 1, 2, 4, 5, 5, 6]中第 3 大的数字是 5。

分析：面试题 59 中介绍过一种基于最小堆的解法。这种解法每次从数据流中读取一个数字并将其与位于最小堆顶的数字进行比较，当新读取的数字大于堆顶的数字时，删除堆顶的数字并将新数字添加到堆中。只要确保最小堆的大小为 k，那么位于堆顶的数字就是第 k 大的数字。从数据流中读取 n 个数字并找出第 k 大的数字的时间复杂度是 $O(n\log k)$，空间复杂度是 $O(k)$。

面试题 59 中的数据位于一个数据流中，不能一次性地将所有数据全部读入内存。而本题不一样，数据都保存在一个数组中，所有操作都在内存中完成。我们有更快找出第 k 大的数字的算法。

在长度为 n 的排序数组中，第 k 大的数字的下标是 $n-k$。下面用快速排序的函数 partition 对数组分区，如果函数 partition 选取的中间值在分区之后的下标正好是 $n-k$，分区后左边的值都比中间值小，右边的值都比中间值大，即使整个数组不是排序的，中间值也肯定是第 k 大的数字。

如果函数 partition 选取的中间值在分区之后的下标大于 $n-k$，那么第 k 大的数字一定位于中间值的左侧，于是再对中间值左侧的子数组分区。类似地，如果函数 partition 选取的中间值在分区之后的下标小于 $n-k$，那么第 k 大的数字一定位于中间值的右侧，于是再对中间值右侧的子数组分区。重复这个过程，直到函数 partition 的返回值正好是下标为 $n-k$ 的位置。

上述过程可以用如下所示的参考代码实现：

```java
public int findKthLargest(int[] nums, int k) {
    int target = nums.length - k;
    int start = 0;
    int end = nums.length - 1;
    int index = partition(nums, start, end);
    while (index != target) {
        if (index > target) {
            end = index - 1;
        } else {
            start = index + 1;
        }

        index = partition(nums, start, end);
    }

    return nums[index];
}
```

上述代码中的函数 partition 就是快速排序的 partition 函数，此处不再重复它的代码。基于函数 partition 找出数组中第 k 大的数字的时间复杂度是 $O(n)$，空间复杂度是 $O(1)$。

由于函数 partition 随机选择中间值，因此它的返回值也具有随机性，计算这种算法的时间复杂度需要运用概率相关的知识。此处仅计算一种特定场合下的时间复杂度。假设函数 partition 每次选择的中间值都位于分区后的数组的中间位置，那么第 1 次函数 partition 需要扫描长度为 n 的数组，第 2 次需要扫描长度为 $n/2$ 的子数组，第 3 次需要扫描长度为 $n/4$ 的数组，重复这个过程，直到子数组的长度为 1。由于 $n+n/2+n/4+\cdots+1=2n$，因此总的时间复杂度是 $O(n)$。

12.4　归并排序

　　归并排序也是一种基于分治法的排序算法。为了排序长度为 n 的数组，需要先排序两个长度为 $n/2$ 的子数组，然后合并这两个排序的子数组，于是整个数组也就排序完毕。

　　归并排序可以用迭代代码实现。例如，输入一个长度为 8 的数组[4, 1, 5, 6, 2, 7, 8, 3]，可以先合并相邻的长度为 1 的子数组得到 4 个排序的长度为 2 的子数组，如图 12.3（a）所示。图 12.3 中的箭头表示源数据位于上面的数组中，合并时将数字写入下面的数组中。然后合并相邻的长度为 2 的子数组得到 2 个排序的长度为 4 的子数组，如图 12.3（b）所示。此时源数据位于下面的数组中，合并时将数字写入上面的数组中。最后合并相邻的长度为 4 的子数组，此时整个数组排序完毕，如图 12.3（c）所示。

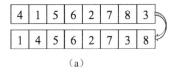

（a）

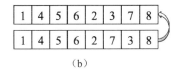

（b）

（c）

图 12.3　归并排序的过程

说明：（a）合并相邻的长度为 1 的子数组得到排序的长度为 2 的子数组；（b）合并相邻的长度为 2 的子数组得到排序的长度为 4 的子数组；（c）合并相邻的长度为 4 的子数组得到排序的长度为 8 的数组

　　归并排序需要创建一个和输入数组大小相同的数组，用来保存合并两个排序子数组的结果。数组 src 用来存放合并之前的数字，数组 dst 用来保存合并之后的数字。每次在完成合并所有长度为 *n* 的子数组之后开始新一轮合并长度为 2*n* 的子数组之前，交换两个数组。

上述过程可以用如下所示的参考代码实现：

```java
public int[] sortArray(int[] nums) {
    int length = nums.length;
    int[] src = nums;
    int[] dst = new int[length];
    for (int seg = 1; seg < length; seg += seg) {
        for (int start = 0; start < length; start += seg * 2) {
            int mid = Math.min(start + seg, length);
            int end = Math.min(start + seg * 2, length);
            int i = start, j = mid, k = start;
            while (i < mid || j < end) {
                if (j == end || (i < mid && src[i] < src[j])) {
                    dst[k++] = src[i++];
                } else {
                    dst[k++] = src[j++];
                }
            }
        }

        int[] temp = src;
        src = dst;
        dst = temp;
    }

    return src;
}
```

假设某一时刻准备合并数组 src 中从下标 start 开始的两个长度为 seg 的子数组，第 1 个子数组的起始下标是 start，结束下标是 start+seg-1；第 2 个子数组的起始下标是 start+seg，结束下标是 start+seg*2-1。变量 i、j 是分别指向数组 src 中两个子数组的下标，它们从左到右扫描两个子数组，变量 k 是指向数组 dst 的下标。每次从数组 src 的两个子数组中选择将较小的数字写入数组 dst 中，最终数组 dst 中下标从 start 到 start+seg*2-1 的子数组就是排序的。

归并排序也可以用递归的代码实现。为了排序长度为 *n* 的数组，只需要排序两个长度为 *n*/2 的子数组，然后合并两个排序的子数组即可。排序长度为 *n*/2 的子数组和排序长度为 *n* 的数组是同一个问题，可以递归调用同一个函数解决。归并排序的递归代码如下所示：

```java
public int[] sortArray(int[] nums) {
    int[] dst = new int[nums.length];
    dst = Arrays.copyOf(nums, nums.length);
    mergeSort(nums, dst, 0, nums.length);
    return dst;
```

```
}

private void mergeSort(int[] src, int[] dst, int start, int end) {
    if (start + 1 >= end) {
        return;
    }

    int mid = (start + end) / 2;
    mergeSort(dst, src, start, mid);
    mergeSort(dst, src, mid, end);

    int i = start, j = mid, k = start;
    while (i < mid || j < end) {
        if (j == end || (i < mid && src[i] < src[j])) {
            dst[k++] = src[i++];
        } else {
            dst[k++] = src[j++];
        }
    }
}
```

由于长度为 n 的数组每次都被分为两个长度为 $n/2$ 的数组，因此不管输入什么样的数组，归并排序的时间复杂度都是 $O(n\log n)$。归并排序需要创建一个长度为 n 的辅助数组。如果用递归实现归并排序，那么递归的调用栈需要 $O(\log n)$ 的空间。因此，归并排序的空间复杂度是 $O(n)$。

手写归并排序的代码本身就是很常见的面试题。因此，应聘者应深刻理解归并排序的过程，熟悉归并排序的迭代和递归的代码实现。同时，归并排序是应用分治法来解决问题的，类似的思路可以用来解决很多其他的问题。

面试题 77：链表排序

题目：输入一个链表的头节点，请将该链表排序。例如，输入图 12.4（a）中的链表，该链表排序后如图 12.4（b）所示。

（a）一个有 6 个节点的链表

（b）排序后的链表

图 12.4　链表排序

分析：前面讨论的排序算法的输入都是数组。这个问题的输入是一个链表，所以需要找到一个最适合链表的排序算法。

由于题目没有限定数字的范围，因此计数排序就不太适合。但可以考虑使用插入排序、冒泡排序等算法对链表进行排序，这些算法比较直观，实现起来也比较简单。只是这些算法的时间复杂度是 $O(n^2)$，未必是最高效的算法。

接下来考虑对数组进行排序的时间复杂度为 $O(n\log n)$ 的排序算法，常用的有堆排序、快速排序和归并排序。

如果输入的是一个数组，那么堆排序用数组实现最大堆，该排序算法每次取出其中的最大值，再调整剩余的最大堆，直到所有数字都被取出。第 9 章已经介绍了如何用数组实现堆，其本质是将堆中的节点进行编号，数组的下标与节点的编号对应。可以根据某个数字的下标计算其父节点或子节点在数组中的下标。在数组中只需要 $O(1)$ 的时间就能根据下标找到一个数字，但在链表中需要 $O(n)$ 的时间才能根据节点的编号找到对应的节点。因此，不可能直接利用链表实现堆排序，但是如果链表的长度为 n 就可以创建一个长度为 n 的数组来实现堆，也就是说，通过 $O(n)$ 的空间代价来实现堆排序。

接下来考虑快速排序。通常，快速排序算法首先随机生成一个下标，并以该下标对应的值作为中间值进行分区。如果输入的是数组，那么只需要 $O(1)$ 的时间就能根据下标找到一个数字。但如果输入的是链表，那么需要 $O(n)$ 的时间才能根据节点的编号找到对应的节点。快速排序也可以考虑不用随机的中间值，而是始终以某个固定位置的值作为中间值（如链表的头节点或尾节点），这样可能会出现每次分区时两个子链表的大小都不均衡，从而使时间复杂度退化为 $O(n^2)$。因此，虽然可以用快速排序算法对链表进行排序，但不如对数组排序高效。

那么归并排序是否适合链表？归并排序的主要思想是将链表分成两个子链表，在对两个子链表排序后再将它们合并成一个排序的链表。这看起来没有什么问题，所以可以尝试基于归并排序算法对链表进行排序。用递归实现链表归并排序的参考代码如下所示：

```
public ListNode sortList(ListNode head) {
    if (head == null || head.next == null) {
        return head;
    }

    ListNode head1 = head;
```

```
    ListNode head2 = split(head);

    head1 = sortList(head1);
    head2 = sortList(head2);

    return merge(head1, head2);
}
```

上述代码中的函数 split 将链表分成两半并返回后半部分链表的头节点。再将链表分成两半后分别递归地将它们排序，然后调用函数 merge 将它们合并起来。接下来讨论函数 split 和 merge 的实现细节。

第 3 章详细讨论了双指针。这里可以用快慢双指针的思路将链表分成两半。如果慢指针一次走一步，快指针一次走两步，当快指针走到链表尾部时，慢指针只走到链表的中央，这样也就找到了链表后半部分的头节点。函数 split 的参考代码如下所示：

```
private ListNode split(ListNode head) {
    ListNode slow = head;
    ListNode fast = head.next;
    while (fast != null && fast.next != null) {
        slow = slow.next;
        fast = fast.next.next;
    }

    ListNode second = slow.next;
    slow.next = null;

    return second;
}
```

和合并两个排序的子数组类似，也可以用两个指针分别指向两个排序子链表的节点，然后每次选择其中值较小的节点。与合并数组不同的是，不需要另外一个链表来保存合并之后的节点，而只需要调整指针的指向。函数 merge 的参考代码如下所示：

```
private ListNode merge(ListNode head1, ListNode head2) {
    ListNode dummy = new ListNode(0);
    ListNode cur = dummy;
    while (head1 != null && head2 != null) {
        if (head1.val < head2.val) {
            cur.next = head1;
            head1 = head1.next;
        } else {
            cur.next = head2;
            head2 = head2.next;
        }

        cur = cur.next;
    }
```

```
    cur.next = head1 == null ? head2 : head1;
    return dummy.next;
}
```

上述代码可以很好地实现归并排序的思想，它的时间复杂度是 $O(n\log n)$。由于对链表进行归并排序不需要创建另外一个相同大小的链表来保存合并之后的节点，因此对链表进行归并排序的空间效率更高。由于代码存在递归调用，递归调用栈的深度为 $O(\log n)$，因此空间复杂度为 $O(\log n)$。如果改用迭代的代码实现上述归并排序的过程，那么可以将空间复杂度优化到 $O(1)$，感兴趣的读者不妨一试。

面试题 78: 合并排序链表

题目：输入 k 个排序的链表，请将它们合并成一个排序的链表。例如，输入 3 个排序的链表，如图 12.5（a）所示，将它们合并之后得到的排序的链表如图 12.5（b）所示。

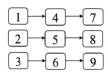

（a）3 个排序的链表

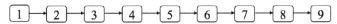

（b）合并之后的链表

图 12.5　合并排序链表

分析：在解决面试题 77 时需要合并两个排序的链表。这个题目将其扩展到合并任意 k 个排序的链表，所以仍然可以用类似的思路解决这个问题。

❖ 利用最小堆选取值最小的节点

用 k 个指针分别指向这 k 个链表的头节点，每次从这 k 个节点中选取值最小的节点。然后将指向值最小的节点的指针向后移动一步，再比较 k 个指针指向的节点并选取值最小的节点。重复这个过程，直到所有节点都被选取出来。

　　这种思路需要反复比较 k 个节点并选取值最小的节点。既可以每次都用一个 for 循环用 $O(k)$ 的时间复杂度比较 k 个节点的值，也可以将 k 个节点放入一个最小堆中，位于堆顶的节点就是值最小的节点。每当选取某个值最小的节点之后，将它从堆中删除并将它的下一个节点添加到堆中。从最小堆中得到位于堆顶的节点的时间复杂度是 $O(1)$，堆的删除和插入操作的时间复杂度是 $O(\log k)$，因此使用最小堆比直观地用 for 循环的时间效率更高。

　　使用最小堆的参考代码如下所示：

```java
public ListNode mergeKLists(ListNode[] lists) {
    ListNode dummy = new ListNode(0);
    ListNode cur = dummy;

    PriorityQueue<ListNode> minHeap = new PriorityQueue<>((n1, n2)
        -> n1.val - n2.val);
    for (ListNode list : lists) {
        if (list != null) {
            minHeap.offer(list);
        }
    }

    while (!minHeap.isEmpty()) {
        ListNode least = minHeap.poll();
        cur.next = least;
        cur = least;

        if (least.next != null) {
            minHeap.offer(least.next);
        }
    }

    return dummy.next;
}
```

　　假设 k 个排序链表总共有 n 个节点。如果堆的大小为 k，那么空间复杂度就是 $O(k)$。每次用最小堆处理一个节点需要 $O(\log k)$ 的时间，因此这种解法的时间复杂度是 $O(n\log k)$。

❖ 按照归并排序的思路合并链表

　　下面换一种思路来解决这个问题。输入的 k 个排序链表可以分成两部分，前 $k/2$ 个链表和后 $k/2$ 个链表。如果将前 $k/2$ 个链表和后 $k/2$ 个链表分别合并成两个排序的链表，再将两个排序的链表合并，那么所有链表都合并了。合并 $k/2$ 个链表与合并 k 个链表是同一个问题，可以调用递归函数解决。

这正是归并排序的思路，可以用如下所示的参考代码实现：

```
public ListNode mergeKLists(ListNode[] lists) {
    if (lists.length == 0) {
        return null;
    }

    return mergeLists(lists, 0, lists.length);
}

private ListNode mergeLists(ListNode[] lists, int start, int end) {
    if (start + 1 == end) {
        return lists[start];
    }

    int mid = (start + end) / 2;
    ListNode head1 = mergeLists(lists, start, mid);
    ListNode head2 = mergeLists(lists, mid, end);
    return merge(head1, head2);
}
```

上述代码中的函数 merge 用来合并两个排序的链表。它的代码和面试题 77 中的函数 merge 的代码一样，此处不再重复介绍。

上述代码递归调用的深度是 $O(\log k)$，每次需要合并 n 个节点，因此时间复杂度是 $O(n\log k)$。它的空间复杂度是 $O(\log k)$，用来维护递归调用栈。

12.5 本章小结

本章介绍了几种不同的排序算法，包括计数排序、快速排序和归并排序。

如果整数在一个有限的范围内，那么可以先统计每个整数出现的次数，然后按照从小到大的顺序根据每个整数出现的次数写入输出数组中。如果 n 个整数的范围是 k，那么计数排序的时间复杂度是 $O(n+k)$。当 k 较小时，计数排序是非常高效的排序算法。

快速排序随机地从数组中选取一个中间值，然后对数组分区，使比中间值小的数值都位于左边，比中间值大的数值都位于右边，接下来将左右两边的子数组分别排序即可。快速排序的平均时间复杂度是 $O(n\log n)$。

快速排序的函数 partition 可以用来选取第 k 大的数值。

　　归并排序将输入数组分成两半,在分别将左右两个子数组排序之后再将它们合并成一个排序的数组。归并排序的时间复杂度是 $O(n\log n)$,空间复杂度是 $O(n)$。

　　对数组进行归并排序的过程可以用来解决类似的问题,如对链表进行排序。

第 13 章

回溯法

13.1 回溯法的基础知识

回溯法可以看作蛮力法的升级版，它在解决问题时的每一步都尝试所有可能的选项，最终找出所有可行的解决方案。回溯法非常适合解决由多个步骤组成的问题，并且每个步骤都有多个选项。在某一步选择了其中一个选项之后，就进入下一步，然后会面临新的选项。就这样重复选择，直至到达最终的状态。

用回溯法解决问题的过程可以形象地用一个树形结构表示，求解问题的每个步骤可以看作树中的一个节点。如果在某一步有 n 个可能的选项，每个选项是树中的一条边，经过这些边就可以到达该节点的 n 个子节点。

例如，可以用回溯法求集合[1, 2]的所有子集，求解的过程可以用图 13.1 的树形结构表示。树的根节点对应子集的初始状态，即子集是空的。求集合[1, 2]的子集分为两步，第 1 步决定是否在子集中添加数字 1，此时面临两个选择，添加 1 或不添加 1。如果选择不添加 1，那么子集仍然保持空集，前往第 2 层第 1 个节点。此时第 2 步再次面临两个选择，添加 2 或不添加 2。如果此时选择不添加 2，那么子集依然是空的，如图 13.1 中第 3 层的第 1 个节点所示；如果此时选择添加 2，那么子集中有一个元素 2，如图 13.1 中第 3 层的第 2 个节点所示。

如果在根节点选择添加 1，那么在子集中添加元素 1，子集变成[1]，前往图 13.1 中第 2 层的第 2 个节点。此时第 2 步再次面临两个选择，添加 2

或不添加 2。如果此时选择不添加 2，那么最终子集中仍然只有元素 1，对应图 13.1 中第 3 层的第 3 个节点；如果此时选择添加 2，那么子集变成[1, 2]，对应图 13.1 中第 3 层的第 4 个节点。

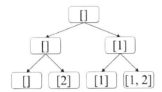

图 13.1　求集合[1, 2]所有子集的过程

　　在采用回溯法解决问题时如果到达树形结构的叶节点，就找到了问题的一个解。如果希望找到更多的解，那么还可以回溯到它的父节点再尝试父节点其他的选项。如果父节点所有可能的选项都已经试过，那么再回溯到父节点的父节点以尝试它的其他选项，这样逐层回溯到树的根节点。因此，采用回溯法解决问题的过程实质上是在树形结构中从根节点开始进行深度优先遍历。通常，回溯法的深度优先遍历用递归代码实现。

　　如果在前往某个节点时对问题的解的状态进行了修改，那么在回溯到它的父节点时要记得清除相应的修改。例如，在求集合[1, 2]的所有子集的过程中，当位于图 13.1 中树形结构第 2 层的第 1 个节点时，选择添加 2 前往第 3 层的第 2 个节点，此时在子集（这个问题的解）中添加元素 2。这时已经到达了树的叶节点。为了找出更多的子集（问题的其他解），可以回溯到它的父节点，即第 2 层的第 1 个节点。回溯到父节点时需要清除之前的修改，从子集中删除刚刚添加的元素 2，于是子集重新变成一个空集。由于此时已经尝试了第 2 层的第 1 个节点的所有选项，因此再次回溯到它的父节点，即根节点，再选择添加 1 前往第 2 层的第 2 个节点，在一个空集中添加元素 1，这时子集为[1]。

　　由于回溯法是在所有选项形成的树上进行深度优先遍历，如果解决问题的步骤较多或每个步骤都面临多个选项，那么遍历整棵树将需要较多的时间。如果明确知道某些子树没有必要遍历，那么在遍历的时候应该避开这些子树以优化效率。通常将使用回溯法时避免遍历不必要的子树的方法称为剪枝。

13.2 集合的组合、排列

从一个包含 m 个元素的集合中挑选出 n 个元素（$0 \leqslant n \leqslant m$）形成一个子集。一个子集又可以称为一个组合。如果两个子集（组合）的元素完全相同只是顺序不同，那么它们可以看作同一个子集（组合）。

从一个包含 m 个元素的集合中挑选出 n 个元素（$0 \leqslant n \leqslant m$）并按照某种顺序形成一个排列。$m$ 等于 n 的排列又称为全排列。如果两个排列的元素完全相同只是顺序不同，那么它们就是两个不同的排列。也就是说，排列与元素的顺序相关，这一点与组合不同。

例如，从数据集合[1, 2, 3]中选出两个数字能形成 3 个组合，分别是[1, 2]、[1, 3]和[2, 3]；但从数据集合[1, 2, 3]中选出两个数字能形成 6 个排列，分别是[1, 2]、[2, 1]、[1, 3]、[3, 1]、[2, 3]和[3, 2]。

子集（组合）、排列是数学中很重要的两个概念，在编程面试中也经常遇到。接下来详细讨论如何采用回溯法求出集合中的子集（组合）和排列。

面试题 79：所有子集

> 题目：输入一个不含重复数字的数据集合，请找出它的所有子集。例如，数据集合[1, 2]有 4 个子集，分别是[]、[1]、[2]和[1, 2]。

分析：所谓子集就是从一个集合中选出若干元素。如果集合中包含 n 个元素，那么生成子集可以分为 n 步，每一步从集合中取出一个数字，此时面临两个选择，将该数字添加到子集中或不将该数字添加到子集中。生成一个子集可以分为若干步，并且每一步都面临若干选择，这正是应用回溯法的典型场景。应用回溯法求所有子集的参考代码如下所示：

```java
public List<List<Integer>> subsets(int[] nums) {
    List<List<Integer>> result = new LinkedList<>();
    if (nums.length == 0) {
        return result;
    }

    helper(nums, 0, new LinkedList<Integer>(), result);
    return result;
}

private void helper(int[] nums, int index,
```

```
    LinkedList<Integer> subset, List<List<Integer>> result) {
    if (index == nums.length) {
        result.add(new LinkedList<>(subset));
    } else if (index < nums.length) {
        helper(nums, index + 1, subset, result);

        subset.add(nums[index]);
        helper(nums, index + 1, subset, result);
        subset.removeLast();
    }
}
```

　　递归函数 helper 一共有 4 个参数。第 1 个参数是数组 nums，它包含输入集合的所有数字。可以逐一从集合中取出一个数字并选择是否将该数字添加到子集中。第 2 个参数 index 是当前取出的数字在数组 nums 中的下标。第 3 个参数 subset 是当前子集，而第 4 个参数 result 是所有已经生成的子集。

　　每当从数组 nums 中取出一个下标为 index 的数字时，都要考虑是否将该数字添加到子集 subset 中。首先需要考虑不将该数字添加到子集的情形。由于不打算将该数字添加到子集中，因此不对子集进行任何操作，只需要调用递归函数 helper 处理数组 nums 中的下一个数字（下标增加 1）就可以。

　　接着考虑将下标为 index 的数字添加到子集 subset 的情形。在将该数字添加到子集之后，接下来调用递归函数处理数组 nums 中的下一个数字（下标增加 1）。等递归函数执行完成之后，函数 helper 也执行完成，接下来将回到前一个数字的函数调用处继续执行。如果参考图 13.1 中的树形结构，那么此时将回溯到父节点，以便尝试父节点的其他选项。在回溯到父节点之前，应该清除已经对子集状态进行的修改。此前在子集 subset 中添加了一个数字，此时应该将它删除。

　　当 index 等于数组 nums 的长度时，表示数组中的所有数字都已经处理过，因此已经生成了一个子集，于是将子集 subset 添加到 result 中。需要注意的是，在 result 中添加的是 subset 的一个拷贝，而不是 subset 本身。这是因为接下来还需要修改 subset 以便得到其他的子集，同时避免已经添加到 result 中的子集被修改。在 result 中添加 subset 的拷贝可以避免不必要的修改。

　　如果输入的集合中有 n 个元素，由于每个元素都有 2 个选项，因此总的时间复杂度是 $O(2^n)$。

面试题 80：包含 k 个元素的组合

> 题目：输入 n 和 k，请输出从 1 到 n 中选取 k 个数字组成的所有组合。例如，如果 n 等于 3，k 等于 2，将组成 3 个组合，分别是[1, 2]、[1, 3]和[2, 3]。

分析：集合的一个组合也是一个子集，因此求集合的组合的过程和求子集的过程是一样的。这个题目只是增加了一个限制条件，即只找出包含 k 个数字的组合。只需要在面试题 79 的代码的基础上稍加修改，就可以找出所有包含 k 个数字的组合。参考代码如下所示：

```java
public List<List<Integer>> combine(int n, int k) {
    List<List<Integer>> result = new LinkedList<>();
    LinkedList<Integer> combination = new LinkedList<>();
    helper(n, k, 1, combination, result);

    return result;
}

private void helper(int n, int k, int i,
    LinkedList<Integer> combination, List<List<Integer>> result) {
    if (combination.size() == k) {
        result.add(new LinkedList<>(combination));
    } else if (i <= n) {
        helper(n, k, i + 1, combination, result);

        combination.add(i);
        helper(n, k, i + 1, combination, result);
        combination.removeLast();
    }
}
```

在递归函数 helper 中 combination 是当前的组合，每当 combination 中已经有 k 个数字时就找到了一个符合条件的组合。所有符合条件的组合都添加到链表 result 中。

面试题 81：允许重复选择元素的组合

> 题目：给定一个没有重复数字的正整数集合，请找出所有元素之和等于某个给定值的所有组合。同一个数字可以在组合中出现任意次。例如，输入整数集合[2, 3, 5]，元素之和等于 8 的组合有 3 个，分别是[2, 2, 2, 2]、[2, 3, 3]和[3, 5]。

分析：这个题目仍然是关于组合的，但组合中的一个数字可以出现任意次。可以以不变应万变，用回溯法来解决这个问题。

能够用回溯法解决的问题都能够分成若干步来解决，每一步都面临若干选择。对于从集合中选取数字组成组合的问题而言，集合中有多少个数字，解决这个问题就需要多少步。每一步都从集合中取出一个下标为 i 的数字，此时面临两个选择。一个选择是跳过这个数字不将该数字添加到组合中，那么这一步实际上什么都不做，接下来处理下标为 i+1 的数字。另一个选择是将数字添加到组合中，由于一个数字可以重复在组合中出现，也就是说，下一步可能再次选择同一个数字，因此下一步仍然处理下标为 i 的数字。

基于上述思路可以编写出如下所示的代码：

```java
public List<List<Integer>> combinationSum(int[] nums, int target) {
    List<List<Integer>> result = new LinkedList<>();
    LinkedList<Integer> combination = new LinkedList<>();
    helper(nums, target, 0, combination, result);

    return result;
}

private void helper(int[] nums, int target, int i,
    LinkedList<Integer> combination, List<List<Integer>> result) {
    if (target == 0) {
        result.add(new LinkedList<>(combination));
    } else if (target > 0 && i < nums.length) {
        helper(nums, target, i + 1, combination, result);

        combination.add(nums[i]);
        helper(nums, target - nums[i], i, combination, result);
        combination.removeLast();
    }
}
```

解决这个问题的代码和之前的代码大同小异，最主要的不同在于当选择将数组 nums 下标为 i 的数字添加到组合 combination 中之后，由于 nums[i] 这个数字可能在组合中重复出现，因此递归调用函数 helper 时第 3 个参数传入的值仍然是 i，这个参数没有变化，下一步仍然处理数组 nums 下标为 i 的数字。

上述代码中的 target 是组合 combination 中元素之和的目标值。每当在组合中添加一个数字时，就从 target 中减去这个数字。当 target 等于 0 时，组合中的所有元素之和正好等于 target，因此也就找到了一个符合条件的组合。

应用回溯法解决问题时如果有可能应尽可能剪枝以优化时间效率。由于题目明确指出数组中的所有数字都是正整数，因此当组合中已有数字之和已经大于目标值时（递归函数 helper 的参数 target 的值小于 0 时）就没有必要再考虑数组中还没有处理的数字，因为再在组合中添加任意正整数元素之后和会更大，一定找不到新的符合条件的组合，也就没必要再继续尝试。这是函数 helper 中 else if 的条件中补充了一个 target 大于 0 的判断条件的原因。

 举一反三

虽然上面几个题目看起来都是关于数学上的组合、集合，其实这些模型可以应用到很多其他问题中。例如，当客人走进餐馆准备吃饭时，服务员会为客人提供一个菜单，菜单上有所有菜品的价格。如果每道菜只点一份，那么客人有哪些不同的点菜方法刚好将身上的钱全部用完？如果客人只想点 k 道菜，那么又有哪些不同的点菜方法可以将身上的钱全部用完？如果一道菜可以点任意多份呢？

一种点菜的方法就是生成一个符合条件（菜的总额为客人身上所有的钱）的组合。如果每道菜只点一份，那么就是找出所有符合条件的组合；如果总共只能点 k 道菜，那么就是找出包含 k 个元素的所有符合条件的组合；如果每道菜可以点任意多份，那么就是找出允许选择重复元素的符合条件的组合。

面试题 82：包含重复元素集合的组合

> 题目：给定一个可能包含重复数字的整数集合，请找出所有元素之和等于某个给定值的所有组合。输出中不得包含重复的组合。例如，输入整数集合[2, 2, 2, 4, 3, 3]，元素之和等于 8 的组合有 2 个，分别是[2, 2, 4]和[2, 3, 3]。

分析：这个题目和之前几个与组合相关的题目相比，最大的不同在于输入的集合中有重复的数字但输出不得包含重复的组合。如果输入的集合中有重复的数字，不经过特殊处理将产生重复的组合。例如，从集合[2, 2, 2]中选出 2 个数字本来能组成 3 个组合，但 3 个组合都是[2, 2]，因此它们是重复的组合，在本题中只能算 1 个。另外，组合不考虑数字的顺序，如组合[2, 2, 4]、[2, 4, 2]和[4, 2, 2]只能算一个组合。

避免重复的组合的方法是当在某一步决定跳过某个值为 m 的数字时，跳过所有值为 m 的数字。例如，假设求[2, 2, 2]的组合，如果在处理第 1 个

2 时决定跳过它并跳过所有的 2，那么得到的是一个空的组合。如果选择第 1 个 2 之后决定跳过第 2 个 2 并连带跳过后面的 2，那么得到的是组合[2]。如果选择前两个 2 之后决定跳过第 3 个 2，那么得到的是组合[2, 2]。如果 3 个 2 都被选择，则得到组合[2, 2, 2]。采用这个办法就可以避免产生重复的组合，如避免了两种产生重复组合[2，2]的情形，一种情形是跳过第 1 个 2 选择后面两个 2，另一种情形是跳过中间一个 2 选择前后两个 2。

　　为了方便跳过后面所有值相同的数字，可以将集合中的所有数字排序，把相同的数字放在一起，这样方便比较数字。当决定跳过某个值的数字时，可以按顺序扫描后面的数字，直到找到不同的值为止。

　　基于上述思路的参考代码如下所示：

```java
public List<List<Integer>> combinationSum2(int[] nums, int target) {
    Arrays.sort(nums);

    List<List<Integer>> result = new LinkedList<>();
    LinkedList<Integer> combination = new LinkedList<>();
    helper(nums, target, 0, combination, result);
    return result;
}

private void helper(int[] nums, int target, int i,
    LinkedList<Integer> combination, List<List<Integer>> result) {
    if (target == 0) {
        result.add(new LinkedList<>(combination));
    } else if (target > 0 && i < nums.length) {
        helper(nums, target, getNext(nums, i), combination, result);

        combination.addLast(nums[i]);
        helper(nums, target - nums[i], i + 1, combination, result);
        combination.removeLast();
    }
}

private int getNext(int[] nums, int index) {
    int next = index;
    while (next < nums.length && nums[next] == nums[index]) {
        next++;
    }

    return next;
}
```

　　函数 combinationSum2 在一开始时就将输入的数组 nums 排序，排序是为了方便跳过相同的数字。在递归函数 helper 的 else if 分支中，当决定跳过数字 nums[i]时可以调用函数 getNext 找到与该数字不同的下一个数字。除此之外，上述代码与面试题 81 中的代码一样。

面试题 83：没有重复元素集合的全排列

题目：给定一个没有重复数字的集合，请找出它的所有全排列。例如，集合[1, 2, 3]有 6 个全排列，分别是[1, 2, 3]、[1, 3, 2]、[2, 1, 3]、[2, 3, 1]、[3, 1, 2]和[3, 2, 1]。

分析：排列和组合不同，排列与元素的顺序相关，交换数字能够得到不同的排列。生成全排列的过程，就是交换输入集合中元素的顺序以得到不同的排列。

下面以输入集合[1, 2, 3]为例分析生成全排列的过程。先考虑排列的第 1 个数字。数字 1 可以是排列的第 1 个数字；同样，数字 2、3 也可以是排列的第 1 个数字。因此，当生成排列的第 1 个数字时会面临 3 个选项，即可以分别选择 1、2 或 3。选择某个数字作为排列的第 1 个数字之后接下来生成排列的第 2 个数字。假设选择数字 3 成为排列的第 1 个数字，那么生成第 2 个数字时就面临两个选项，即数字 1 或 2 都有可能成为排列的第 2 个数字。接下来生成排列的第 3 个数字。由于已经选择了两个数字作为排列的前两个数字，因此到第 3 个数字时只剩下 1 个数字，此时也就只有 1 个选项。

如果输入的集合中有 n 个元素，那么生成一个全排列需要 n 步。当生成排列的第 1 个数字时会面临 n 个选项，即 n 个数字都有可能成为排列的第 1 个数字。生成排列的第 1 个数字之后接下来生成第 2 个数字，此时面临 $n-1$ 个选项，即剩下的 $n-1$ 个数字都有可能成为第 2 个数字。然后以此类推，直到生成最后一个数字，此时只剩下 1 个数字，也就只有 1 个选项。看起来解决这个问题可以分成 n 步，而且每一步都面临若干选项，这是典型的适用回溯法的场景。

用回溯法生成全排列的参考代码如下所示：

```java
public List<List<Integer>> permute(int[] nums) {
    List<List<Integer>> result = new LinkedList<>();
    helper(nums, 0, result);
    return result;
}

public void helper(int[] nums, int i, List<List<Integer>> result) {
    if (i == nums.length) {
        List<Integer> permutation = new LinkedList<>();
        for (int num : nums) {
            permutation.add(num);
        }
```

```
            result.add(permutation);
        } else {
            for (int j = i; j < nums.length; ++j) {
                swap(nums, i, j);
                helper(nums, i + 1, result);
                swap(nums, i, j);
            }
        }
    }
}
private void swap(int[] nums, int i, int j) {
    if (i != j) {
        int temp = nums[i];
        nums[i] = nums[j];
        nums[j] = temp;
    }
}
```

通常用递归的代码实现回溯法。上述代码中的递归函数 helper 生成输入数组 nums 的所有全排列，在函数执行过程中数组 nums 保存着当前排列的状态。

当函数 helper 生成排列的下标为 i 的数字时，下标从 0 到 i-1 的数字都已经选定，但数组 nums 中下标从 i 到 n-1 的数字（假设数组的长度为 n）都有可能放到排列的下标为 i 的位置，因此函数 helper 中有一个 for 循环逐一用下标为 i 的数字交换它后面的数字。这个 for 循环包含下标为 i 的数字本身，这是因为它自己也能放在排列下标为 i 的位置。交换之后接着调用递归函数生成排列中下标为 i+1 的数字。由于之前已经交换了数组中的两个数字，修改了排列的状态，在函数退出之前需要清除对排列状态的修改，因此再次交换之前交换的两个数字。

当下标 i 等于数组 nums 的长度时，排列的每个数字都已经产生了，nums 中保存了一个完整的全排列，于是将全排列复制一份并添加到返回值 result 中。最终 result 中包含所有的全排列。

假设数组 nums 的长度为 n，当 i 等于 0 时递归函数 helper 中的 for 循环执行 n 次，当 i 等于 1 时 for 循环执行 n-1 次，以此类推，当 i 等于 n-1 时，for 循环执行 1 次。因此，全排列的时间复杂度是 $O(n!)$。

面试题 84：包含重复元素集合的全排列

题目：给定一个包含重复数字的集合，请找出它的所有全排列。例如，集合[1, 1, 2]有 3 个全排列，分别是[1, 1, 2]、[1, 2, 1]和[2, 1, 1]。

分析：如果集合中有重复的数字，那么交换集合中重复的数字得到的全排列是同一个全排列。例如，交换[1, 1, 2]中的两个数字 1 并不能得到新的全排列。

下面采用回溯法的思路来解决这个问题。当处理到全排列的第 i 个数字时，如果已经将某个值为 m 的数字交换为排列的第 i 个数字，那么再遇到其他值为 m 的数字就跳过。例如，输入 nums 为[2, 1, 1]并且处理排列中下标为 0 的数字时，将第 1 个数字 1 和数字 2 交换之后，就没有必要再将第 2 个数字 1 和数字 2 交换。在将第 1 个数字 1 和数字 2 交换之后，得到[1, 2, 1]，接着处理排列的第 2 个数字和第 3 个数字，这样就能生成两个排列，即[1, 2, 1]和[1, 1, 2]。

当集合中包含重复数字时避免产生重复全排列的参考代码如下所示：

```java
public List<List<Integer>> permuteUnique(int[] nums) {
    List<List<Integer>> result = new ArrayList<List<Integer>>();
    helper(nums, 0, result);
    return result;
}

private void helper(int[] nums, int i, List<List<Integer>> result) {
    if (i == nums.length) {
        List<Integer> permutation = new ArrayList<Integer>();
        for (int num : nums) {
            permutation.add(num);
        }

        result.add(permutation);
    } else {
        Set<Integer> set = new HashSet<>();
        for (int j = i; j < nums.length; ++j) {
            if (!set.contains(nums[j])) {
                set.add(nums[j]);

                swap(nums, i, j);
                helper(nums, i + 1, result);
                swap(nums, i, j);
            }
        }
    }
}
```

辅助函数 swap 和面试题 83 的代码中的一样，此处不再重复介绍。

上述代码和面试题 83 的代码大同小异。不同点在于上述代码的递归函数 helper 中使用了一个 HashSet，用来保存已经交换到排列下标为 i 的位置的所有值。只有当一个数值之前没有被交换到第 i 位时才做交换，否则直接跳过。

13.3　使用回溯法解决其他类型的问题

除了可以解决与集合排列、组合相关的问题，回溯法还能解决很多算法面试题。如果解决一个问题需要若干步骤，并且每一步都面临若干选项，当在某一步做了某个选择之后前往下一步仍然面临若干选项，那么可以考虑尝试用回溯法解决。通常，回溯法可以用递归的代码实现。

适用回溯法的问题的一个特征是问题可能有很多个解，并且题目要求列出所有的解。如果题目只是要求计算解的数目，或者只需要求一个最优解（通常是最大值或最小值），那么可能需要运用动态规划。第 14 章会介绍动态规划。

 解题小经验

如果解决一个问题需要若干步骤，每一步都面临若干选项，并且题目要求列出问题所有的解，那么可以尝试用回溯法解决这个问题。回溯法通常可以用递归的代码实现。

面试题 85：生成匹配的括号

> **题目**：输入一个正整数 n，请输出所有包含 n 个左括号和 n 个右括号的组合，要求每个组合的左括号和右括号匹配。例如，当 n 等于 2 时，有两个符合条件的括号组合，分别是"(())"和"()()"。

分析：如果输入 n，那么生成的括号组合包含 n 个左括号和 n 个右括号。因此生成这样的组合需要 $2n$ 步，每一步生成一个括号。每一步都面临两个选项，既可能生成左括号也可能生成右括号。由此来看，这个问题很适合采用回溯法解决。

在生成括号组合时需要注意每一步都要满足限制条件。第 1 个限制条件是左括号或右括号的数目不能超过 n 个。第 2 个限制条件是括号的匹配原则，即在任意步骤中已经生成的右括号的数目不能超过左括号的数目。例如，如果在已经生成"()"之后再生成第 3 个括号，此时第 3 个括号只能是左括号不能是右括号。如果第 3 个是右括号，那么组合变成"())"，由于右括

号的数目超过左括号的数目，之后不管怎么生成后面的括号，这个组合的
左括号和右括号都不能匹配。

```java
public List<String> generateParenthesis(int n) {
    List<String> result = new LinkedList<>();
    helper(n, n, "", result);
    return result;
}

private void helper(int left, int right,
    String parenthesis, List<String> result) {
    if (left == 0 && right == 0) {
        result.add(parenthesis);
        return;
    }

    if (left > 0) {
        helper(left - 1, right, parenthesis + "(", result);
    }

    if (left < right) {
        helper(left, right - 1, parenthesis + ")", result);
    }
}
```

在上述代码中，递归函数 helper 的参数 left 表示还需要生成左括号的数
目，参数 right 表示还需要生成右括号的数目。每生成一个左括号，参数 left
减 1；每生成一个右括号，参数 right 减 1。当参数 left 和 right 都等于 0 时，
一个完整的括号组合已经生成。

在生成一个括号时，只要已经生成的左括号的数目少于 n 个（即参数
left 大于 0）就可能生成一个左括号，只要已经生成的右括号的数目少于已
经生成的左括号的数目（即参数 left 小于 right）就可能生成一个右括号。

面试题 86：分割回文子字符串

> 题目：输入一个字符串，要求将它分割成若干子字符串，使每个子字
> 符串都是回文。请列出所有可能的分割方法。例如，输入"google"，将输出
> 3 种符合条件的分割方法，分别是["g", "o", "o", "g", "l", "e"]、["g", "oo", "g",
> "l", "e"]和["goog", "l", "e"]。

分析：当处理到字符串中的某个字符时，如果包括该字符在内后面还
有 n 个字符，那么此时面临 n 个选项，即分割出长度为 1 的子字符串（只
包含该字符）、分割出长度为 2 子字符串（即包含该字符及它后面的一个字
符），以此类推，分割出长度为 n 的子字符串（即包含该字符在内的后面的

所有字符）。由于题目要求分割出来的每个子字符串都是回文，因此需要逐一判断这 *n* 个子字符串是不是回文，只有回文子字符串才是符合条件的分割。分割出一段回文子字符串之后，接着分割后面的字符串。

例如，输入字符串"google"，假设处理到第 1 个字符'g'。此时包括字符'g'在内后面一共有 6 个字符，所以此时面临 6 个选项，即可以分割出 6 个以字符'g'开头的子字符串，分别为"g"、"go"、"goo"、"goog"、"googl"和"google"，其中只有"g"和"goog"是回文子字符串。分割出"g"和"goog"这两个回文子字符串之后，再用同样的方法分割后面的字符串。

解决这个问题同样需要很多步，每一步分割出一个回文子字符串。如果处理到某个字符时包括该字符在内后面有 *n* 个字符，就面临 *n* 个选项。这也是一个典型的适用回溯法的场景。通常用递归的代码实现回溯法。解决这个问题的参考代码如下所示：

```java
public List<List<String>> partition(String s) {
    List<List<String>> result = new LinkedList<>();
    helper(s, 0, new LinkedList<>(), result);

    return result;
}

private void helper(String str, int start,
    LinkedList<String> substrings, List<List<String>> result) {
    if (start == str.length()) {
        result.add(new LinkedList<>(substrings));
        return;
    }

    for (int i = start; i < str.length(); ++i) {
        if (isPalindrome(str, start, i)) {
            substrings.add(str.substring(start, i + 1));
            helper(str, i + 1, substrings, result);
            substrings.removeLast();
        }
    }
}

private boolean isPalindrome(String str, int start, int end) {
    while (start < end) {
        if (str.charAt(start++) != str.charAt(end--)) {
            return false;
        }
    }

    return true;
}
```

在递归函数 helper 中，参数 substrings 是一组所有子字符串都是回文的分割。当处理到下标为 start 的字符串时，上述代码用一个 for 循环逐一判断从下标 start 开始到 i 结束（i 从下标 start 开始，到字符串 s 的最后一个字符结束）的每个子字符串是否为回文。如果是回文，就分割出一个符合条件的子字符串，添加到 substrings 中，接着处理下标从 i+1 开始的剩余的字符串。当 start 等于字符串 s 的长度时，整个字符串 s 已经被分割成若干回文子字符串。

面试题 87：恢复 IP 地址

> **题目**：输入一个只包含数字的字符串，请列出所有可能恢复出来的 IP 地址。例如，输入字符串"10203040"，可能恢复出 3 个 IP 地址，分别为"10.20.30.40"、"102.0.30.40"和"10.203.0.40"。

分析：首先总结 IP 地址的特点。一个 IP 地址被 3 个'.'字符分隔成 4 段，每段是从 0 到 255 之间的一个数字。另外，除"0"本身外，其他数字不能以'0'开头。例如，"10.203.0.40"是一个有效的 IP 地址，但"10.203.04.0"却不是有效的 IP 地址，这是因为第 3 个数字"04"以'0'开头。

下面逐个扫描输入字符串中的字符以恢复 IP 地址。针对字符串中的每个数字，通常面临两个选项。第 1 个选项是将当前字符拼接到当前分段数字的末尾，拼接之后的数字应该在 0 到 255 之间。第 2 个选项是当前字符作为一个新的分段数字的开始。需要注意的是，一个 IP 地址最多只有 4 个分段数字，并且当开始一个新的分段数字时前一个分段数字不能是空的。例如，当输入字符串"10203040"并处理其中的字符'2'时，已经得到一个分段数字"10"。此时既可以将字符'2'拼接到当前分段数字的末尾，得到"102"，也可以将字符'2'作为一个新的分段数字的开始，得到"10.2"。

如果输入的字符串的长度为 n，由于逐一处理字符串中的每个字符，因此需要 n 步，并且每一步都面临两个可能的选项。由此可见，这个题目也适合采用回溯法解决。实现回溯法的参考代码如下所示：

```
public List<String> restoreIpAddresses(String s) {
    List<String> result = new LinkedList<>();
    helper(s, 0, 0, "", "", result);

    return result;
}

private void helper(String s, int i, int segI,
    String seg, String ip, List<String> result) {
```

```
    if (i == s.length() && segI == 3 && isValidSeg(seg)) {
        result.add(ip + seg);
    } else if (i < s.length() && segI <= 3) {
        char ch = s.charAt(i);
        if (isValidSeg(seg + ch)) {
            helper(s, i + 1, segI, seg + ch, ip, result);
        }

        if (seg.length() > 0 && segI < 3) {
            helper(s, i + 1, segI + 1, "" + ch, ip + seg + ".", result);
        }
    }
}

private boolean isValidSeg(String seg) {
    return Integer.valueOf(seg) <= 255
        && (seg.equals("0") || seg.charAt(0) != '0');
}
```

在上述代码中，递归函数 helper 的参数 *i* 是字符串 s 中当前被处理的字符的下标。参数 segI 是当前分段数字的下标，由于 IP 地址有 4 个分段数字，因此参数 segI 的取值范围是从 0 到 3。参数 seg 是当前已经恢复的一个分段数字，而参数 ip 是当前已经恢复的 IP 地址。

在递归函数 helper 中，如果将当前字符（变量 ch）拼接到当前分段数字 seg 之后得到一个有效的分段数字，那么首先选择将字符 ch 拼接到 seg 的末尾。如果当前的分段数字 seg 不为空并且已经恢复的分段数字的数目少于 4 个，那么还可以选择将 ch 作为一个新的分段数字的开始。当字符串 s 中所有字符都已经处理完时，刚好恢复了 4 个分段数字并且当前得到一个有效的分段数字，那么恢复了一个完整的 IP 地址，可以添加到返回值中。

13.4　本章小结

本章介绍了用回溯法解决各类典型面试题。如果解决一个问题需要若干步骤，并且在每一步都面临若干选项，那么可以尝试用回溯法解决这个问题。适用回溯法的问题的一个特点是解决这个问题存在多个解，而题目往往要求列出所有的解。

应用回溯法能够解决集合的排列、组合的很多问题。仔细分析这些问题及其变种的代码就会发现最终的代码大同小异，都可以采用递归的代码实现。递归代码需要先确定递归退出的边界条件，然后逐个处理集合中的元素。对于组合类问题，每个数字都面临两个选项，即添加当前数字到组合中或不添加当前数字到组合中。对于排列类问题，一个数字如果后面有 n 个数字，那么面临 $n+1$ 个选择，即可以将该数字和它后面的数字（也包括它自身）交换。根据这些选项做出选择之后再调用递归函数处理后面的数字。

第 14 章

动态规划

动态规划的基础知识

动态规划是目前算法面试中的热门话题，应聘者经常在各大公司的面试中遇到需要运用动态规划才能解决的问题。由于动态规划相关的面试题题型变化多样，有时让人琢磨不透，因此很多应聘者认为动态规划是算法面试中的一个难点。

其实，在深入理解动态规划之后就能发现其实运用动态规划解决算法面试题是有套路的。运用动态规划解决问题的第 1 步是识别哪些问题适合运用动态规划。和适合运用回溯法的问题类似，适用动态规划的问题都存在若干步骤，并且每个步骤都面临若干选择。如果题目要求列举出所有的解，那么很有可能需要用回溯法解决。如果题目是求一个问题的最优解（通常是求最大值或最小值），或者求问题的解的数目（或判断问题是否存在解），那么这个题目有可能适合运用动态规划。

例如，给定一个没有重复数字的正整数集合，请列举出所有元素之和等于某个给定值的所有组合。同一个数字可以在组合中出现任意次。例如，输入整数集合[2, 3, 5]，元素之和等于 8 的组合有 3 个，分别是[2, 2, 2, 2]、[2, 3, 3]和[3, 5]。

这个题目要求列举出所有符合条件的组合，即找出问题的所有解，可以用回溯法解决这个问题。

又如，给定一个没有重复数字的正整数集合，请找出所有元素之和等于某个给定值的所有组合的数目。同一个数字可以在组合中出现任意次。例如，输入整数集合[2, 3, 5]，组合[2, 2, 2, 2]、[2, 3, 3]和[3, 5]的和都是 8，因此输出组合的数目 3。

这个题目看起来和前一个很相像，但它们有一个根本区别：第 1 个题目要求列举出所有的组合，因此适合采用回溯法；第 2 个题目只需要求出符合条件的组合的数目，对具体的每个组合不感兴趣，因此可以采用动态规划解决这个问题。

在采用动态规划时总是用递归的思路分析问题，即把大问题分解成小问题，再把小问题的解合起来形成大问题的解。找出描述大问题的解和小问题的解之间递归关系的状态转移方程是采用动态规划解决问题的关键所在。下面将按照"单序列问题"、"双序列问题"、"矩阵路径问题"和"背包问题"等常见题型详细讨论如何采用递归的思路分析问题并最终运用动态规划解决问题。

分治法也是采用递归思路把大问题分解成小问题。例如，快速排序算法就是采用分治法。分治法将大问题分解成小问题之后，小问题之间没有重叠的部分。例如，快速排序算法将一个数组分成两个子数组，然后排序两个子数组，这两个子数组之间没有重叠的部分。如果应用递归思路将大问题分解成小问题之后，小问题之间没有相互重叠的部分，那么可以直接写出递归的代码实现相应的算法。

如果将大问题分解成若干小问题之后，小问题相互重叠，那么直接用递归的代码实现就会存在大量重复计算。小问题之间存在重叠的部分，这是可以运用动态规划求解问题的另一个显著特点。

在用代码实现动态规划的算法时，如果采用递归的代码按照从上往下的顺序求解，那么每求出一个小问题的解就缓存下来，这样下次再遇到相同的小问题就不用重复计算。另一个实现动态规划算法的方法是按照从下往上的顺序，从解决最小的问题开始，并把已经解决的小问题的解存储下来（大部分面试题都存储在一维数组或二维数组中），然后把小问题的解组合起来逐步解决大问题。

下面通过一个具体的例子来讨论应用动态规划分析和解决问题的过程。

面试题 88：爬楼梯的最少成本

题目：一个数组 cost 的所有数字都是正数，它的第 i 个数字表示在一个楼梯的第 i 级台阶往上爬的成本，在支付了成本 cost[i] 之后可以从第 i 级台阶往上爬 1 级或 2 级。假设台阶至少有 2 级，既可以从第 0 级台阶出发，也可以从第 1 级台阶出发，请计算爬上该楼梯的最少成本。例如，输入数组 $[1, 100, 1, 1, 100, 1]$，则爬上该楼梯的最少成本是 4，分别经过下标为 0、2、3、5 的这 4 级台阶，如图 14.1 所示。

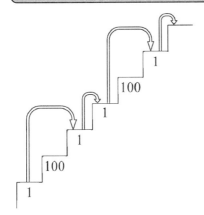

图 14.1　爬上每级台阶的成本用数组 $[1, 100, 1, 1, 100, 1]$ 表示，爬上该台阶的最少成本为 4

分析：爬上一个有多级台阶的楼梯自然需要若干步。按照题目的要求，每次爬的时候既可以往上爬 1 级台阶，也可以爬 2 级台阶，也就是每一步都有两个选择。这看起来像是与回溯法有关的问题。但这个问题不是要找出有多少种方法可以爬上楼梯，而是计算爬上楼梯的最少成本，即计算问题的最优解，因此解决这个问题更适合运用动态规划。

❖ 分析确定状态转移方程

这个问题要求计算爬上楼梯的最少成本，可以用函数 $f(i)$ 表示从楼梯的第 i 级台阶再往上爬的最少成本。如果一个楼梯有 n 级台阶（台阶从 0 开始计数，从第 0 级一直到第 $n-1$ 级），由于一次可以爬 1 级或 2 级台阶，因此最终可以从第 $n-2$ 级台阶或第 $n-1$ 级台阶爬到楼梯的顶部，即 $f(n-1)$ 和 $f(n-2)$ 的最小值就是这个问题的最优解。

应用动态规划的第 1 步是找出状态转移方程，即用一个等式表示其中某一步的最优解和前面若干步的最优解的关系。根据题目的要求，可以一次爬 1 级或 2 级台阶，既可以从第 $i-1$ 级台阶爬上第 i 级台阶，也可以从第 $i-2$ 级台阶爬上第 i 级台阶，因此，从第 i 级台阶往上爬的最少成本应该是从第 $i-1$ 级台阶往上爬的最少成本和从第 $i-2$ 级台阶往上爬的最少成本的较小值再加上爬第 i 级台阶的成本。这个关系可以用状态转移方程表示为 $f(i)=\min(f(i-1), f(i-2))+\text{cost}[i]$。

上述状态转移方程有一个隐含的条件，即 i 大于或等于 2。如果 i 小于 2 怎么办？如果 i 等于 0，则可以直接从第 0 级台阶往上爬，$f(0)$ 等于 cost[0]。如果 i 等于 1，题目中提到可以从第 1 级台阶出发往上爬，因此 $f(1)$ 等于 cost[1]。

❖ 递归代码

状态转移方程其实是一个递归的表达式，可以很方便地将它转换成递归代码，如下所示：

```
public int minCostClimbingStairs(int[] cost) {
    int len = cost.length;
    return Math.min(helper(cost, len - 2), helper(cost, len - 1));
}

private int helper(int[] cost, int i) {
    if (i < 2) {
        return cost[i];
    }

    return Math.min(helper(cost, i - 2), helper(cost, i - 1)) + cost[i];
}
```

在上述代码中，递归函数 helper 和状态转移方程相对应，根据从第 $i-1$ 级和第 $i-2$ 级台阶往上爬的最少成本求从第 i 级台阶往上爬的最少成本。

上述代码看起来很简捷，但时间效率非常糟糕。时间效率是面试官非常关心的问题，如果应聘者的解法的时间效率糟糕则很难通过面试。根据前面的递归代码，为了求得 $f(i)$ 需要先求得 $f(i-1)$ 和 $f(i-2)$。如果将求解过程用一个树形结构表示（如图 14.2 中求解 $f(9)$ 的过程），就能发现在求解过程中有很多重复的节点。例如，求解 $f(9)$ 需要求解 $f(8)$ 和 $f(7)$，而求解 $f(8)$ 和 $f(7)$ 都需要求解 $f(6)$，这就意味着在求解 $f(9)$ 的过程中有重复计算。

求解 $f(i)$ 这个问题的解，依赖于求解 $f(i-1)$ 和 $f(i-2)$ 这两个子问题的解，

由于求解 $f(i-1)$ 和 $f(i-2)$ 这两个子问题有重叠的部分，如果只是简单地将状态转移方程转换成递归的代码就会带来严重的效率问题，因为重复计算是呈指数级增长的。

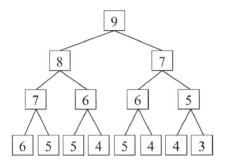

图 14.2　用树形结构表示求解 $f(9)$ 的过程

❖ 使用缓存的递归代码

　　为了避免重复计算带来的问题，一个常用的解决办法是将已经求解过的问题的结果保存下来。在每次求解一个问题之前，应先检查该问题的求解结果是否已经存在。如果问题的求解结果已经存在，则不再重复计算，只需要从缓存中读取之前求解的结果。

　　将求解结果保存到缓存中的递归代码如下所示：

```
public int minCostClimbingStairs(int[] cost) {
    int len = cost.length;
    int[] dp = new int[len];
    helper(cost, len - 1, dp);
    return Math.min(dp[len - 2], dp[len - 1]);
}

private void helper(int[] cost, int i, int[] dp) {
    if (i < 2) {
        dp[i] = cost[i];
    } else if (dp[i] == 0) {
        helper(cost, i - 2, dp);
        helper(cost, i - 1, dp);
        dp[i] = Math.min(dp[i - 2], dp[i - 1]) + cost[i];
    }
}
```

　　在上述代码中，数组 dp 用来保存求解每个问题结果的缓存，"dp[i]" 用来保存 $f(i)$ 的计算结果。该数组的每个元素都初始化为 0。由于题目中从每级台阶往上爬的成本都是正数，因此如果某个问题 $f(i)$ 之前已经求解过，那么"dp[i]"的缓存的结果将是一个大于 0 的数值。只有当"dp[i]"等于 0 时，它对应的 $f(i)$ 之前还没有求解过。

有了这个缓存 dp，就能确保每个问题 $f(i)$ 只需要求解一次。如果楼梯有 n 级台阶，那么上述代码的时间复杂度是 $O(n)$。同时，需要一个长度为 n 的数组，因此空间复杂度也是 $O(n)$。

前面的递归解法都是从大问题入手的，将问题 $f(i)$ 分解成两个子问题 $f(i-1)$ 和 $f(i-2)$。这种从大问题入手的过程是一种自上而下的求解过程。

❖ 空间复杂度为 $O(n)$ 的迭代代码

也可以自下而上地解决这个过程，也就是从子问题入手，根据两个子问题 $f(i-1)$ 和 $f(i-2)$ 的解求出 $f(i)$ 的结果。通常用迭代的代码实现自下而上的求解过程，如下所示：

```java
public int minCostClimbingStairs(int[] cost) {
    int len = cost.length;
    int[] dp = new int[len];
    dp[0] = cost[0];
    dp[1] = cost[1];

    for (int i = 2; i < len; i++) {
        dp[i] = Math.min(dp[i - 2], dp[i - 1]) + cost[i];
    }

    return Math.min(dp[len - 2], dp[len - 1]);
}
```

在上述代码中，数组中的元素"dp[i]"用来保存 $f(i)$ 的计算结果。

先根据题目的特点求得 $f(0)$ 和 $f(1)$ 的结果并保存到数组 dp 的前两个位置。然后用一个 for 循环根据状态转移方程逐一求解 $f(2)$ 到 $f(n-1)$。显然，这种解法的时间复杂度和空间复杂度都是 $O(n)$。

❖ 空间复杂度为 $O(1)$ 的迭代代码

上述迭代代码还能做进一步的优化。前面用一个长度为 n 的数组将所有 $f(i)$ 的结果都保存下来。求解 $f(i)$ 时只需要 $f(i-1)$ 和 $f(i-2)$ 的结果，从 $f(0)$ 到 $f(i-3)$ 的结果其实对求解 $f(i)$ 并没有任何作用。也就是说，在求每个 $f(i)$ 的时候，需要保存之前的 $f(i-1)$ 和 $f(i-2)$ 的结果，因此只要一个长度为 2 的数组即可。优化之后的代码如下所示：

```java
public int minCostClimbingStairs(int[] cost) {
```

```
int[] dp = new int[]{cost[0], cost[1]};
for (int i = 2; i < cost.length; i++) {
    dp[i % 2] = Math.min(dp[0], dp[1]) + cost[i];
}

return Math.min(dp[0], dp[1]);
}
```

在上述代码中，数组 dp 的长度是 2，求解的 $f(i)$ 的结果保存在数组下标为 "i%2" 的位置。

可以根据 $f(i-1)$ 和 $f(i-2)$ 的结果计算出 $f(i)$ 的结果，并将 $f(i)$ 的结果写入之前保存 $f(i-2)$ 的位置。用 $f(i)$ 的结果覆盖 $f(i-2)$ 的结果并不会带来任何问题，这是因为接下来求解 $f(i+1)$ 只需要 $f(i)$ 的结果和 $f(i-1)$ 的结果，不需要 $f(i-2)$ 的结果。

优化之后的代码的时间复杂度仍然是 $O(n)$，但是只需要一个长度为 2 的数组，因此空间复杂度是 $O(1)$。

❖ 比较 4 种解法

上面用 4 种不同的方法解决这个问题。第 1 种解法在找出状态转移方程之后直接将其转换成递归代码，由于计算过程存在大量的重复计算，因此时间复杂度呈指数级增长，使用这种解法的应聘者通常无法通过编程面试。

第 2 种解法在第 1 种解法的基础上添加了一个一维数组，用来缓存已经求解的结果。有了这个长度为 $O(n)$ 的数组，缓存之后就能够确保每个子问题只需要计算一次，因此时间复杂度是 $O(n)$。

和第 2 种解法类似，第 3 种解法的时间复杂度和空间复杂度也都是 $O(n)$，但它们有两方面显著的不同。一是求解的顺序不同。第 2 种解法从大的子问题出发，即采用自上而下的顺序求解；而第 3 种解法从子问题出发，即采用自下而上的顺序求解。二是代码实现的思路不同。第 2 种解法采用递归代码实现算法，而第 3 种解法采用循环代码实现算法。通常，第 2 种解法和第 3 种解法都能达到算法面试的要求。

第 4 种解法在第 3 种解法的基础上进一步优化空间效率，使空间效率变成 $O(1)$。如果在面试过程中能够想出第 4 种解法并且能写出正确的代码，那么应聘者毫无疑问能通过这轮面试并为之后的薪资谈判增加砝码。

14.2 单序列问题

单序列问题是与动态规划相关的问题中最有可能在算法面试中遇到的题型。这类题目都有适合运用动态规划的问题的特点，如解决问题需要若干步骤，并且每个步骤都面临若干选择，需要计算解的数目或最优解。除此之外，这类题目的输入通常是一个序列，如一个一维数组或字符串。

应用动态规划解决单序列问题的关键是每一步在序列中增加一个元素，根据题目的特点找出该元素对应的最优解（或解的数目）和前面若干元素（通常是一个或两个）的最优解（或解的数目）的关系，并以此找出相应的状态转移方程。一旦找出了状态转移方程，只要注意避免不必要的重复计算，问题就能迎刃而解。

下面是几个典型的适合运用动态规划的单序列问题。

面试题 89：房屋偷盗

> 题目：输入一个数组表示某条街道上的一排房屋内财产的数量。如果这条街道上相邻的两幢房屋被盗就会自动触发报警系统。请计算小偷在这条街道上最多能偷取到多少财产。例如，街道上 5 幢房屋内的财产用数组[2, 3, 4, 5, 3]表示，如果小偷到下标为 0、2 和 4 的房屋内盗窃，那么他能偷取到价值为 9 的财物，这是他在不触发报警系统的情况下能偷取到的最多的财物，如图 14.3 所示。被盗的房屋上方用特殊符号标出。

图 14.3　一条街道上有 5 幢财产数量分别为 2、3、4、5、3 的房屋
说明：如果小偷不能到相邻的两幢房屋内盗窃，他最多只能偷到价值为 9 的财物

分析：小偷一次只能进入一幢房屋内盗窃，因此到街道上所有房屋中盗窃需要多个步骤，每一步到一幢房屋内盗窃。由于这条街道有报警系统，因此他每到一幢房屋前都面临一个选择，考虑是不是能进去偷东西。完成一件事情需要多个步骤，并且每一步都面临多个选择，这看起来是一个适

合运用回溯法的问题。但由于这个问题并没有要求列举出小偷所有满足条件的偷盗的方法，而只是求最多能偷取的财物的数量，也就是求问题的最优解，因此这个问题适合运用动态规划。

❖ 分析确定状态转移方程

应用动态规划解决问题的关键在于找出状态转移方程。这个问题的输入是一个用数组表示的一排房屋内的财物数量，这个数组就是一个序列。用动态规划解决单序列问题的关键在于找到序列中一个元素对应的解和前面若干元素对应的解的关系，并用状态转移方程表示。

假设街道上有 n 幢房屋（分别用 0～n-1 标号），小偷从标号为 0 的房屋开始偷东西。可以用 $f(i)$ 表示小偷从标号为 0 的房屋开始到标号为 i 的房屋为止最多能偷取到的财物的最大值。$f(n-1)$ 的值是小偷从 n 幢房屋中能偷取的最多财物的数量，这就是问题的解。

小偷在标号为 i 的房屋前有两个选择。一个选择是他进去偷东西。由于街道上有报警系统，因此他不能进入相邻的标号为 i-1 的房屋内偷东西，之前他最多能偷取的财物的最大值是 $f(i-2)$。因此，小偷如果进入标号为 i 的房屋并盗窃，他最多能偷得 $f(i-2)$+nums[i]（nums 是表示房屋内财物数量的数组）。另一个选择是小偷不进入标号为 i 的房屋，那么他可以进入标号为 i-1 的房屋内偷东西，因此此时他最多能偷取的财物的数量为 $f(i-1)$。那么小偷在到达标号为 i 的房屋时他能偷取的财物的最大值就是两个选项的最大值，即 $f(i)$=max($f(i-2)$+nums[i], $f(i-1)$)，这就是解决这个问题的状态转移方程。

上述状态转移方程有一个隐含条件，假设 i 大于或等于 2。当 i 等于 0 时，$f(0)$ 是街道上只有标号为 0 的一幢房屋时小偷最多能偷得的财物的数量，此时他无所顾忌，直接进入标号为 0 的房屋偷东西，因此 $f(1)$=nums[0]；当 i 等于 1 时，$f(1)$ 是街道上只有标号为 0 和 1 的两幢房屋时小偷最多能偷得的财物的数量，因为街道上有报警系统，他只能到两幢房屋的其中一幢去偷东西，所以他应该选择到财物数量更多的房屋去偷东西，即 $f(1)$=max(nums[0], nums[1])。

❖ 带缓存的递归代码

状态转移方程是一个递归的表达式，很容易将它转换成递归函数，只是要避免不必要的重复计算。可以创建一个数组 dp，它的第 i 个元素 dp[i] 用来保存 $f(i)$ 的结果。如果 $f(i)$ 之前已经计算出结果，那么只需要从数组 dp 中读取 dp[i] 的值，不用再重复计算。如果之前从来没有计算过，则根据状态转移方程递归计算。解决这个问题的递归代码如下所示：

```java
public int rob(int[] nums) {
    if (nums.length == 0) {
        return 0;
    }

    int[] dp = new int[nums.length];
    Arrays.fill(dp, -1);

    helper(nums, nums.length - 1, dp);
    return dp[nums.length - 1];
}

private void helper(int[]nums, int i, int[] dp) {
    if (i == 0) {
        dp[i] = nums[0];
    } else if (i == 1) {
        dp[i] = Math.max(nums[0], nums[1]);
    } else if (dp[i] < 0) {
        helper(nums, i - 2, dp);
        helper(nums, i - 1, dp);
        dp[i] = Math.max(dp[i - 1], dp[i - 2] + nums[i]);
    }
}
```

函数 helper 其实上是将状态转移方程 $f(i)=\max(f(i-2)+nums[i], f(i-1))$ 翻译成 Java 语言的代码。由于状态转移方程要求 i 大于或等于 2，因此函数 helper 还单独处理了 i 分别等于 0 和 1 的这两种特殊情况。

上述代码由于能够确保每个 $f(i)$ 只需要计算一次，因此时间复杂度是 $O(n)$。由于需要一个长度为 n 的数组，因此空间复杂度也是 $O(n)$。

❖ 空间复杂度为 $O(n)$ 的迭代代码

也可以换一种思路，即先求出 $f(0)$ 和 $f(1)$ 的值，然后用 $f(0)$ 和 $f(1)$ 的值求出 $f(2)$，用 $f(1)$ 和 $f(2)$ 的值求出 $f(3)$，以此类推，直至求出 $f(n-1)$。这种自下而上的思路通常可以用一个 for 循环实现，参考代码如下所示：

```java
public int rob(int[] nums) {
    if (nums.length == 0) {
        return 0;
    }

    int[] dp = new int[nums.length];
    dp[0] = nums[0];
```

```
    if (nums.length > 1) {
        dp[1] = Math.max(nums[0], nums[1]);
    }

    for (int i = 2; i < nums.length; i++) {
        dp[i] = Math.max(dp[i - 1], dp[i - 2] + nums[i]);
    }

    return dp[nums.length - 1];
}
```

显然，上述代码的时间复杂度和空间复杂度都是 $O(n)$。

❖ 空间复杂度为 $O(1)$ 的迭代代码

　　如果仔细观察上述代码，就能发现计算“dp[i]”时只需要用到“dp[i-1]”和“dp[i-2]”这两个值，也就是说，只需要缓存两个值就足够了，并不需要一个长度为 n 的数组，因此，可以进一步优化代码的空间效率。优化之后的参考代码如下所示：

```
public int rob(int[] nums) {
    if (nums.length == 0) {
        return 0;
    }

    int[] dp = new int[2];
    dp[0] = nums[0];

    if (nums.length > 1) {
        dp[1] = Math.max(nums[0], nums[1]);
    }

    for (int i = 2; i < nums.length; i++) {
        dp[i%2] = Math.max(dp[(i-1) % 2], dp[(i-2) % 2] + nums[i]);
    }

    return dp[(nums.length-1)%2];
}
```

　　在上述代码中，数组 dp 的长度是 2，将 $f(i)$ 的计算结果保存在数组下标为“dp[i%2]”的位置，因此 $f(i)$ 和 $f(i-2)$ 将被保存到数组的同一个位置。

　　可以根据 $f(i-1)$ 和 $f(i-2)$ 的结果计算出 $f(i)$，然后用 $f(i)$ 的结果写入数组原来保存 $f(i-2)$ 的结果的位置。接下来用 $f(i-1)$ 和 $f(i)$ 的结果计算 $f(i+1)$，$f(i-2)$ 的结果虽然被覆盖，但以后再也不会用到这个值，因此不会带来任何问题。

　　由于数组的长度是一个常数，因此优化之后的空间复杂度是 $O(1)$，但时间复杂度仍然是 $O(n)$。

❖ 用两个状态转移方程分析解决问题

还可以用另外一种思路来解决这个问题。由于小偷到达标号为 i 的房屋时有两个选择，他可以选择进去偷东西或不进去偷东西，因此可以定义两个表达式 $f(i)$ 和 $g(i)$，其中 $f(i)$ 表示小偷选择不进入标号为 i 的房屋偷东西时能偷得的最多财物数量，而 $g(i)$ 表示小偷选择进入标号为 i 的房屋偷东西时能偷得的最多财物数量。$f(n-1)$ 和 $g(n-1)$ 的最大值就是小偷能从 n 幢房屋内偷得的财物的最大值。

接下来尝试找出 $f(i)$ 和 $g(i)$ 的状态转移方程。当小偷选择不进入标号为 i 的房屋偷东西时，那么他不管是不是进入标号为 $i-1$ 的房屋偷东西都不会触发报警系统，此时他能偷得的财物数量取决于他从标号为 0 的房屋开始到标号为 $i-1$ 的房屋为止能偷得的财物数量，因此 $f(i)=\max(f(i-1), g(i-1))$。当小偷选择进入标号为 i 的房屋偷取价值为 nums[i] 的财物时，那么他一定不能进入标号为 $i-1$ 的房屋偷东西，否则就会触发报警系统，因此 $g(i)=f(i-1)+$nums[$i-1$]。

这两个状态转移方程有一个隐含条件，要求 i 大于 0，否则 $i-1$ 没有意义。当 i 等于 0 时，$f(0)$ 表示街道上只有标号为 0 的房屋并且小偷选择不进去偷东西，那么他什么也没有偷到，因此 $f(0)=0$。$g(0)$ 表示当只有标号为 0 的房屋并且小偷选择进去偷东西，那么房屋内财物的价值就是小偷能偷取的东西的价值，即 $g(0)=$nums[0]。

由于需要同时计算 $f(i)$ 和 $g(i)$ 的值，因此需要两个一维数组。可以将两个一维数组看成一个表格，$f(i)$ 是表格的第 1 行，$g(i)$ 是表格的第 2 行。可以从左到右随着 i 的递增填满整个表格。首先 $f(0)$ 初始化为 0，$g(0)$ 初始化为标号为 0 的房屋的财物数量，即 2。接着由状态转移方程 $f(1)=\max(f(0), g(0))$ 得出 $f(1)$ 的值为 2，由 $g(1)=f(0)+$nums[1] 得出 $g(1)$ 的值为 3。表格内其他的值可以以此类推，如表 14.1 所示，请读者自行推导。

表 14.1　计算从财物数量分别是 2、3、4、5、3 的房屋偷得财物数量最大值的过程

i	0	1	2	3	4
$f(i)$	0	2	3	6	8
$g(i)$	2	3	6	8	9

如果采用自下而上的思路，那么实际上是模拟填满表 14.1 的过程。由于计算 $f(i)$ 和 $g(i)$ 时只需要用到 $f(i-1)$ 和 $g(i-1)$ 的值，因此并不需要把两个一

维数组都完整地保存下来，而是只需要保存每个数组中的最近的两个数值就可以。实现这个过程的参考代码如下所示：

```java
public int rob(int[] nums) {
    int len = nums.length;
    if (len == 0) {
        return 0;
    }

    int[][] dp = new int[2][2];
    dp[0][0] = 0;
    dp[1][0] = nums[0];

    for (int i = 1; i < len; i++) {
        dp[0][i % 2] = Math.max(dp[0][(i-1) % 2], dp[1][(i-1) % 2]);
        dp[1][i % 2] = nums[i] + dp[0][(i-1) % 2];
    }

    return Math.max(dp[0][(len - 1) % 2], dp[1][(len - 1) % 2]);
}
```

在上述代码中，二维数组 dp 用来模拟表 14.1，"dp[0][i%2]"中用来存放 $f(i)$ 的计算结果，"dp[1][i%2]"中用来存放 $g(i)$ 的计算结果。由于数组 dp 的大小是固定的，因此空间复杂度是 $O(1)$。代码中只有一个 for 循环，因此时间复杂度是 $O(n)$。

面试题 90：环形房屋偷盗

题目：一条环形街道上有若干房屋。输入一个数组表示该条街道上的房屋内财产的数量。如果这条街道上相邻的两幢房屋被盗就会自动触发报警系统。请计算小偷在这条街道上最多能偷取的财产的数量。例如，街道上 5 家的财产用数组[2, 3, 4, 5, 3]表示，如果小偷到下标为 1 和 3 的房屋内盗窃，那么他能偷取到价值为 8 的财物，这是他在不触发报警系统的情况下能偷取到的最多的财物，如图 14.4 所示。被盗的房屋上方用特殊符号标出。

分析：这个问题和面试题 89 类似，唯一的区别在于面试题 89 中的房屋排成一排，而这个题目中的房屋围成一个环。线形街道上的房屋和环形街道上的房屋存在不同之处。如果 n 幢房屋围成一个首尾相接的环形，那么标号为 0 的房屋和标号为 $n-1$ 的房屋相邻，如果小偷进入这两幢房屋内都偷东西就会触发报警系统。例如，5 幢房屋内的财产数量分别是 2、3、4、5、3。如果这 5 幢房屋排成一排，小偷如果到标号为 0、2、4 的这 3 幢房屋内偷东西，那么他能偷得价值为 9 的财物。如果这 5 幢房屋围成一个首尾相接的环，由于标号为 0 和 4 的房屋相邻，因此小偷不能同时进入这两幢房屋内偷东西。

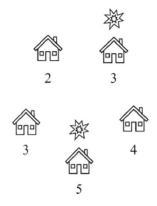

图 14.4 环形街道上财产数量分别为 2、3、4、5、3 的 5 幢房屋
说明：如果小偷不能到相邻的两幢房屋内盗窃，那么他最多只能偷到价值为 8 的财物

由于这个问题和面试题 89 的区别在于小偷不能同时到标号为 0 和 n-1 的两幢房屋内偷东西。如果他考虑去标号为 0 的房屋，那么他一定不能去标号为 n-1 的房屋；如果他考虑去标号为 n-1 的房屋，那么他一定不能去标号为 0 的房屋。因此，可以将这个问题分解成两个子问题：一个问题是求小偷从标号为 0 开始到标号为 n-2 结束的房屋内能偷得的最多财物数量，另一个问题是求小偷从标号为 1 开始到标号为 n-1 结束的房屋内能偷得的最多财物数量。小偷从标号为 0 开始到标号为 n-1 结束的房屋内能偷得的最多财物数量是这两个子问题的解的最大值。

可以将面试题 89 的代码稍做修改，这样就可以定义出一个函数使其求出小偷从标号从 start 开始到 end 结束的范围内能偷得的最多财物数量，接着分别输入标号从 0 到 n-2 和从 1 到 n-1 这两个范围调用该函数就可以解决这个问题。参考代码如下所示：

```java
public int rob(int[] nums) {
    if (nums.length == 0) {
        return 0;
    }

    if (nums.length == 1) {
        return nums[0];
    }

    int result1 = helper(nums, 0, nums.length - 2);
```

```
    int result2 = helper(nums, 1, nums.length - 1);
    return Math.max(result1, result2);
}

private int helper(int[] nums, int start, int end) {
    int[] dp = new int[2];
    dp[0] = nums[start];

    if (start < end) {
        dp[1] = Math.max(nums[start], nums[start + 1]);
    }

    for (int i = start + 2; i <= end; i++) {
        int j = i - start;
        dp[j%2] = Math.max(dp[(j-1) % 2], dp[(j-2) % 2] + nums[i]);
    }

    return dp[(end - start) % 2];
}
```

在上述代码中，helper 函数采用的是优化空间效率之后的自下而上的思路，时间复杂度是 $O(n)$，空间复杂度是 $O(1)$。

面试题 91：粉刷房子

题目：一排 n 幢房子要粉刷成红色、绿色和蓝色，不同房子被粉刷成不同颜色的成本不同。用一个 $n×3$ 的数组表示 n 幢房子分别用 3 种颜色粉刷的成本。要求任意相邻的两幢房子的颜色都不一样，请计算粉刷这 n 幢房子的最少成本。例如，粉刷 3 幢房子的成本分别为[[17, 2, 16], [15, 14, 5], [13, 3, 1]]，如果分别将这 3 幢房子粉刷成绿色、蓝色和绿色，那么粉刷的成本是 10，是最少的成本。

分析：每步粉刷 1 幢房子，粉刷 n 幢房子需要 n 步。由于每幢房子都能被粉刷成红色、绿色和蓝色这 3 种颜色中的一种，因此每步都面临 3 种选择。这个问题并不是求出所有粉刷的不同方法，而是计算符合一定条件的最少的粉刷成本，也就是求最优解，因此这个问题适合用动态规划解决。

❖ 分析确定状态转移方程

输入的 n 幢房子可以看成一个序列。每步多考虑 1 幢房子，在标号从 0 开始到 i-1 结束的房子的最少粉刷成本的基础上计算标号从 0 开始到 i 结束的房子的最少粉刷成本。

用动态规划解决问题的关键在于找出状态转移方程。根据粉刷的规则，相邻的两幢房子不能被粉刷成相同的颜色，要计算粉刷到标号为 i 的房子时的成本，还需要考虑标号为 $i-1$ 的房子的颜色。因此，需要 3 个表达式，即 $r(i)$、$g(i)$、$b(i)$，分别表示将标号为 i 的房子粉刷成红色、绿色和蓝色时粉刷标号从 0 到 i 的 $i+1$ 幢房子的最少成本。假设粉刷每幢房子的成本用一个二维数组 costs 表示，那么 costs[i] 中包含的 3 个数字分别是将标号为 i 的房子粉刷成红色、绿色和蓝色的成本。当标号为 i 的房子被粉刷成红色时，标号为 $i-1$ 的房子可以被粉刷成绿色或蓝色，因此 $r(i)=\min(g(i-1)$, $b(i-1))+$costs[i][0]。类似地，当标号为 i 的房子被粉刷成绿色时，标号为 $i-1$ 的房子可以被粉刷成红色或蓝色，因此 $g(i)=\min(r(i-1)$, $b(i-1))+$costs[i][1]；当标号为 i 的房子被粉刷成蓝色时，标号为 $i-1$ 的房子可以被粉刷成红色或绿色，因此 $b(i)=\min(r(i-1)$, $g(i-1))+$costs[i][2]。

这 3 个状态转移方程有一个隐含条件，要求 i 大于 0，否则 $i-1$ 没有意义。当 i 等于时，$r(0)$ 就是将标号为 0 的房子粉刷成红色的成本 costs[0][0]，$g(0)$ 就是将标号为 0 的房子粉刷成绿色的成本 costs[0][1]，而 $b(0)$ 就是将标号为 0 的房子粉刷成蓝色的成本 costs[0][2]。

❖ 根据状态转移方程写代码

可以将上述 3 个状态转移方程用自上而下的递归代码实现，需要用数组缓存 $r(i)$、$g(i)$ 和 $b(i)$ 的计算结果，否则就会因为重复计算导致很严重的效率问题。

如果采用自下而上的思路来实现动态规划的算法，就分别用 3 个一维数组保存 $r(i)$、$g(i)$ 和 $b(i)$ 的计算结果。在初始化 $r(0)$、$g(0)$ 和 $b(0)$ 的值之后，逐步根据状态转移方程先计算 $r(1)$、$g(1)$ 和 $b(1)$，再计算 $r(2)$、$g(2)$ 和 $b(2)$，以此类推，直至计算出 $r(n-1)$、$g(n-1)$ 和 $b(n-1)$。

如果将 3 个一维数组合起来看成一个表格（见表 14.2），那么实际上是按照从左到右、从上到下的顺序填满表格的。$r(0)$、$g(0)$ 和 $b(0)$ 分别表示将标号为 0 的房子粉刷成红色、绿色和蓝色的成本，即 cost[0][0]、cost[0][1] 和 cost[0][2]。$r(1)$ 表示将标号为 1 的房子粉刷成红色时粉刷标号为 0 和 1 的这两幢房子的最少成本。如果将标号为 1 的房子粉刷成红色，那么标号为 0 的房子可以被粉刷成绿色或蓝色，那么 $r(1)$ 的值等于 $g(0)$ 和 $b(0)$ 的最小值（2 和 16 的最小值为 2）加上将标号为 1 的房子粉刷成红色的成本 15，因此 $r(1)$ 等于 17。类似地，在根据动态转移方程计算出 $g(1)$ 和 $b(1)$ 之后，再计算下

一列 $r(2)$、$g(2)$ 和 $b(2)$ 的值。

表 14.2　计算粉刷成本为[[17, 2, 16], [15, 14, 5], [13, 3, 1]]的 3 幢房子最少成本的过程

i	0	1	2
$r(i)$	17	17	20
$g(i)$	2	30	10
$b(i)$	16	7	18

上述计算过程很容易用迭代的代码实现，参考代码如下所示：

```java
public int minCost(int[][] costs) {
    if (costs.length == 0) {
        return 0;
    }

    int[][] dp = new int[3][2];
    for (int j = 0; j < 3; j++) {
        dp[j][0] = costs[0][j];
    }

    for (int i = 1; i < costs.length; i++) {
        for (int j = 0; j < 3; j++) {
            int prev1 = dp[(j + 2) % 3][(i - 1) % 2];
            int prev2 = dp[(j + 1) % 3][(i - 1) % 2];
            dp[j][i % 2] = Math.min(prev1, prev2) + costs[i][j];
        }
    }

    int last = (costs.length - 1) % 2;
    return Math.min(dp[0][last], Math.min(dp[1][last], dp[2][last]));
}
```

上述代码用一个二维数组 dp 模拟表 14.2，该二维数组一共有 3 行，分别对应 $r(i)$、$g(i)$ 和 $b(i)$。由于计算 $r(i)$、$g(i)$ 和 $b(i)$ 时只需要用到 $r(i-1)$、$g(i-1)$ 和 $b(i-1)$，因此并不需要用完整的一维数组来保存 $r(i)$、$g(i)$ 和 $b(i)$ 的值。于是，进一步优化空间效率，将数组每行的长度精简为 2，$r(i)$、$g(i)$ 和 $b(i)$ 分别保存在 3 行下标为"i%2"的位置。优化之后的代码的时间复杂度是 $O(n)$，空间复杂度是 $O(1)$。

面试题 92：翻转字符

题目：输入一个只包含'0'和'1'的字符串，其中，'0'可以翻转成'1'，'1'可以翻转成'0'。请问至少需要翻转几个字符，才可以使翻转之后的字符串中所有的'0'位于'1'的前面？翻转之后的字符串可能只包含字符'0'或'1'。例如，输

入字符串"00110"，至少需要翻转一个字符才能使所有的'0'位于'1'的前面。可以将最后一个字符'0'翻转成'1'，得到字符串"00111"。

分析：一次翻转字符串中的一个字符，翻转字符串需要多个步骤。针对每个字符都有两个选择，即选择翻转该字符或不翻转该字符。完成一件事情需要多个步骤并且每个步骤都有多个选择，这看起来是一个和回溯法相关的问题。但由于题目没有要求列出所有符合要求的翻转方法，而是计算符合要求的最少翻转次数，也就是求最优解，因此动态规划更适合解决这个问题。

❖ 分析确定状态转移方程

应用动态规划解决问题总是从分析状态转移方程开始的。如果一个只包含'0'和'1'的字符串 S 的长度为 $i+1$，它的字符的下标范围为 $0 \sim i$。在翻转下标为 i 的字符时假设它的前 i 个字符都已经按照规则翻转完毕，所有的字符'0'都位于'1'的前面。

如果前 i 个字符在翻转某些'0'和'1'之后得到的符合要求的字符串的最后一个字符是'0'，那么无论下标为 i 的字符是'0'还是'1'，这 $i+1$ 个字符组成的字符串都是符合要求的。如果前 i 个字符在翻转某些'0'和'1'之后得到的符合要求的字符串的最后一个字符是'1'，那么必须保证下标为 i 的字符是'1'，这样才能确保这 $i+1$ 个字符组成的字符串是符合要求的。

由于翻转下标为 i 的字符依赖于前 i 个字符翻转之后最后一个字符是'0'还是'1'，因此要分为两种情况讨论。假设函数 $f(i)$ 表示把字符串中从下标为 0 的字符到下标为 i 的字符（记为 S[0..i]，字符串中前 $i+1$ 个字符组成的子字符串）变成符合要求的字符串并且最后一个字符是'0'所需要的最少翻转次数。假设函数 $g(i)$ 表示把字符串中 S[0..i]变成符合要求的字符串并且最后一个字符是'1'所需要的最少翻转次数。如果字符串的长度是 n，那么 $f(n-1)$ 和 $g(n-1)$ 就是翻转整个字符串使字符串符合要求并且最后一个字符分别变成'0'和'1'的最少翻转次数，它们的最小值就是整个问题的解。

如果翻转之后下标为 i 的字符是'0'，那么下标为 $i-1$ 的字符一定是'0'，否则就不满足所有的字符'0'位于'1'的前面的这个要求。当输入字符串中下标为 i 的字符（即 S[i]）是'0'时，这一步不需要翻转，$f(i)=f(i-1)$；当输入字符串中下标为 i 的字符是'1'时，$f(i)=f(i-1)+1$，因为要把下标为 i 的字符翻转成'0'。

如果翻转之后下标为 i 的字符是'1'，那么无论下标为 i-1 的字符是'0'还是'1'都满足题目的要求。当输入字符串 S[i]是'0'时，$g(i)$=min[$f(i$-1), $g(i$-1)] + 1，因为要把第 i 个字符翻转成'1'；当 S[i]是'1'时，此时不需要翻转字符，因此 $g(i)$=min[$f(i$-1), $g(i$-1)]。

当 i 等于 0 时，$f(0)$ 和 $g(0)$ 的值取决于下标为 0 的字符 S[0]。如果 S[0]为'0'，那么 $f(0)$ 的值为 0；如果 S[0]为'1'，那么 $f(0)$ 的值为 1。$g(0)$ 则反之，如果 S[0]为'0'，那么 $g(0)$ 的值为 1；如果 S[0]为'1'，那么 $g(0)$ 的值为 0。

❖ 根据状态转移方程写代码

既可以分别用数组来保存 $f(i)$ 和 $g(i)$ 的值，也可以用填充表格的形式来模拟 $f(i)$ 和 $g(i)$ 的计算过程。例如，计算翻转字符串"00110"的最少次数的过程可以用表 14.3 表示。随着 i 的增大，从左到右逐步计算 $f(i)$ 和 $g(i)$ 的值。由于字符串"00110"中下标为 0 的字符为'0'，因此 $f(0)$ 和 $g(0)$ 的值分别初始化为 0 和 1。

表 14.3　计算翻转字符串"00110"的最少次数的过程

i	0	1	2	3	4
$f(i)$	0	0	1	2	2
$g(i)$	1	1	0	0	1

字符串"00110"中下标为 1 的字符还是'0'，$f(1)$ 是将这个字符保持为'0'的最少翻转次数。按照规则，如果翻转之后的字符串的下标为 1 的字符是'0'，那么下标为 0 的字符必须也是'0'，因此此时 $f(1)$ 等于 $f(0)$，即 $f(1)$ 等于 0。此时得到的字符串是"00"。$g(1)$ 是将下标为 1 的字符变成'1'的最少翻转次数。如果翻转之后的字符串的下标为 1 的字符是'1'，那么下标为 0 的字符既可以是'0'也可以是'1'，因此，$g(1)$ 是 $f(0)$ 和 $g(0)$ 的最小值再加 1，即 $g(1)$ 等于 1。此时得到的字符串是"01"。

字符串"00110"中下标为 2 的字符是'1'。$f(2)$ 是在 $f(1)$ 的基础上将下标为 2 的字符翻转成'0'，因此 $f(2)$=$f(1)$+1，即 $f(2)$ 等于 1。此时得到的字符串是"000"。如果将下标为 2 的字符保持为'1'，那么下标为 1 的字符既可以是'0'也可以是'1'，因此 $g(2)$ 是 $f(1)$ 和 $g(1)$ 的最小值，即 $g(2)$ 等于 0。此时得到的字符串是"001"。

当 i 等于 3 和 4 时的计算过程可以以此类推，请读者自行推导。$f(4)$ 和 $g(4)$ 的最小值 1 就是翻转整个字符串"00110"的最少次数，翻转之后得到字符串"00111"。

理解了状态转移方程之后再编写代码实现上述表格填充过程就不会很难了。参考代码如下所示：

```java
public int minFlipsMonoIncr(String S) {
    int len = S.length();
    if (len == 0) {
        return 0;
    }

    int[][] dp = new int[2][2];
    char ch = S.charAt(0);
    dp[0][0] = ch == '0' ? 0 : 1;
    dp[1][0] = ch == '1' ? 0 : 1;

    for (int i = 1; i < len; i++) {
        ch = S.charAt(i);
        int prev0 = dp[0][(i - 1) % 2];
        int prev1 = dp[1][(i - 1) % 2];
        dp[0][i % 2] = prev0 + (ch == '0' ? 0 : 1);
        dp[1][i % 2] = Math.min(prev0, prev1) + (ch == '1' ? 0 : 1);
    }

    return Math.min(dp[0][(len - 1) % 2], dp[1][(len - 1) % 2]);
}
```

上述代码定义了一个只有两行的二维数组 dp，用来模拟一个表格，$f(i)$ 对应二维数组 dp 的第 1 行，$g(i)$ 对应 dp 的第 2 行。由于计算 $f(i)$ 和 $g(i)$ 只需要用到 $f(i-1)$ 和 $g(i-1)$ 的值，因此并不需要用一个长度为 n 的数组来保存 $f(i)$ 和 $g(i)$。dp 中每行的长度为 2，$f(i)$ 和 $g(i)$ 的值保存在对应行 "i%2" 的位置。

如果输入字符串的长度为 n，上述代码用一个 for 循环扫描整个字符串，因此时间复杂度是 $O(n)$。由于二维数组 dp 的大小是固定的，因此空间复杂度是 $O(1)$。

面试题 93：最长斐波那契数列

题目：输入一个没有重复数字的单调递增的数组，数组中至少有 3 个数字，请问数组中最长的斐波那契数列的长度是多少？例如，如果输入的数组是[1, 2, 3, 4, 5, 6, 7, 8]，由于其中最长的斐波那契数列是 1、2、3、5、8，因此输出是 5。

分析：所谓斐波那契数列，是指数列中从第三个数字开始每个数字都等于前面两个数字之和，如数列 1、2、3、5、8、13 就是一个斐波那契数列。

可以从左至右每次从输入的数组中取出一个数字，使之和前面的若干数字组成斐波那契数列。一个数字可能和前面不同的数字组成不同的斐波那契数列。例如，输入数组[1, 2, 3, 4, 5, 6, 7, 8]，假设我们处理到数字 6，数字 6 就可以和前面的数字组成两个斐波那契数列，分别是 1、5、6 和 2、4、6。也就是说，每处理到一个数字时可能面临若干选择，需要从这些选择中找出最长的斐波那契数列。解决一个问题需要多个步骤，每一步面临若干选择，这个题目看起来适合运用回溯法。但由于这个问题没有要求列出所有的斐波那契数列，而是找出最长斐波那契数列的长度，也就是求最优解，因此可以用动态规划来解决这个问题。

❖ 分析确定状态转移方程

应用动态规划的关键在于找出状态转移方程。将数组记为 A，$A[i]$ 表示数组中下标为 i 的数字。对于每个 j（$0 \leqslant j < i$），$A[j]$ 都有可能是在某个斐波那契数列中 $A[i]$ 前面的一个数字。如果存在一个 k（$0 \leqslant k < j$）满足 $A[k] + A[j] = A[i]$，那么这 3 个数字就组成了一个斐波那契数列。这个以 $A[i]$ 为结尾、前一个数字是 $A[j]$ 的斐波那契数列是在以 $A[j]$ 为结尾、前一个数字是 $A[k]$ 的序列的基础上增加一个数字 $A[i]$，因此前者的长度是在后者的长度的基础上加 1。

例如，在数组 A=[1, 2, 3, 4, 5, 6, 7, 8]中，$A[7]$ 等于 8。数字 8 既可以在 1、2、3、5（结尾数字为 $A[4]$）的基础上形成更长的斐波那契数列 1、2、3、5、8，也可以和数字 6（$A[5]$）一起形成斐波那契数列 2、6、8，还可以和数字 7（$A[6]$）一起组成斐波那契数列 1、7、8。虽然序列 2、6 和 1、7 本身都不是斐波那契数列，但在后面添加数字 8 之后就变成斐波那契数列。

由于以 $A[i]$ 为结尾的斐波那契数列的长度依赖于它前一个数字 $A[j]$，不同的 $A[j]$ 能和 $A[i]$ 形成不同的斐波那契数列，它们的长度也可能不同。因此，状态转移方程有两个参数 i 和 j，$f(i, j)$ 表示以 $A[i]$ 为最后一个数字、$A[j]$ 为倒数第 2 个数字的斐波那契数列的长度。如果数组中存在一个数字 k，使 $A[i]=A[j]+A[k]$（$0 \leqslant k < j < i$），那么 $f(i, j)=f(j, k)+1$，即在以 $A[j]$ 为最后一个数字、$A[k]$ 为倒数第 2 个数字的斐波那契数列的基础上增加一个数字 $A[i]$，形成更

长的一个数列。$f(i, j)$的值可能是 2，此时虽然 $A[i]$ 和 $A[j]$ 这两个数字现在还不能形成一个有效的斐波那契数列，但可能会在之后增加一个新的数字使之形成长度为 3 甚至更长的斐波那契数列。

❖ 根据状态转移方程写代码

由于状态转移方程有两个参数 i 和 j，因此需要一个二维数组来缓存 $f(i, j)$ 的计算结果。i 对应二维数组的行号，j 对应二维数组的列号。由于 i 大于 j，因此实际上只用到了二维数组的左下角部分。如果数组的长度是 n，那么 i 的取值范围为 $1 \sim n-1$，而 j 的取值范围为 $0 \sim n-2$。

表 14.4 记录了计算数组[1, 2, 3, 4, 5, 6, 7, 8]中最长斐波那契数列的长度的过程。按照从上到下、从左到右的顺序填满表 14.4 中的每个格子。表格中第 1 行只有一个格子，表示以 $A[1]$ 为结尾、$A[0]$ 为倒数第 2 个数字的数列 1、2，此时还不是一个有效的斐波那契数列，它的长度是 2，即 $f(1, 0)$ 等于 2。

表 14.4　计算数组[1, 2, 3, 4, 5, 6, 7, 8]中最长斐波那契数列的长度的过程

	1	2					
	2	2	3				
	3	2	2	3			
i	4	2	2	4	3		
	5	2	2	2	3	3	
	6	2	2	2	4	3	3
	7	2	2	2	5	3	4
	j	0	1	2	3	4	5	6

表 14.4 中第 2 行第 1 个格子表示以 $A[2]$ 为结尾、$A[0]$ 为倒数第 2 个数字的数列 1、3，此时还不是一个有效的斐波那契数列，它的长度是 2，即 $f(2, 0)$ 等于 2。第 2 行第 2 个格子表示以 $A[2]$ 为结尾、$A[1]$ 为倒数第 2 个数字的斐波那契数列的长度。存在一个数字 $A[0]$ 使 $A[2]=A[1]+A[0]$（即 3=2+1），因此 $f(2,1)=f(1,0)+1$，$f(2,1)$ 等于 3，对应的斐波那契数列是 1、2、3。

以此类推可以填满整个表格。表格中最大的值 5 就是数组[1, 2, 3, 4, 5, 6, 7, 8]中最长斐波那契数列的长度，对应的斐波那契数列是 1、2、3、5、8。

在理解了表 14.4 的计算过程之后，可以用二重循环来模拟二维数组从上到下、从左到右的填充过程。参考代码如下所示：

```java
public int lenLongestFibSubseq(int[] A) {
    Map<Integer, Integer> map = new HashMap<>();
    for (int i = 0; i < A.length; i++) {
        map.put(A[i], i);
    }

    int[][] dp = new int[A.length][A.length];
    int result = 2;
    for (int i = 1; i < A.length; i++) {
        for (int j = 0; j < i; j++) {
            int k = map.getOrDefault(A[i] - A[j], -1);
            dp[i][j] = k >= 0 && k < j ? dp[j][k] + 1 : 2;

            result = Math.max(result, dp[i][j]);
        }
    }

    return result > 2 ? result : 0;
}
```

在上述代码中，$f(i, j)$保存在"dp[i][j]"中。外层 for 循环从上到下计算二维数组的每行，内层 for 循环从左到右计算每列。循环体内按照状态转移方程计算$f(i, j)$的值，即如果存在$A[k]$使$A[i]=A[j]+A[k]$，则$f(i, j)=f(j, k)+1$。

上述代码用到了二重循环，因此时间复杂度是$O(n^2)$。由于使用了一个大小为$O(n^2)$的二维数组和一个大小为$O(n)$的哈希表，因此空间复杂度也是$O(n^2)$。

上述代码使用一个哈希表 map 来记录每个数字在数组中的下标。有了这个哈希表就可以用 $O(1)$的时间判断数组中是否存在一个数字 $A[k]$满足 $A[k] = A[i] - A[j]$。由于输入数组是严格递增排序的，因此也可以用二分查找算法来确定是否存在符合条件的 $A[k]$。如果采用二分查找，那么就不需要使用哈希表，但时间复杂度将会增加到 $O(n^2 \log n)$。应用哈希表相当于用空间换时间。

面试题 94：最少回文分割

> 题目：输入一个字符串，请问至少需要分割几次才可以使分割出的每个子字符串都是回文？例如，输入字符串"aaba"，至少需要分割 1 次，从两个相邻字符'a'中间切一刀将字符串分割成两个回文子字符串"a"和"aba"。

分析：可以将一个字符串切若干刀使每个子字符串都是回文，也就是说，完成一个分割需要多个步骤，而且每个步骤的分割也可能面临多个选择。例如，在考虑分割字符串"aaba"以最后一个字符'a'为结尾字符的回文子字符串时，就有两个选择：一个选择是分割出来的回文子字符串只包含一个字符，即"a"（此时整个字符串"aaba"可以分割出 3 个回文子字符串"aa"、"b"和"a"）；另一个选择是分割出来的子字符串包含 3 个字符，即"aba"（此时整个字符串"aaba"可以分割出两个回文子字符串，即"a"和"aba"）。完成一件事需要多个步骤，而且每步可能面临多个选择，这个问题看起来需要用回溯法解决。但由于这个问题没有要求列出所有符合要求的分割方法，而是只需要计算出最少的分割次数，因此这个问题更适合用动态规划来解决。

❖ 分析确定状态转移方程

应用动态规划解决问题的关键在于找出状态转移方程。假设字符串为 S，下标为 i 的字符为 S[i]，下标从 j 到 i 的子字符串为 S[$j..i$]。用 $f(i)$ 表示从下标为 0 到 i 的子字符串 S[0..i]的符合条件的最少分割次数。如果字符串的长度是 n，那么 $f(n-1)$ 就是问题的解。

如果子字符串 S[0..i]本身就是一个回文，那么不需要分割就符合要求，此时 $f(i)$ 等于 0。如果子字符串 S[0..i]不是一个回文，那么对每个下标 j（1≤j≤i）逐一判断子字符串 S[$j..i$]是不是回文。如果是回文，那么这就是一个有效的分割方法，此时的分割次数相当于子字符串 S[0..j-1]的分割次数再加 1，因为这是将子字符串 S[0..j-1]按照要求分割之后再在 S[j-1]和 S[j]这两个字符中间再分割一次。因此，$f(i)$ 就是所有符合条件的 j 对应的 $f(j-1)$ 的最小值加 1。

❖ 根据状态转移方程写代码

下面以输入字符串"aaba"为例分析 $f(i)$ 的计算过程。当 i 等于 0 时，子字符串"a"是回文，因此 $f(0)$ 等于 0。当 i 等于 1 时，子字符串"aa"也是回文，因此 $f(1)$ 也等于 0。当 i 等于 2 时，子字符串"aab"不再是回文，此时只有一种符合条件的分割方式，将"aab"分割成"aa"和"b"。因此，$f(2)=f(1)+1$，即 $f(2)$ 等于 1。当 i 等于 3 时，"aaba"也不是回文，此时有两种分割方式。一是分割成"a"和"aba"，此时 j 等于 1。二是分割成"aab"和"a"（"aab"不是回文，它的最少分割次数 $f(2)$ 之前已经计算过），此时 j 等于 2。所以，$f(3)$ 等于 $f(1)$ 和 $f(2)$ 的最小值加 1，即 $f(3)$ 等于 1。因此，至少分割 1 次就能将字符串"aaba"分割成两个回文子字符串（即"a"和"aba"）。

这个自下而上的计算过程可以用一个二重循环实现,参考代码如下所示:

```java
public int minCut(String s) {
    int len = s.length();
    boolean[][] isPal = new boolean[len][len];
    for (int i = 0; i < len; i++) {
        for (int j = 0; j <= i; j++) {
            char ch1 = s.charAt(i);
            char ch2 = s.charAt(j);
            if (ch1 == ch2 && (i <= j + 1 || isPal[j + 1][i - 1])) {
                isPal[j][i] = true;
            }
        }
    }

    int[] dp = new int[len];
    for (int i = 0; i < len; i++) {
        if (isPal[0][i]) {
            dp[i] = 0;
        } else {
            dp[i] = i;
            for (int j = 1; j <= i; j++) {
                if (isPal[j][i]) {
                    dp[i] = Math.min(dp[i], dp[j - 1] + 1);
                }
            }
        }
    }

    return dp[len - 1];
}
```

上述代码中的数组 dp 用来存放 $f(i)$ 的计算结果,$f(i)$ 的计算结果放在数组 dp 下标为 i 的位置。接下来的二重循环根据状态转移方程计算 $f(i)$。

上述代码还需要解决一个问题:如何快速判断下标从 j 到 i 的子字符串是不是回文?通常需要用 $O(n)$ 的时间判断一个长度为 n 的字符串是不是回文。由于需要用二重循环计算状态转移方程,因此如果循环体内还需要 $O(n)$ 的时间判断子字符串是不是回文,那么总体时间复杂度就是 $O(n^3)$。

为了优化时间复杂度,上述代码需要预处理,先判断所有子字符串 $S[j..i]$ 是不是回文,并将子字符串是否为回文的结果保存在 "isPal[j][i]" 中。判断子字符串 $S[j..i]$ 是否为回文的标准是字符 $S[j]$ 和 $S[i]$ 相同,并且子字符串 $S[j+1..i-1]$ 也是回文。优化之后只需要 $O(1)$ 的时间就能判断子字符串 $S[j..i]$ 是不是回文。

优化之后的代码需要两个二重循环,第 1 个二重循环做预处理是为了判断每个子字符串是不是回文。长度为 n 的子字符串有 $O(n^2)$ 个子字符串,

因此至少需要 $O(n^2)$ 的时间才能判断所有的子字符串是不是回文。第 2 个二重循环是为了计算状态转移方程，时间复杂度也是 $O(n^2)$。因此，上述解法的总体时间复杂度是 $O(n^2)$。

上述代码使用了两个数组，一个是大小为 $O(n^2)$ 的二维数组 isPal，另一个是大小为 $O(n)$ 的一维数组 dp，因此总的空间复杂度是 $O(n^2)$。可以用一个大小为 $O(n^2)$ 的数组将时间复杂度从 $O(n^3)$ 优化到 $O(n^2)$，因此这种优化是用空间换时间。

14.3 双序列问题

和单序列问题不同，双序列问题的输入有两个或更多的序列，通常是两个字符串或数组。由于输入是两个序列，因此状态转移方程通常有两个参数，即 $f(i, j)$，定义第 1 个序列中下标从 0 到 i 的子序列和第 2 个序列中下标从 0 到 j 的子序列的最优解（或解的个数）。一旦找到了 $f(i, j)$ 与 $f(i-1, j-1)$、$f(i-1, j)$ 和 $f(i, j-1)$ 的关系，通常问题也就迎刃而解。

由于双序列的状态转移方程有两个参数，因此通常需要使用一个二维数组来保存状态转移方程的计算结果。但在大多数情况下，可以优化代码的空间效率，只需要保存二维数组中的一行就可以完成状态转移方程的计算，因此可以只用一个一维数组就能实现二维数组的缓存功能。

接下来通过几个典型的编程题目来介绍如何应用动态规划来解决双序列问题。

面试题 95：最长公共子序列

题目：输入两个字符串，请求出它们的最长公共子序列的长度。如果从字符串 s1 中删除若干字符之后能得到字符串 s2，那么字符串 s2 就是字符串 s1 的一个子序列。例如，从字符串"abcde"中删除两个字符之后能得到字符串"ace"，因此字符串"ace"是字符串"abcde"的一个子序列。但字符串"aec"不是字符串"abcde"的子序列。如果输入字符串"abcde"和"badfe"，那么它们的最长公共子序列是"bde"，因此输出 3。

分析：两个字符串可能存在多个公共子序列，如空字符串""、"a"、"ad"

与"bde"等都是字符串"abcde"和"badfe"的公共子序列。这个题目没有要求列出两个字符串的所有公共子序列，而只是计算最长公共子序列的长度，也就是求问题的最优解，因此可以考虑应用动态规划来解决这个问题。

❖ 分析确定状态转移方程

应用动态规划解决问题的关键在于确定状态转移方程。由于输入有两个字符串，因此状态转移方程有两个参数。用函数 $f(i, j)$ 表示第 1 个字符串中下标从 0 到 i 的子字符串（记为 s1[0..i]）和第 2 个字符串中下标从 0 到 j 的子字符串（记为 s2[0..j]）的最长公共子序列的长度。如果第 1 个字符串的长度是 m，第 2 个字符串的长度是 n，那么 $f(m-1, n-1)$ 就是整个问题的解。

如果第 1 个字符串中下标为 i 的字符（记为 s1[i]）与第 2 个字符串中下标为 j（记为 s2[j]）的字符相同，那么 $f(i, j)$ 相当于在 s1[0..i-1] 和 s2[0..j-1] 的最长公共子序列的后面添加一个公共字符，也就是 $f(i, j)=f(i-1, j-1)+1$。

如果字符 s1[i] 与字符 s2[j] 不相同，则这两个字符不可能同时出现在 s1[0..i] 和 s2[0..j] 的公共子序列中。此时 s1[0..i] 和 s2[0..j] 的最长公共子序列要么是 s1[0..i-1] 和 s2[0..j] 的最长公共子序列，要么是 s1[0..i] 和 s2[0..j-1] 的最长公共子序列。也就是说，此时 $f(i, j)$ 是 $f(i-1, j)$ 和 $f(i, j-1)$ 的最大值。

可以将这个问题的状态转移方程总结为

$$f(i, j) = \begin{cases} f(i-1, j-1)+1, & s1[i] == s2[j] \\ \max(f(i-1, j), f(i, j-1)), & s1[i] != s2[j] \end{cases}$$

当上述状态转移方程的 i 或 j 等于 0 时，即求 $f(0, j)$ 或 $f(i, 0)$ 时可能需要 $f(-1, j)$ 或 $f(i, -1)$ 的值。$f(0, j)$ 的含义是 s1[0..0] 和 s2[0..j] 这两个子字符串的最长公共子序列的长度，即第 1 个子字符串只包含一个下标为 0 的字符，那么 $f(-1, j)$ 对应的第 1 个子字符串再减少一个字符，所以第 1 个子字符串是空字符串。任意空字符串和另一个字符串的公共子序列的长度都是 0，所以 $f(-1, j)$ 的值等于 0。同理，$f(i, -1)$ 的值也等于 0。

❖ 根据状态转移方程写代码

和解决单序列问题类似，可以将上述状态转移方程用递归的代码实现，但由于存在重叠的子问题（如 $f(i, j)$ 和 $f(i-1, j)$ 都依赖于 $f(i-1, j-1)$），因此需要用一个二维数组缓存计算结果，以确保没有不必要的重复计算。

也可以用自下而上的方法来计算状态转移方程，这个过程可以看成一个表格的填充过程。可以用一个表格来保存 $f(i, j)$ 的计算结果，如计算字符串"abcde"和"badfe"的最长公共子序列的长度的过程可以用表 14.5 表示。第 1 个字符串"abcde"的长度是 5，表 14.5 共有 6 行，对应的 i 的值为 -1～4。第 2 个字符串"badfe"的长度也是 5，表 14.5 共有 6 列，对应的 j 的值为 -1～4。

表 14.5　计算字符串"abcde"和"badfe"的最长公共子序列的长度的过程

i	j					
	-1	0	1	2	3	4
-1	0	0	0	0	0	0
0	0	0	1	1	1	1
1	0	1	1	1	1	1
2	0	1	1	1	1	1
3	0	1	1	2	2	2
4	0	1	1	2	2	3

先将表 14.5 中 i 等于-1对应的行和 j 等于-1对应的列都初始化为 0，然后按照从上到下、从左到右的顺序填充表格中的其他位置。

表 14.5 的第 2 行第 2 列保存 $f(0, 0)$ 的值。由于 s1[0]是字符'a'，s2[0]是字符'b'，它们不相同，因此 $f(0, 0)$ 的值等于 $f(0, -1)$ 和 $f(-1, 0)$ 的最大值，即 $f(0, 0)$ 等于 0。这意味着 s1[0..0]（"a"）和 s2[0..0]（"b"）的最长公共子序列是空字符串""，长度是 0。

表 14.5 的第 2 行第 3 列保存的是 $f(0, 1)$ 的值。由于 s1[0]和 s2[0]都是字符'a'，因此 $f(0, 1)=f(-1, 0)+1$，所以 $f(0, 1)$ 等于 1。这意味着 s1[0..0]（"a"）和 s2[0..1]（"ba"）的最长公共子序列是"a"，长度是 1。

以此类推，填充表 14.5 中的其他空格，请读者自行推导，$f(4, 4)$ 的值位于表格的右下角，它的值 3 是整个问题的解。

接下来考虑用代码实现这个填充表格的过程。可以先用一个二维数组实现这个表格，然后用一个二重循环实现从上到下、从左到右的填充顺序。参考代码如下所示：

```
public int longestCommonSubsequence(String text1, String text2) {
    int len1 = text1.length();
    int len2 = text2.length();
```

```
int[][] dp = new int[len1 + 1][len2 + 1];
for (int i = 0; i < len1; i++) {
    for (int j = 0; j < len2; j++) {
        if (text1.charAt(i) == text2.charAt(j)) {
            dp[i+1][j+1] = dp[i][j] + 1;
        } else {
            dp[i+1][j+1] = Math.max(dp[i][j+1], dp[i+1][j]);
        }
    }
}

return dp[len1][len2];
}
```

由于表格中有 i 等于-1 对应的行和 j 等于-1 对应的列，因此如果输入字符串的长度分别为 m、n，那么代码中的二维数组 dp 的行数和列数分别是 $m+1$ 和 $n+1$。$f(i, j)$的值保存在"dp[i+1][j+1]"中。这种解法的空间复杂度是 $O(mn)$。

由于 Java 的整型数值的默认值是 0，因此省略了将数组 dp 下标为 0 的行和下标为 0 的列的值初始化为 0 的代码。接着用二重循环填充数组 dp 中的每个数值，循环体内是按照状态转移方程写出的代码。这种解法的时间复杂度是 $O(mn)$。

❖ 优化空间效率，只保存表格中的两行

接着尝试优化空间效率。需要注意的是，$f(i, j)$的值依赖于表格中左上角 $f(i-1, j-1)$的值、正上方 $f(i-1, j)$的值和同一行左边 $f(i, j-1)$的值。由于计算 $f(i, j)$的值时只需要使用上方一行的值和同一行左边的值，因此实际上只需要保存表格中的两行就可以。

优化之后的代码如下所示：

```
public int longestCommonSubsequence(String text1, String text2) {
    int len1 = text1.length();
    int len2 = text2.length();
    if (len1 < len2) {
        return longestCommonSubsequence(text2, text1);
    }

    int[][] dp = new int[2][len2 + 1];
    for (int i = 0; i < len1; i++) {
        for (int j = 0; j < len2; j++) {
            if (text1.charAt(i) == text2.charAt(j)) {
                dp[(i+1)%2][j+1] = dp[i%2][j] + 1;
            } else {
                dp[(i+1)%2][j+1] = Math.max(dp[i%2][j+1], dp[(i+1)%2][j]);
            }
```

```
        }
    }

    return dp[len1%2][len2];
}
```

在上述代码中，二维数组 dp 只有两行，$f(i, j)$ 的值保存在 "dp[(i+1)%2] [j+1]" 中。由于数组 dp 的行数是一个常数，因此此时的空间复杂度是 $O(\min(m, n))$。由于仍然需要二重循环，因此时间复杂度仍然是 $O(mn)$。

❖ 进一步优化空间效率，只需要一个一维数组

还可以进一步优化空间效率，只需要用一个一维数组就能保存所有计算所需的信息。这个一维数组的长度是表格的列数（即输入字符串 s2 的长度加 1）。为了让一个一维数组保存表格中的两行信息，一维数组的每个位置需要保存原来表格中上下两格的信息，即 $f(i, j)$ 和 $f(i-1, j)$ 都保存在数组 dp 下标 $j+1$ 的位置。在计算 $f(i, j)$ 之前，"dp[j+1]" 中保存的是 $f(i-1, j)$ 的值；在完成 $f(i, j)$ 的计算之后，"dp[j+1]" 被 $f(i, j)$ 的值替换。

需要注意的是，在计算 $f(i, j+1)$ 时，可能还需要 $f(i-1, j)$ 的值，因此在计算 $f(i, j)$ 之后不能直接用 $f(i, j)$ 的值替换 "dp[j+1]" 中 $f(i-1, j)$ 的值。可以在用 $f(i, j)$ 的值替换 "dp[j+1]" 中 $f(i-1, j)$ 的值之前先将 $f(i-1, j)$ 的值临时保存起来，这样下一步在计算 $f(i, j+1)$ 时还能得到 $f(i-1, j)$ 的值。再次优化之后的代码如下所示：

```java
public int longestCommonSubsequence(String text1, String text2) {
    int len1 = text1.length();
    int len2 = text2.length();
    if (len1 < len2) {
        return longestCommonSubsequence(text2, text1);
    }

    int[] dp = new int[len2 + 1];
    for (int i = 0; i < len1; i++) {
        int prev = dp[0];
        for (int j = 0; j < len2; j++) {
            int cur;
            if (text1.charAt(i) == text2.charAt(j)) {
                cur = prev + 1;
            } else {
                cur = Math.max(dp[j], dp[j + 1]);
            }

            prev = dp[j + 1];
            dp[j + 1] = cur;
        }
    }
```

```
    return dp[len2];
}
```

在上述代码中，变量 prev 用来保存数组中被替换的值。在计算 $f(i, j)$ 之前，变量 prev 保存的是 $f(i-1, j-1)$ 的值。在计算 $f(i, j)$（代码中的变量 cur）之后将它保存到"dp[j+1]"中。在保存 $f(i, j)$ 之前，将保存在"dp[j+1]"中的值（即 $f(i-1, j)$）临时保存到变量 prev 中。下一步计算 $f(i, j+1)$ 时可以从变量 prev 中得到 $f(i-1, j)$。

在代码"cur = Math.max(dp[j], dp[j + 1])"中，"dp[j]"对应的是 $f(i, j-1)$，而"dp[j+1]"对应的是 $f(i-1, j)$。由于是按照从上到下、从左到右的顺序填充表格的，因此在计算 $f(i, j)$ 之前，$f(i, j-1)$ 的值已经计算出来并保存到 dp[j] 的位置。此时 $f(i, j)$ 的值还没有计算出来，因此保存在"dp[j+1]"中的还是 $f(i-1, j)$ 的值。

虽然再次优化之后的空间复杂度仍然是 $O(\min(m, n))$，但所需的辅助空间减少到之前的一半。

面试题 96：字符串交织

> 题目：输入 3 个字符串 s1、s2 和 s3，请判断字符串 s3 能不能由字符串 s1 和 s2 交织而成，即字符串 s3 的所有字符都是字符串 s1 或 s2 中的字符，字符串 s1 和 s2 中的字符都将出现在字符串 s3 中且相对位置不变。例如，字符串"aadbbcbcac"可以由字符串"aabcc"和"dbbca"交织而成，如图 14.5 所示。

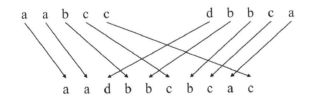

图 14.5　由字符串"aabcc"和"dbbca"交织得到字符串"aadbbcbcac"的方法

分析：每步从字符串 s1 或 s2 中选出一个字符交织生成字符串 s3 中的一个字符，那么交织生成字符串 s3 中的所有字符需要多个步骤。每步既可能从字符串 s1 中选择一个字符，也可能从字符串 s2 中选择一个字符，也就是说，每步可能面临两个选择。完成一件事情需要多个步骤，而且每步都可能面临多个选择，这个问题看起来可以用回溯法解决。

这个问题并没有要求列出所有将字符串 s1 和 s2 交织得到字符串 s3 的方法，而只是判断能否将字符串 s1 和 s2 交织得到字符串 s3。如果能够将字符串 s1 和 s2 交织得到字符串 s3，那么将字符串 s1 和 s2 交织得到字符串 s3 的方法的数目大于 0。这只是判断问题的解是否存在（即判断解的数目是否大于 0），因此这个问题更适合应用动态规划来解决。

❖ 分析确定状态转移方程

应用动态规划解决问题的关键在于找出问题的状态转移方程。如果字符串 s1 的长度为 m，字符串 s2 的长度为 n，那么它们交织得到的字符串 s3 的长度一定是 $m+n$。可以用函数 $f(i, j)$ 表示字符串 s1 的下标从 0 到 i 的子字符串（记为 s1[0..i]，长度为 $i+1$）和字符串 s2 的下标从 0 到 j 的子字符串（记为 s2[0..j]，长度为 $j+1$）能否交织得到字符串 s3 的下标从 0 到 $i+j+1$（记为 s3[0..i+j+1]，长度为 $i+j+2$）的子字符串。$f(m-1, n-1)$ 就是整个问题的解。

按照字符串的交织规则，字符串 s3 的下标为 $i+j+1$ 的字符（s3[i+j+1]）既可能是来自字符串 s1 的下标为 i 的字符（s1[i]），也可能是来自字符串 s2 的下标为 j 的字符(s2[j])。如果 s3[i+j+1] 和 s1[i] 相同，只要 s1[0..i-1] 和 s2[0..j] 能交织得到子字符串 s3[i+j]，那么 s1[0..i] 一定能和 s2[0..j] 交织得到 s3[0..i+j+1]。也就是说，当 s3[i+j+1] 和 s1[i] 相同时，$f(i, j)$ 的值等于 $f(i-1, j)$ 的值。类似地，当 s3[i+j+1] 和 s2[j] 相同时，$f(i, j)$ 的值等于 $f(i, j-1)$ 的值。如果 s1[i] 和 s2[j] 都和 s3[i+j+1] 相同，此时只要 $f(i-1, j)$ 和 $f(i, j-1)$ 有一个值为 true，那么 $f(i, j)$ 的值为 true。

由此可知，$f(i, j)$ 的值依赖于 $f(i-1, j)$ 和 $f(i, j-1)$ 的值。如果 i 等于 0，那么 $f(0, j)$ 的值依赖于 $f(-1, j)$ 和 $f(0, j-1)$ 的值。状态转移方程中的 i 是指字符串 s1 中当前处理的子字符串的最后一个字符的下标。当 i 等于 0 时，当前处理的字符串 s1 的子字符串中只有一个下标为 0 的字符。那么当 i 等于-1 时，当前处理的字符串 s1 的子字符串中一个字符也没有，是空的。$f(-1, j)$ 的含义是当字符串 s1 的子字符串是空字符串的时候，它和字符串 s2 从下标从 0 到 j 的子字符串（即 s2[0..j]）能否交织出字符串 s3 中下标从 0 到 j 的子字符串（即 s3[0..j]）。由于空字符和 s2[0..j] 交织的结果一定还是 s2[0..j]，因此 $f(-1, j)$ 的值其实取决于子字符串 s2[0..j] 和 s3[0..j] 是否相同。如果 s2[j] 和 s3[j] 不同，那么 $f(-1, j)$ 的值为 false；如果 s2[j] 和 s3[j] 相同，那么 $f(-1, j)$ 的值等于 $f(-1, j-1)$ 的值。

类似地，$f(i, -1)$的含义是当字符串 s2 的子字符串是空字符串时，它和
s1[0..i]能否交织得到 s3[0..i]，因此 $f(i, -1)$的值取决于子字符串 s1[0..i]和
s3[0..i]是否相同。如果 s1[i]和 s3[i]不同，那么 $f(i, -1)$的值为 false；如果 s1[i]
和 s3[i]相同，那么 $f(i, -1)$的值等于 $f(i-1, -1)$的值。

当 i 和 j 都等于-1 时，$f(-1, -1)$的值的含义是两个空字符串能否交织得
到一个空字符串。这显然是可以的，因此 $f(-1, -1)$的值为 true。

❖ 根据状态转移方程写代码

定义好状态转移方程之后再将其转换成递归代码就比较容易。由于状
态转移方程有两个参数，因此需要用一个二维数组来缓存 $f(i, j)$的计算结果。
有了这个二维数组的缓存，就能确保每个 $f(i, j)$只计算一次。

还可以将二维数组的缓存看成一个表格，计算所有 $f(i, j)$的过程就是填
充表格的过程。例如，表 14.6 总结了判断字符串"aabcc"和"dbbca"能否交织
得到字符串"aadbbcbcac"的过程，其中，T 表示 true，F 表示 false。

表 14.6　判断字符串"aabcc"和"dbbca"能否交织得到字符串"aadbbcbcac"的过程

i	j					
	-1	0	1	2	3	4
-1	T	F	F	F	F	F
0	T	F	F	F	F	F
1	T	T	T	T	T	F
2	F	T	T	F	T	F
3	F	F	T	T	T	T
4	F	F	F	T	F	T

首先 $f(-1, -1)$对应的位置为 true。接着确定 $f(-1, j)$对应的第 1 行中其他
5 个格子的值，它们的含义是空字符串和字符串 s2 的子字符串 s2[0..j]能否
交织出字符串 s3 的子字符串 s3[0..j]，即 s2[0..j]是否和 s3[0..j]相同。由于字
符串"dbbca"的 5 个字符和字符串"aadbbcbcac"的前 5 个字符都对应不相同，
因此该行中接下来的 5 个格子的值都是 false。

然后确定 $f(i, -1)$对应的第 1 列中剩余 5 个格子的值，它们的含义是字
符串 s1 的子字符串 s1[0..i]能否和空字符串交织出 s3[0..i]。由于字符串
"aabcc"的前面两个字符和字符串"aadbbcbcac"的前面两个字符串对应相同，

因此 $f(0, -1)$ 和 $f(1, -1)$ 的值都是 true；两个字符串的第 3 个字符不相同，所以接下来的 $f(2, -1)$、$f(3, -1)$ 和 $f(4, -1)$ 的值都是 false。

再从上到下、从左到右填充表 14.6 中的其他格子。$f(0, 0)$ 的含义是字符串 s1 的子字符串 s1[0..0]（即"a"）能否和字符串 s2 的子字符串 s2[0..0]（即"d"）交织得到字符串 s3 的子字符串 s3[0..1]（即"aa"）。由于"aa"的最后一个字符和"a"的最后一个字符相同，因此 $f(0, 0)$ 的值等于 $f(-1, 0)$ 的值，$f(0, 0)$ 的值为 false。$f(0, 1)$ 的含义是字符串 s1 的子字符串 s1[0..0]（即"a"）能否和字符串 s2 的子字符串 s2[0..1]（即"db"）交织得到字符串 s3 的子字符串 s3[0..2]（即"aad"）。由于字符串"aad"的最后一个字符和字符串"a"的最后一个字符及字符串"db"的最后一个字符都不相同，在此 $f(0, 1)$ 的值为 false。类似地，可以计算出该行剩下的 3 个格子的值都是 false。

接着计算 $f(1, 0)$ 的值，它的含义是字符串 s1 的子字符串 s1[0..1]（即"aa"）能否和字符串 s2 的子字符串 s2[0..0]（即"d"）交织得到字符串 s3 的子字符串 s3[0..2]（即"aad"）。由于字符串"aad"的最后一个字符和字符串"d"的最后一个字符相同，因此 $f(1, 0)$ 的值等于 $f(1, -1)$ 的值，$f(1, 0)$ 的值为 true。表 14.6 中其他格子的值可以用类似的方法根据状态转移方程计算。

通过上述分析可知，表格很容易用二维数组表示，填充表格的过程也很容易用迭代代码实现。实现上述过程的参考代码如下所示：

```java
public boolean isInterleave(String s1, String s2, String s3) {
    if (s1.length() + s2.length() != s3.length()) {
        return false;
    }

    boolean[][] dp = new boolean[s1.length() + 1][s2.length() + 1];
    dp[0][0] = true;

    for (int i = 0; i < s1.length(); i++) {
        dp[i + 1][0] = s1.charAt(i) == s3.charAt(i) && dp[i][0];
    }

    for (int j = 0; j < s2.length(); j++) {
        dp[0][j + 1] = s2.charAt(j) == s3.charAt(j) && dp[0][j];
    }

    for (int i = 0; i < s1.length(); i++) {
        for (int j = 0; j < s2.length(); j++) {
            char ch1 = s1.charAt(i);
            char ch2 = s2.charAt(j);
            char ch3 = s3.charAt(i + j + 1);
            dp[i + 1][j + 1] = (ch1 == ch3 && dp[i][j + 1])
                || ( ch2 == ch3 && dp[i + 1][j]);
```

```
        }
    }

    return dp[s1.length()][s2.length()];
}
```

在上述代码中，如果输入的两个字符串的长度分别是 m 和 n，二维数组 dp 的行数和列数分别是 $m+1$ 和 $n+1$，那么 $f(i, j)$ 的值保存在 "dp[i+1][j+1]" 的位置。先确定 $f(i, -1)$ 和 $f(-1, j)$ 的值，再用一个二重循环根据状态转移方程计算其余的 $f(i, j)$ 的值。由于需要一个二重循环，因此上述代码的时间复杂度是 $O(mn)$；由于需要用二维数组 dp 保存 $f(i, j)$ 的计算结果，因此它的空间复杂度也是 $O(mn)$。

❖ 优化空间效率

由于 $f(i, j)$ 的值只依赖于 $f(i-1, j)$ 和 $f(i, j-1)$ 的值，因此计算数组 dp 的行号为 $i+1$ 的位置的值时只需要用上面行号为 i 的一行的值，即只需要保留二维数组中的两行就可以。当数组 dp 只有两行时，$f(i, j)$ 的值保存在 "dp[(i+1)%2][j+1]" 中。感兴趣的读者请自行写出优化的代码。

还可以进一步优化空间效率，只需要保留二维数组中的一行就可以。$f(i, j)$ 的值依赖于位于它上方的 $f(i-1, j)$ 和它左方的 $f(i, j-1)$，因此在计算 $f(i, j+1)$ 时只依赖于 $f(i-1, j+1)$ 和 $f(i, j)$ 的值。$f(i-1, j)$ 的值在计算出 $f(i, j)$ 之后就不再需要，因此可以用同一个位置保存 $f(i-1, j)$ 和 $f(i, j)$ 的值。该位置在 $f(i, j)$ 计算之前保存的是 $f(i-1, j)$ 的值，一旦计算出 $f(i, j)$ 的值之后就替换 $f(i-1, j)$。这时会丢失 $f(i-1, j)$ 的值，但不会导致任何问题，因为以后的计算不再需要 $f(i-1, j)$ 的值。

经过进一步的优化，只需要一个一维数组。进一步优化空间效率之后的参考代码如下所示：

```
public boolean isInterleave(String s1, String s2, String s3) {
    if (s1.length() + s2.length() != s3.length()) {
        return false;
    }

    if (s1.length() < s2.length()) {
        return isInterleave(s2, s1, s3);
    }

    boolean[] dp = new boolean[s2.length() + 1];
    dp[0] = true;

    for (int j = 0; j < s2.length(); j++) {
```

```
            dp[j + 1] = s2.charAt(j) == s3.charAt(j) && dp[j];
        }

        for (int i = 0; i < s1.length(); i++) {
            dp[0] = dp[0] && s1.charAt(i) == s3.charAt(i);

            for (int j = 0; j < s2.length(); j++) {
                char ch1 = s1.charAt(i);
                char ch2 = s2.charAt(j);
                char ch3 = s3.charAt(i + j + 1);
                dp[j + 1] = (ch1 == ch3 && dp[j + 1])
                    || ( ch2 == ch3 && dp[j]);
            }
        }

        return dp[s2.length()];
}
```

在上述代码中，一维数组 dp 的长度是较短字符串的长度加 1。数组的初始化的过程和前面的代码类似，接下来仍然需要一个二重循环从上到下、从左到右计算 $f(i, j)$ 的值，并且将计算结果保存到"dp[j+1]"中。

上述代码中的"dp[j + 1] = (ch1 == ch3 && dp[j + 1]) || (ch2 == ch3 && dp[j]);"按照状态转移方程计算 $f(i, j)$。赋值运算符左侧的"dp[j+1]"对应的是 $f(i, j)$，赋值运算符右侧的"dp[j+1]"对应的是 $f(i-1, j)$、"dp[j]"对应的是 $f(i, j-1)$。由于在同一行中是按照从左到右的顺序计算 $f(i, j)$ 的（循环中 j 的值从小到大），在计算 $f(i, j)$ 之前已经完成了 $f(i, j-1)$ 的计算并将结果保存在"dp[j]"中。由于还没有完成 $f(i, j)$ 的计算，因此此时"dp[j+1]"中保存的还是 $f(i-1, j)$ 的值。这行代码执行之后就完成了 $f(i, j)$ 的计算，然后将计算结果保存到"dp[j+1]"中。

优化之后的代码的时间复杂度仍然是 $O(mn)$，但空间效率变成 $O(\min(m, n))$。

面试题 97：子序列的数目

题目：输入字符串 S 和 T，请计算字符串 S 中有多少个子序列等于字符串 T。例如，在字符串"appplep"中，有 3 个子序列等于字符串"apple"，如图 14.6 所示。

分析：为了解决这个问题，每步从字符串 S 中取出一个字符判断它是否和字符串 T 中的某个字符匹配。字符串 S 中的字符可能和字符串 T 中的多个字符匹配，如字符串 T 中的字符'p'可能和字符串 S 中的 3 个'p'匹配，因此每一步可能面临多个选择。解决一个问题需要多个步骤，并且每步都可能面临多个选择，这看起来很适合运用回溯法。但由于这个问题没有要求列出字符串 S 中所有等于字符串 T 的子序列，而是只计算字符串 S 中等于字符串 T 的子序列的数目，也就是求解数目，因此，这个问题更适合运用动态规划来解决。

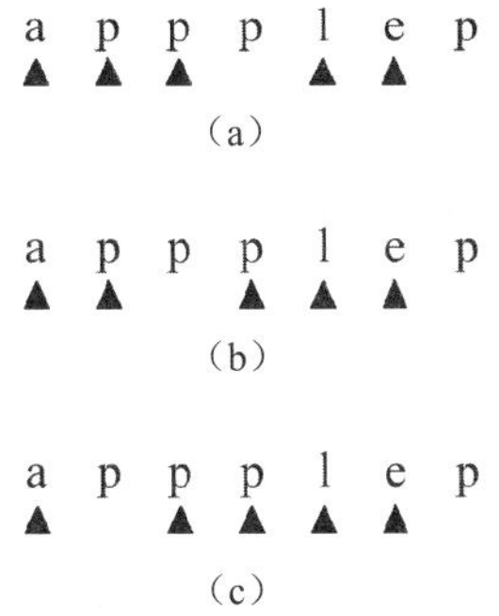

a p p p l e p
▲ ▲ ▲   ▲ ▲
(a)

a p p p l e p
▲ ▲   ▲   ▲ ▲
(b)

a p p p l e p
▲   ▲ ▲   ▲
(c)

图 14.6　字符串"appplep"中有 3 个子序列等于字符串"apple"

❖ 分析确定状态转移方程

应用动态规划解决问题的关键在于找出状态转移方程。由于这个问题的输入有两个字符串，因此状态转移方程有两个参数。用 $f(i, j)$ 表示字符串 S 下标从 0 到 i 的子字符串（记为 S[0..i]）中等于字符串 T 下标从 0 到 j 的子字符串（记为 T[0..j]）的子序列的数目。如果字符串 S 的长度是 m，字符串 T 的长度是 n，那么 $f(m-1, n-1)$ 就是字符串 S 中等于字符串 T 的子序列的数目。

当字符串 S 的长度小于字符串 T 的长度时，字符串 S 中不可能存在等于字符串 T 的子序列，所以当 i 小于 j 时 $f(i, j)$ 的值都等于 0。

如果字符串 S 中下标为 i 的字符（记为 S[i]）等于字符串 T 中下标为 j 的字符（记为 T[j]），那么对 S[i] 有两个选择：一个是用 S[i] 去匹配 T[j]，那么 S[0..i] 中等于 T[0..j] 的子序列的数目等于 S[0..i-1] 中等于 T[0..j-1] 的子序列的数目；另一个是舍去 S[i]，那么 S[0..i] 中等于 T[0..j] 的子序列的数目等于 S[0..i-1] 中等于 T[0..j] 的子序列的数目。因此，当 S[i] 等于 T[j] 时，$f(i, j)$ 等于 $f(i-1, j-1)+f(i-1, j)$。

如果 S[i] 和 T[j] 不相同，则只能舍去 S[i]，此时 $f(i, j)$ 等于 $f(i-1, j)$。

接着考虑字符串 S 和 T 为空的情形。由于 $f(0, j)$ 表示 S[0..0]（子字符串的长度为 1）中等于 T[0..j] 的子序列的数目，因此 $f(-1, j)$ 表示字符串 S 为空。

同理，$f(i, -1)$表示字符串 T 为空。

当字符串 S、T 都为空时，两个字符串匹配，因此$f(-1, -1)$等于 1。如果字符串 S 为空而字符串 T 不为空，那么字符串 S 中不可能存在等于字符串 T 的子序列，即当 j 大于或等于 0 时 $f(-1, j)$等于 0。如果字符串 S 不为空而字符串 T 为空，那么字符串 S 的空子序列（舍去字符串 S 的所有字符）等于字符串 T，即当 i 大于或等于 0 时 $f(i, -1)$等于 1。

❖ 根据状态转移方程写代码

找出状态转移方程之后再写相应的递归代码就比较容易。值得注意的是，需要用一个二维数组保存已经计算出的 $f(i, j)$的值，确保每个 $f(i, j)$只计算一次，避免不必要的重复计算。

也可以将计算 $f(i, j)$的过程看作填充一个二维表格。例如，表 14.7 总结了计算字符串"appplep"中子序列等于"apple"的数目的过程。

表 14.7　计算字符串"appplep"中子序列等于"apple"的数目的过程

i	j					
	-1	0	1	2	3	4
-1	1	0	0	0	0	0
0	1	1	0	0	0	0
1	1	1	1	0	0	0
2	1	1	2	1	0	0
3	1	1	3	3	0	0
4	1	1	3	3	3	0
5	1	1	3	3	3	3
6	1	1	4	6	3	3

在表 14.7 中，先确定 i 等于-1 对应的第 1 行及 j 等于-1 对应的第 1 列的值。$f(-1, -1)$对应的两个字符串 S 和 T 都是空字符串，因此 $f(-1, -1)$等于 1。当 i 等于-1 且 j 大于-1 时，空字符串 S 中不可能存在子序列等于非空的字符串 T，此时 $f(-1, j)$等于 0。当 j 等于-1 且 i 大于-1 时，S 的空子序列等于空字符串 T，此时 $f(i, -1)$等于 1。

接着从上到下、从左到右填充剩余的空格。$f(0, 0)$的含义是 S[0..0]（即"a"）中等于 T[0..0]（即"a"）的子序列的数目，由于 S[0]和 T[0]相等，$f(0, 0)$

等于 $f(-1, -1)$ 与 $f(-1, 0)$ 之和，因此 $f(0, 0)$ 的值为 1。表 14.7 中 $f(0, 0)$ 右边的空格中由于 i 小于 j，因此它们的值都是 0。

下一行中 $f(1, 0)$ 的含义是 S[0..1]（即"ap"）中等于 T[0..0]（即"a"）的子序列的数目。由于 S[1] 和 T[0] 不相等，因此 $f(1, 0)$ 等于 $f(0, 0)$，即等于 1。$f(1, 1)$ 的含义是 S[0..1]（即"ap"）中等于 T[0..1]（即"ap"）的子序列的数目。由于 S[1] 和 T[1] 相同，因此 $f(1, 1)$ 等于 $f(0, 0)$ 与 $f(0, 1)$ 之和，即 $f(1, 1)$ 等于 1。该行中其他格子因为 i 小于 j，所以它们的值都为 0。

以此类推，可以从上到下、从左到右地计算并填充表 14.7 中所有剩余的空格。

如果将上述分析中的表 14.7 用二维数组表示，则很容易用一个二重循环实现表格的填充过程。参考代码如下所示：

```
public int numDistinct(String s, String t) {
    int[][] dp = new int[s.length() + 1][t.length() + 1];
    dp[0][0] = 1;

    for (int i = 0; i < s.length(); i++) {
        dp[i + 1][0] = 1;
        for (int j = 0; j <= i && j < t.length(); j++) {
            if (s.charAt(i) == t.charAt(j)) {
                dp[i + 1][j + 1] = dp[i][j] + dp[i][j + 1];
            } else {
                dp[i + 1][j + 1] = dp[i][j + 1];
            }
        }
    }

    return dp[s.length()][t.length()];
}
```

如果字符串 S 的长度为 m，字符串 T 的长度为 n，则上述代码中二维数组 dp 的行数为 $m+1$，列数为 $n+1$。$f(i, j)$ 的值保存在"dp[i+1][j+1]"中。代码中的二重循环根据 S[i] 和 T[j] 是否相同按照状态转移方程计算 $f(i, j)$。

由于上述代码中存在二重循环，因此时间复杂度是 $O(mn)$。由于该解法使用了一个二维数组，因此空间复杂度也是 $O(mn)$。

❖ 优化空间效率

在计算 $f(i, j)$ 的值时，最多只需要用到它上一行 $f(i-1, j-1)$ 和 $f(i-1, j)$ 的值，因此可以只保存表格中的两行。可以创建一个只有两行的二维数组 dp，列数仍然是 $n+1$，将 $f(i, j)$ 保存在"dp[(i+1)%2][j+1]"中。

还可以进一步优化空间效率。如果能够将 $f(i, j)$ 和 $f(i-1, j)$ 保存到数组中的同一个位置，那么实际上只需要一个长度为 $n+1$ 的一维数组。如果按照从上到下、从左到右的顺序计算并填充表格，则先计算 $f(i, j)$，再计算 $f(i, j+1)$。计算 $f(i, j+1)$ 时可能需要用到 $f(i-1, j)$ 和 $f(i-1, j+1)$ 的值。假设将 $f(i, j)$ 和 $f(i-1, j)$ 都保存在"dp[j+1]"中，那么在 $f(i, j)$ 计算完成之后将会覆盖原先保存在"dp[j+1]"中的 $f(i-1, j)$，这会影响下一步计算 $f(i, j+1)$。可以在用 $f(i, j)$ 覆盖原先保存在"dp[j+1]"中的 $f(i-1, j)$ 之前先将 $f(i-1, j)$ 保存下来，用于接下来计算 $f(i, j+1)$。

由于计算 $f(i, j)$ 只依赖位于它上一行的 $f(i-1, j-1)$ 和 $f(i-1, j)$，并不依赖位于它左边的 $f(i, j-1)$，因此不一定要按照从左到右的顺序计算 $f(i, j)$。如果按照从右到左的顺序，则先计算 $f(i, j)$ 再计算 $f(i, j-1)$。计算 $f(i, j-1)$ 可能会用到 $f(i-1, j-2)$ 和 $f(i-1, j-1)$。如果计算完 $f(i, j)$ 之后将它保存到"dp[j+1]"中并覆盖之前的 $f(i-1, j)$，则不会影响下一步计算 $f(i, j-1)$。

按照从上到下、从右到左的顺序计算 $f(i, j)$ 的参考代码如下所示：

```java
public int numDistinct(String s, String t) {
    int[] dp = new int[t.length() + 1];
    if (s.length() > 0) {
        dp[0] = 1;
    }

    for (int i = 0; i < s.length(); i++) {
        for (int j = Math.min(i, t.length() - 1); j >= 0; j--) {
            if (s.charAt(i) == t.charAt(j)) {
                dp[j + 1] += dp[j];
            }
        }
    }

    return dp[t.length()];
}
```

在上述代码中，$f(i, j)$ 和 $f(i-1, j)$ 都保存在"dp[j+1]"中。二重循环的内层循环按照 j 从大到小的顺序计算 $f(i, j)$。

代码"dp[j + 1] += dp[j]"等价于"dp[j + 1] = dp[j] + dp[j + 1]"。这是因为当 $S[i]$ 和 $T[j]$ 相同时，$f(i, j)$ 等于 $f(i-1, j-1)$ 与 $f(i-1, j)$ 之和。在开始计算 $f(i, j)$ 之前，$f(i-1, j-1)$ 保存在"dp[j]"中，$f(i-1, j)$ 保存在"dp[j+1]"中，用它们的值加起来得到 $f(i, j)$ 之后将结果保存到"dp[j+1]"中。

上述代码省略了 $S[i]$ 和 $T[j]$ 不相等的情况。在开始计算 $f(i, j)$ 之前，$f(i-1, j)$ 保存在"dp[j+1]"中。当 $S[i]$ 和 $T[j]$ 不相等时，$f(i, j)$ 等于 $f(i-1, j)$。

因此，此时"dp[j+1]"的值也是 $f(i, j)$ 的值，并不需要任何改动。

优化之后的代码的时间复杂度仍然是 $O(mn)$。由于代码中只有一个一维数组 dp，因此空间复杂度是 $O(n)$。

14.4 矩阵路径问题

矩阵路径是一类常见的可以用动态规划来解决的问题。这类问题通常输入的是一个二维的格子，一个机器人按照一定的规则从格子的某个位置走到另一个位置，要求计算路径的条数或找出最优路径。

矩阵路径相关问题的状态方程通常有两个参数，即 $f(i, j)$ 的两个参数 i、j 通常是机器人当前到达的坐标。需要根据路径的特点找出到达坐标 (i, j) 之前的位置，通常是坐标 $(i-1, j-1)$、$(i-1, j)$、$(i, j-1)$ 中的一个或多个。相应地，状态转移方程就是找出 $f(i, j)$ 与 $f(i-1, j-1)$、$f(i-1, j)$ 或 $f(i, j-1)$ 的关系。

可以根据状态转移方程写出递归代码，但值得注意的是一定要将 $f(i, j)$ 的计算结果用一个二维数组缓存，以避免不必要的重复计算。也可以将计算所有 $f(i, j)$ 看成填充二维表格的过程，相应地，可以创建一个二维数组并逐一计算每个元素的值。通常，矩阵路径相关问题的代码都可以优化空间效率，用一个一维数组就能保存所有必需的数据。

接下来列举几个高频的矩阵路径类型的问题。

面试题 98：路径的数目

题目：一个机器人从 $m×n$ 的格子的左上角出发，它每步要么向下要么向右，直到抵达格子的右下角。请计算机器人从左上角到达右下角的路径的数目。例如，如果格子的大小是 3×3，那么机器人从左上角到达右下角有 6 条符合条件的不同路径，如图 14.7 所示。

图 14.7　机器人在 3×3 的格子中从左上角到达右下角有 6 条不同的路径

分析：机器人每次只能走一步，它从格子的左上角到达右下角需要走多步。机器人每走一步都有两个选择，要么向下走要么向右走。一个任务需要多个步骤才能完成，每步面临若干选择，这类问题看起来可以用回溯法解决，但由于这个题目只要求计算从左上角到达右下角的路径的数目，并没有要求列出所有的路径，因此这个问题更适合用动态规划解决。

❖ 分析确定状态转移方程

应用动态规划解决问题的关键在于找出状态转移方程。可以用函数 $f(i, j)$ 表示从格子的左上角坐标为(0, 0)的位置出发到达坐标为 (i, j) 的位置的路径的数目。如果格子的大小为 $m×n$，那么 $f(m-1, n-1)$ 就是问题的解。

当 i 等于 0 时，机器人位于格子最上面的一行，机器人不可能从某个位置向下走一步到达一个行号 i 等于 0 的位置。因此，$f(0, j)$ 等于 1，即机器人只有一种方法可以到达坐标为(0, j)的位置，即从(0, j-1)的位置向右走一步。

当 j 等于 0 时，机器人位于格子最左边的一列，机器人不可能从某个位置向右走一步到达一个列号 j 为 0 的位置。因此，$f(i, 0)$ 等于 1，即机器人只有一种方法可以到达坐标为(i, 0)的位置，即从(i-1, 0)的位置向下走一步。

当行号 i、列号 j 都大于 0 时，机器人有两种方法可以到达坐标为 (i, j) 的位置。它既可以从坐标为(i-1, j)的位置向下走一步，也可以从坐标为(i, j-1)的位置向右走一步，因此，$f(i, j)$ 等于 $f(i-1, j)$ 与 $f(i, j-1)$ 之和。

❖ 根据状态转移方程写递归代码

将上述状态转移方程用递归代码实现比较容易。为了避免不必要的重复计算，需要用一个二维数组缓存 $f(i, j)$ 的结果。如果某个 $f(i, j)$ 的值已经计算过，那么直接从缓存中读取就可以，不需要再次计算。递归实现状态转移方程的参考代码如下所示：

```
public int uniquePaths(int m, int n) {
    int[][] dp = new int[m][n];
    return helper(m - 1, n - 1, dp);
}

private int helper(int i, int j, int[][] dp) {
    if (dp[i][j] == 0) {
        if (i == 0 || j == 0) {
            dp[i][j] = 1;
        } else {
            dp[i][j] = helper(i - 1, j, dp) + helper(i, j - 1, dp);
```

```
        }
    }
    return dp[i][j];
}
```

上述代码用二维数组 dp 保存 $f(i, j)$ 的计算结果，$f(i, j)$ 保存在 "dp[i][j]" 中。在通常情况下，由于 $f(i, j)$ 的结果应该大于 0，因此通过判断 "dp[i][j]" 的值是否等于 0 来判断 $f(i, j)$ 之前是否已经计算过，这样能保证每个 $f(i, j)$ 的值计算一次。由于数组 dp 总共有 $m×n$ 个元素，因此上述代码的时间复杂度和空间复杂度都是 $O(mn)$。

❖ 迭代代码

如果将二维数组 dp 看成一个表格，在初始化表格的第 1 行（行号为 0）和第 1 列（列号为 0）之后，可以按照从左到右、从上到下的顺序填充表格的其他的位置，如表 14.8 所示。

表 14.8　计算从 3×3 的格子的左上角到达右下角的路径数目的过程

i	j		
	0	1	2
0	1	1	1
1	1	2	3
2	1	3	6

由于 $f(0, j)$ 和 $f(i, 0)$ 的值都等于 1，因此可以将表 14.8 的第 1 行和第 1 列的值都设为 1。接下来计算第 2 行（行号为 1）剩下的两个位置的值。按照状态转移方程，$f(1, 1)$ 等于 $f(0, 1)$ 与 $f(1, 0)$ 之和，所以 $f(1, 1)$ 等于 2；$f(1, 2)$ 等于 $f(1, 1)$ 和 $f(0, 2)$ 之和，所以 $f(1, 2)$ 等于 3。

最后计算第 3 行（行号为 2）剩下的两个位置的值。按照状态转移方程，$f(2, 1)$ 等于 $f(2, 0)$ 与 $f(1, 2)$ 之和，所以 $f(2, 1)$ 等于 3；$f(2, 2)$ 等于 $f(2, 1)$ 与 $f(1, 2)$ 之和，所以 $f(2, 2)$ 等于 6。$f(2, 2)$ 的值也是整个问题的解，即在 3×3 的格子中从左上角到右下角的路径数目等于 6。

可以用如下所示的代码实现上述计算过程：

```
public int uniquePaths(int m, int n) {
    int[][] dp = new int[m][n];
    Arrays.fill(dp[0], 1);
    for (int i = 1; i < m; i++) {
```

```
        dp[i][0] = 1;
    }

    for (int i = 1; i < m; i++) {
        for (int j = 1; j < n; j++) {
            dp[i][j] = dp[i][j - 1] + dp[i-1][j];
        }
    }

    return dp[m - 1][n - 1];
}
```

上述代码仍然用一个二维数组 dp 保存 $f(i, j)$ 的计算结果，$f(i, j)$ 保存在 "dp[i][j]" 中。在将二维数组 dp 的第 1 行（行号为 0）和第 1 列（列号为 0）的所有值设为 1 之后，上述代码用一个二重循环从上到下、从左到右计算二维数组 dp 的其他位置的值。显然，这种方法的时间复杂度和空间复杂度都是 $O(mn)$。

❖ 优化空间效率

接下来尝试优化代码的空间效率。在计算 $f(i,j)$ 时只需要用到 $f(i-1,j)$ 和 $f(i,j-1)$ 的值，因此只需要保存标号分别为 $i-1$ 和 i 的两行就可以。如果创建一个只有两行的二维数组 dp，将 $f(i, j)$ 保存在 "dp[i%2][j]" 中，那么就将空间复杂度优化到 $O(n)$。

还可以进一步优化空间效率，只需要创建一个一维数组 dp 就可以。在计算 $f(i, j)$ 时需要用到 $f(i-1, j)$ 和 $f(i, j-1)$ 的值。接下来在计算 $f(i, j+1)$ 时需要用到 $f(i-1, j+1)$ 和 $f(i, j)$ 的值。在计算完 $f(i, j)$ 之后，就不再需要 $f(i-1, j)$ 的值。在二维表格中，$f(i, j)$ 和 $f(i-1, j)$ 是上下相邻的两个位置。由于在用 $f(i-1, j)$ 计算出 $f(i, j)$ 之后就不再需要 $f(i-1, j)$，因此可以只用一个位置来保存 $f(i-1, j)$ 和 $f(i, j)$ 的值。这个位置在计算 $f(i, j)$ 之前保存的是 $f(i-1, j)$ 的值，计算 $f(i, j)$ 之后保存的是 $f(i, j)$ 的值。由于每个位置能够用来保存两个值，因此只需要一个一维数组就能保存表格中的两行。

进一步优化空间效率之后的参考代码如下所示：

```
public int uniquePaths(int m, int n) {
    int[] dp = new int[n];
    Arrays.fill(dp, 1);

    for (int i = 1; i < m; i++) {
        for (int j = 1; j < n; j++) {
            dp[j] += dp[j - 1];
        }
    }
```

```
    return dp[n - 1];
}
```

上述代码中的 dp 是一个一维数组，$f(i-1, j)$ 和 $f(i, j)$ 都保存在 "dp[j]" 中。仍然用一个二重循环按照状态转移方程计算，循环体内的 "dp[j] += dp[j-1]" 可以看成 "dp[j] = dp[j] + dp[j-1]"。在赋值运算符的右边，"dp[j]" 中保存的是 $f(i-1, j)$，"dp[j-1]" 中保存的是 $f(i, j-1)$。在计算 $f(i, j)$ 之前，按照从左到右的顺序 $f(i, j-1)$ 的值已经计算出来并保存在 "dp[j-1]" 中。用 $f(i-1, j)$ 和 $f(i, j-1)$ 的值计算出 $f(i, j)$ 之后将结果保存到 "dp[j]" 中。虽然之前保存在 "dp[j]" 中的 $f(i-1, j)$ 的值被覆盖了，但由于这个值不再需要，因此覆盖这个值并不会出现任何问题。

上述代码的时间复杂度仍然是 $O(mn)$，但空间复杂度被优化到 $O(n)$。

面试题 99：最小路径之和

> 题目：在一个 $m×n$（m、n 均大于 0）的格子中，每个位置都有一个数字。一个机器人每步只能向下或向右，请计算它从格子的左上角到达右下角的路径的数字之和的最小值。例如，从图 14.8 中 3×3 的格子的左上角到达右下角的路径的数字之和的最小值是 8，图中数字之和最小的路径用灰色背景表示。

1	3	1
2	5	2
3	4	1

图 14.8　机器人在 3×3 的格子中从左上角到达右下角的路径的数字之和的最小值为 8，对应的路径用灰色背景表示

分析：和面试题 98 类似，机器人从格子的左上角到达右下角需要多步，每步都可能有向下或向右两个选择。由于这个题目并没有要求列出所有的路径，而是求路径的数字之和的最小值，也就是求最优解，因此这个问题适合应用动态规划求解。

❖ 分析确定状态转移方程

应用动态规划解决问题的关键在于找出状态转移方程。用函数 $f(i, j)$ 表示从格子的左上角坐标为 $(0, 0)$ 的位置（用 grid[0][0]表示）出发到达坐标为

(i, j)的位置（用 grid[i][j]表示）的路径的数字之和的最小值。如果格子的大小为 $m{\times}n$，那么 $f(m-1, n-1)$就是问题的解。

当 i 等于 0 时，机器人位于格子最上面的一行，机器人不可能从某个位置向下走一步到达一个行号 i 等于 0 的位置。此时只有一条从左向右的路径，因此 $f(0, j)$等于$\sum_{k=0}^{j} \text{grid}[0][k]$，即最上面一行从 grid[0][0]开始到 grid[0][j]为止所有格子的值之和。

当 j 等于 0 时，机器人位于格子最左边的一列，机器人不可能从某个位置向右走一步到达一个列号 j 等于 0 的位置。此时只有一条从上到下的路径，因此 $f(i, 0)$等于$\sum_{k=0}^{i} \text{grid}[k][0]$，即最左边一列从 grid[0][0]开始到 grid[i][0]为止所有格子的值之和。

当行号 i、列号 j 都大于 0 时，机器人有两种方法可以到达坐标为(i, j)的位置。它既可以从坐标为$(i-1, j)$的位置向下走一步，也可以从坐标为$(i, j-1)$的位置向右走一步，因此，$f(i, j)$等于 $f(i-1, j)$与 $f(i, j-1)$的最小值加上 grid[i][j]。

❖ 根据状态转移方程写代码

将上述状态转移方程用递归代码实现比较容易。为了避免不必要的重复计算，需要用一个二维数组缓存 $f(i, j)$的结果。如果某个 $f(i, j)$的值已经计算过，那么直接从缓存中读取就可以。感兴趣的读者请自行实现递归代码。

也可以用一个二维表格来保存所有 $f(i, j)$的值，将 $f(i, j)$的值保存到行号为 i、列号为 j 的位置。先初始化表格的第 1 行（行号为 0）和第 1 列（列号为 0），然后按照从上到下、从左到右的顺序填充数组中的其他位置。例如，如果格子用二维数组[[1,3,1],[2,5,2],[3,4,1]]表示，那么计算该格子中路径之和的最小值的过程如表 14.9 所示。

表 14.9　计算从格子[[1,3,1],[2,5,2],[3,4,1]]的左上角到达右下角的路径之和的最小值

i	j		
	0	1	2
0	1	4	5
1	3	8	7
2	6	10	8

如前所述, $f(0, j)$ 等于表 14.9 的第 1 行（行号为 0）从 grid[0][0] 到 grid[0][j] 之和，所以，$f(0, 0)$ 等于 1，$f(0, 1)$ 等于 4 （1+3），$f(0, 2)$ 等于 5 （1+3+1）。

由于 $f(i, 0)$ 等于表 14.9 的第 1 列（列号为 0）从 grid[0][0] 到 grid[i][0] 之和，因此 $f(1, 0)$ 等于 3 （1+2），$f(2, 0)$ 等于 6 （1+2+3）。

接下来计算第 2 行（行号为 1）剩下的两个位置的值。按照状态转移方程，$f(1, 1)$ 等于 $f(0, 1)$ 和 $f(1, 0)$ 的最小值加 grid[1][1]，所以 $f(1, 1)$ 等于 8；$f(1, 2)$ 等于 $f(1, 1)$ 和 $f(0, 2)$ 的最小值加 grid[1][2]，所以 $f(1, 2)$ 等于 7。

最后计算第 3 行（行号为 2）剩下的两个位置的值。按照状态转移方程，$f(2, 1)$ 等于 $f(2, 0)$ 和 $f(1, 2)$ 的最小值加 grid[2][1]，所以 $f(2, 1)$ 等于 10；$f(2, 2)$ 等于 $f(2, 1)$ 和 $f(1, 2)$ 的最小值加 grid[2][2]，所以 $f(2, 2)$ 等于 8。$f(2, 2)$ 的值也是整个问题的解，即图 14.8 从左上角到右下角的路径之和的最小值等于 8。

可以用如下所示的代码实现上述计算过程：

```java
public int minPathSum(int[][] grid) {
    int[][] dp = new int[grid.length][grid[0].length];
    dp[0][0] = grid[0][0];
    for (int j = 1; j < grid[0].length; j++) {
        dp[0][j] = grid[0][j] + dp[0][j - 1];
    }

    for (int i = 1; i < grid.length; i++) {
        dp[i][0] = grid[i][0] + dp[i - 1][0];
        for (int j = 1; j < grid[0].length; j++) {
            int prev = Math.min(dp[i - 1][j], dp[i][j - 1]);
            dp[i][j] = grid[i][j] + prev;
        }
    }

    return dp[grid.length - 1][grid[0].length - 1];
}
```

上述代码用二维数组 dp 保存状态转移方程的计算结果，$f(i, j)$ 保存在 "dp[i][j]" 中。如果表格 grid 有 m 行 n 列，那么二维数组 dp 也有 m 行 n 列，二维数组 dp 中的每个元素都被计算一次，因此时间复杂度和空间复杂度都是 $O(mn)$。

❖ 优化空间效率

由于计算 $f(i, j)$ 时只需要用到它上面一行的 $f(i-1, j)$，因此实际上只需要保留两行就可以。也就是说，创建一个只有两行的数组 dp，将 $f(i, j)$ 保存到 "dp[i%2][j]" 中即可。

还可以进一步优化空间效率，即只需要一个一维数组 dp。在计算 $f(i, j)$ 时需要 $f(i-1, j)$ 的值。值得注意的是，$f(i-1, j)$ 在完成 $f(i, j)$ 的计算之后再也用不到了，因此将 $f(i-1, j)$ 和 $f(i, j)$ 保存到同一个数组 dp 的同一个位置 "dp[j]" 中。在计算 $f(i, j)$ 之前，"dp[j]" 保存的是 $f(i-1, j)$ 的值，用 $f(i-1, j)$ 的值计算出 $f(i, j)$ 的值之后，将 $f(i, j)$ 的值保存到 "dp[j]" 中。虽然之前保存在 "dp[j]" 中的 $f(i-1, j)$ 的值被覆盖了，但这个值也不再需要，它被覆盖不会带来任何问题。

优化之后的代码如下所示：

```
public int minPathSum(int[][] grid) {
    int[] dp = new int[grid[0].length];
    dp[0] = grid[0][0];
    for (int j = 1; j < grid[0].length; j++) {
        dp[j] = grid[0][j] + dp[j - 1];
    }

    for (int i = 1; i < grid.length; i++) {
        dp[0] += grid[i][0];
        for (int j = 1; j < grid[0].length; j++) {
            dp[j] = grid[i][j] + Math.min(dp[j], dp[j - 1]);
        }
    }

    return dp[grid[0].length - 1];
}
```

上述优化空间效率之后的代码用一维数组 dp 保存 $f(i, j)$ 的值。在二重循环的 "dp[j] = grid[i][j] + Math.min(dp[j], dp[j-1])" 中根据状态转移方程计算 $f(i, j)$。赋值运算符右边的 "dp[j]" 保存的是 $f(i-1, j)$ 的值，"dp[j-1]" 中保存的是 $f(i, j-1)$ 的值。在计算 $f(i, j)$ 之前已经完成了 $f(i, j-1)$ 的计算，并且将 $f(i, j-1)$ 的值保存到 "dp[j-1]" 中。用 $f(i-1, j)$ 和 $f(i, j-1)$ 的最小值加上 "grid[i][j]" 就可以得到 $f(i, j)$ 的值，再将 $f(i, j)$ 的值保存到 "dp[j]" 中。

由于优化之后的代码只需要一个一维数组，因此空间复杂度是 $O(n)$。但时间复杂度和原来一样，仍然是 $O(mn)$。

面试题 100：三角形中最小路径之和

题目：在一个由数字组成的三角形中，第 1 行有 1 个数字，第 2 行有 2 个数字，以此类推，第 n 行有 n 个数字。例如，图 14.9 是一个包含 4 行数字的三角形。如果每步只能前往下一行中相邻的数字，请计算从三角形顶部到底部的路径经过的数字之和的最小值。如图 14.9 所示，从三角形顶部到底部的路径数字之和的最小值为 11，对应的路径经过的数字用阴影表示。

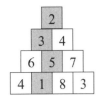

图 14.9　一个包含 4 行数字的三角形

说明：从三角形顶部到底部的路径数字之和的最小值为 11，对应的路径经过的数字用阴影表示

　　分析：可能需要用矩阵坐标来定位三角形中的数字。图 14.9 中的相邻两行数字的位置相互交错，这样很难用矩阵坐标来表示数字的位置。可以移动三角形每行的位置使它们左端对齐，如图 14.10 所示。对齐之后就能很方便地用矩阵的行坐标和列坐标来定位每个数字。如果三角形有 n 行数字，将这些行左端对齐之后就成了一个 $n \times n$ 的矩阵的左下半部分。如果三角形中某个数字在矩阵中的行号和列号分别是 i 和 j，那么 $i \geq j$。

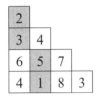

图 14.10　将图 14.9 中的三角形的每行左端对齐

　　在左端对齐的三角形中，从一个数字出发，下一步要么前往下一行正下方的数字，要么前往右下方的数字。例如，在图 14.10 的三角形中从顶部的数字 2 出发，可以前往第 2 行位于它正下方的数字 3，也可以前往右下方的数字 4。

　　如果一个三角形有多行，那么从它的顶部到底部需要多步，而且每步都面临两个选择。例如，在图 14.9 的三角形中，从顶部数字 2 出发，下一步既可能前往第 2 行的第 1 个数字 3，也可能前往第 2 行的第 2 个数字 4。解决一个问题需要多个步骤，而且每个步骤都面临多个选择，这看起来可以用回溯法解决。但这个题目并没有要求列出从顶部到底部的所有路径，而是要求计算路径之和的最小值，也就是求最优解。因此，动态规划更适合解决这个问题。

❖ 分析确定状态转移方程

应用动态规划求解问题的关键在于确定状态转移方程。可以用 $f(i, j)$ 表示从三角形的顶部出发到达行号和列号分别为 i 和 j（$i \geqslant j$）的位置时路径数字之和的最小值，同时用 $T[i][j]$ 表示三角形行号和列号分别为 i 和 j 的数字。如果三角形中包含 n 行数字，那么 $f(n-1, j)$ 的最小值就是整个问题的最优解。

如果 j 等于 0，也就是当前到达某行的第 1 个数字。由于路径的每步都是前往正下方或右下方的数字，而此时当前位置的左上方没有数字，那么前一步是一定来自它的正上方的数字，因此 $f(i, 0)$ 等于 $f(i-1, 0)$ 与 $T[i][0]$ 之和。

如果 i 等于 j，也就是当前到达某行的最后一个数字，此时它的正上方没有数字，前一步只能是来自它左上方的数字，因此 $f(i, i)$ 等于 $f(i-1, i-1)$ 与 $T[i][i]$ 之和。

如果当前行号和列号分别为 i 和 j 的位置位于某行的中间，那么前一步既可能是来自它正上方的数字（行号和列号分别为 $i-1$ 和 j），也可能是来自它左上方的数字（行号和列号分别为 $i-1$ 和 $j-1$），所以 $f(i, j)$ 等于 $f(i-1, j)$ 与 $f(i-1, j-1)$ 的最小值再加上 $T[i][j]$。

❖ 根据状态转移方程写代码

将上述状态转移方程用递归代码实现比较容易。为了避免不必要的重复计算，需要用一个二维数组来缓存 $f(i, j)$ 的结果。如果某个 $f(i, j)$ 的值已经计算过，那么直接从缓存中读取就可以。感兴趣的读者请自行实现递归代码。

也可以将计算所有 $f(i, j)$ 的过程看成从上到下、从左到右填充二维表格的过程。例如，可以用表 14.10 总结计算图 14.9 中三角形的路径数字之和的最小值的过程。

表 14.10　计算图 14.9 中三角形的路径数字之和的最小值的过程

0	2			
1	5	6		
2	11	10	13	
3	15	11	18	16
i	0	1	2	3
	j			

　　第 1 行（i 等于 0）只有 1 个数字。由于此时位于三角形的顶部，路径数字之和等于该数字本身，因此 $f(0, 0)$ 等于 2。

　　第 2 行（i 等于 1）有 2 个数字。当 j 等于 0 时，它的上一步只能来自正上方，因此 $f(1, 0)$ 等于 $f(0, 0)$ 与 $T[1][0]$ 之和，即 $f(1, 0)$ 等于 5。当 j 等于 1 时，它的上一步只能来自左上方，因此 $f(1, 1)$ 等于 $f(0, 0)$ 与 $T[1][1]$ 之和，即 $f(1, 1)$ 等于 6。

　　第 3 行（i 等于 2）有 3 个数字。当 j 等于 0 时，它的上一步只能来自正上方，因此 $f(2, 0)$ 等于 $f(1, 0)$ 与 $T[2][0]$ 之和，即 $f(2, 0)$ 等于 11。当 j 等于 1 时，它的上一步可能位于正上方或左上方，因此 $f(2, 1)$ 等于 $f(1, 0)$ 和 $f(1, 1)$ 的最小值与 $T[2, 1]$ 之和，即 $f(2, 1)$ 等于 10。当 j 等于 2 时，它的上一步只能来自左上方，因此 $f(2, 2)$ 等于 $f(1, 1)$ 与 $T[2][2]$ 之和，即 $f(2, 2)$ 等于 13。

　　第 4 行（i 等于 3）有 4 个数字。当 j 等于 0 时，它的上一步只能来自正上方，因此 $f(3, 0)$ 等于 $f(2, 0)$ 与 $T[3][0]$ 之和，即 $f(3, 0)$ 等于 15。当 j 等于 1 时，它的上一步可能位于正上方或左上方，因此 $f(3, 1)$ 等于 $f(2, 0)$ 和 $f(2, 1)$ 的最小值与 $T[3, 1]$ 之和，即 $f(2, 1)$ 等于 11。当 j 等于 2 时，它的上一步同样可能位于正上方或左上方，因此 $f(3, 2)$ 等于 $f(2, 1)$ 或 $f(2, 2)$ 的最小值与 $T[3][2]$ 之和，即 $f(3, 2)$ 等于 18。当 j 等于 3 时，它的上一步只能来自左上方，因此 $f(3, 3)$ 等于 $f(2, 2)$ 与 $T[3][3]$ 之和，即 $f(3, 3)$ 等于 16。

　　上述填充表 14.10 的过程可以用如下所示的代码实现：

```java
public int minimumTotal(List<List<Integer >> triangle) {
    int size = triangle.size();
    int[][] dp = new int[size][size];
    for (int i = 0; i < size; ++i) {
        for (int j = 0; j <= i; ++j) {
            dp[i][j] = triangle.get(i).get(j);
            if (i > 0 && j == 0) {
                dp[i][j] += dp[i - 1][j];
            } else if (i > 0 && i == j) {
                dp[i][j] += dp[i - 1][j - 1];
            } else if (i > 0) {
                dp[i][j] += Math.min(dp[i - 1][j], dp[i - 1][j - 1]);
            }
        }
    }

    int min = Integer.MAX_VALUE;
    for (int num : dp[size - 1]) {
        min = Math.min(min, num);
    }
```

```
        return min;
}
```

上述代码创建了一个 $n×n$（n 为三角形的行数）的二维数组 dp，但实际上只用到了数组的左下半部分。先用一个二重循环按照状态转移方程逐一计算 $f(i, j)$ 的值并保存到"dp[i][j]"中，然后用一个 for 循环找出二维数组 dp 最后一行的最小值作为整个问题的最优解。

由于二维数组 dp 左下半部分的每个数字都需要计算一次，因此时间复杂度是 $O(n^2)$。假设输入的 triangle 是用 ArrayList 实现的，因此每次调用 get 函数的时间复杂度都是 $O(1)$。如果 triangle 是用 LinkedList 实现的，则可以事先用 $O(n^2)$ 的时间将输入的 triangle 转换成 ArrayList。

❖ 优化空间效率

由于计算 $f(i, j)$ 时只需要用到它上面一行的 $f(i-1, j)$ 和 $f(i-1, j-1)$，因此实际上只需要保留两行就可以。也就是说，创建一个只有两行的数组 dp，将 $f(i, j)$ 保存到"dp[i%2][j]"中即可。

还可以考虑进一步优化空间效率，即能否只需要一个一维数组 dp。如果能够将 $f(i, j)$ 和 $f(i-1, j)$ 都保存到"dp[j]"中，那么一个一维数组就可以保存所需的数据。

假设在计算 $f(i, j)$ 之前"dp[j]"中保存的是 $f(i-1, j)$ 的值。在计算 $f(i, j)$ 时需要 $f(i-1, j-1)$ 和 $f(i-1, j)$。在计算完 $f(i, j)$ 之后能否用 $f(i, j)$ 的值覆盖保存在"dp[j]"中的 $f(i-1, j)$ 取决于是否还需要 $f(i-1, j)$ 的值。如果每行按照从左到右的顺序，那么在计算完 $f(i, j)$ 之后将计算 $f(i, j+1)$，而计算 $f(i, j+1)$ 可能需要 $f(i-1, j)$ 和 $f(i-1, j+1)$ 的值，也就是 $f(i-1, j)$ 的值在计算 $f(i, j+1)$ 时可能会被用到，因此在计算完 $f(i, j)$ 之后不能将 $f(i-1, j)$ 的值丢掉。

但计算 $f(i, j)$ 时并不依赖同一行左侧的 $f(i, j-1)$，因此并不一定要按照从左到右的顺序计算每行，按照从右到左的顺序计算也可以。如果按照从右到左的顺序，则先计算 $f(i, j)$，需要用到 $f(i-1, j-1)$ 和 $f(i-1, j)$。接下来计算 $f(i, j-1)$，需要用到 $f(i-1, j-1)$ 和 $f(i-1, j-2)$。计算 $f(i-1, j-1)$ 并不需要用到 $f(i-1, j)$。因此，按照从右到左的顺序在计算完 $f(i, j)$ 之后，将 $f(i, j)$ 的值保存到"dp[j]"中并替换 $f(i-1, j)$ 的值，并且不会带来任何问题，因此 $f(i-1, j)$ 的值以后就不再需要。

优化空间效率之后的参考代码如下所示：

```java
public int minimumTotal(List<List<Integer>> triangle) {
    int[] dp = new int[triangle.size()];
    for (List<Integer> row : triangle) {
        for (int j = row.size() - 1; j >= 0; --j) {
            if (j == 0) {
                dp[j] += row.get(j);
            } else if (j == row.size() - 1) {
                dp[j] = dp[j - 1] + row.get(j);
            } else {
                dp[j] = Math.min(dp[j], dp[j - 1]) + row.get(j);
            }
        }
    }

    int min = Integer.MAX_VALUE;
    for (int num : dp) {
        min = Math.min(min, num);
    }

    return min;
}
```

上述代码只用到了一个一维数组 dp，因此空间复杂度是 $O(n)$。但时间复杂度和前面的解法一样，都是 $O(n^2)$。

14.5 背包问题

背包问题是一类经典的可以应用动态规划来解决的问题。背包问题的基本描述如下：给定一组物品，每种物品都有其重量和价格，在限定的总重量内如何选择才能使物品的总价格最高。由于问题是关于如何选择最合适的物品放置于给定的背包中，因此这类问题通常被称为背包问题。

根据物品的特点，背包问题还可以进一步细分。如果每种物品只有一个，可以选择将之放入或不放入背包，那么可以将这类问题称为 0-1 背包问题。0-1 背包问题是最基本的背包问题，其他背包问题通常可以转化为 0-1 背包问题。

如果第 i 种物品最多有 M_i 个，也就是每种物品的数量都是有限的，那么这类背包问题称为有界背包问题（也可以称为多重背包问题）。如果每种物品的数量都是无限的，那么这类背包问题称为无界背包问题（也可以称为完全背包问题）。

下面通过几个典型的题目来分析如何根据题目的特点确定背包问题的

294 剑指 Offer（专项突破版）：数据结构与算法名企面试题精讲

类型并加以解决。

面试题 101：分割等和子集

> 题目：给定一个非空的正整数数组，请判断能否将这些数字分成和相等的两部分。例如，如果输入数组为[3, 4, 1]，将这些数字分成[3, 1]和[4]两部分，它们的和相等，因此输出 true；如果输入数组为[1, 2, 3, 5]，则不能将这些数字分成和相等的两部分，因此输出 false。

分析：如果能够将数组中的数字分成和相等的两部分，那么数组中所有数字的和（记为 sum）应该是一个偶数。也可以换一个角度来描述这个问题：能否从数组中选出若干数字，使它们的和等于 sum/2（将 sum/2 记为 t）。如果将数组中的每个数字看成物品的重量，也可以这样描述这个问题：能否选择若干物品，使它们刚好放满一个容量为 t 的背包？由于每个物品（数字）最多只能选择一次，因此这是一个 0-1 背包问题。

如果有 n 个物品，每步判断一个物品是否要放入背包，也就是说解决这个问题需要 n 步，并且每步都面临放入或不放入两个选择，这看起来是一个能用回溯法解决的问题。但这个题目没有要求列出所有可能的放满背包的方法，而是只要求判断是否存在放满背包的方法，也就是判断方法的数量是否大于 0。因此，这个问题更适合用动态规划解决。

❖ 分析确定状态转移方程

应用动态规划的关键在于确定动态转移方程。可以用函数 $f(i, j)$ 表示能否从前 i 个物品（物品标号分别为 $0,1,\cdots,i-1$）中选择若干物品放满容量为 j 的背包。如果总共有 n 个物品，背包的容量为 t，那么 $f(n, t)$ 就是问题的解。

当判断能否从前 i 个物品中选择若干物品放满容量为 j 的背包时，对标号为 $i-1$ 的物品有两个选择。一个选择是将标号为 $i-1$ 的物品放入背包中，如果能从前 $i-1$ 个物品（物品标号分别为 $0,1,\cdots,i-2$）中选择若干物品放满容量为 $j-nums[i-1]$ 的背包（即 $f(i-1, j-nums[i-1])$ 为 true），那么 $f(i, j)$ 就为 true。另一个选择是不将标号为 $i-1$ 的物品放入背包中，如果从前 $i-1$ 个物品中选择若干物品放满容量为 j 的背包（即 $f(i-1, j)$ 为 true），那么 $f(i, j)$ 也为 true。

当 j 等于 0 时，即背包的容量为 0，不论有多少个物品，只要什么物品都不选择，就能使选中的物品的总重量为 0，因此 $f(i, 0)$ 都为 true。

当 i 等于 0 时，即物品的数量为 0，肯定无法用 0 个物品来放满容量大于 0 的背包，因此当 j 大于 0 时 $f(0, j)$ 都为 false。

❖ **根据状态转移方程写递归代码**

确定状态转移方程之后将其转换成递归代码就比较容易。值得注意的是，需要缓存 $f(i, j)$ 的计算结果，确保每个 $f(i, j)$ 只计算一次，避免不必要的重复计算。

用递归的思路解决这个问题的参考代码如下所示：

```java
public boolean canPartition(int[] nums) {
    int sum = 0;
    for (int num : nums) {
        sum += num;
    }

    if (sum % 2 == 1) {
        return false;
    }

    return subsetSum(nums, sum / 2);
}

private boolean subsetSum(int[] nums, int target) {
    Boolean[][] dp = new Boolean[nums.length + 1][target + 1];
    return helper(nums, dp, nums.length, target);
}

private boolean helper(int[] nums, Boolean[][] dp, int i, int j) {
    if (dp[i][j] == null) {
        if (j == 0) {
            dp[i][j] = true;
        } else if (i == 0) {
            dp[i][j] = false;
        } else {
            dp[i][j] = helper(nums, dp, i - 1, j);
            if (!dp[i][j] && j >= nums[i - 1]) {
                dp[i][j] = helper(nums, dp, i - 1, j - nums[i - 1]);
            }
        }
    }

    return dp[i][j];
}
```

在上述代码中，函数 canPartition 先求出数组 nums 中所有数字之和 sum，然后调用函数 subsetSum 判断能否从数组中选出若干数字使它们的和等于 target（这个题目中的 target 为 sum 的一半），函数 subsetSum 通过调用递归函数 helper 完成这个功能。

为了避免不必要的重复计算，上述代码用二维数组 dp 保存 $f(i, j)$ 的计算结果。二维数组 dp 的每个元素是包装类型 boolean，因此除了 true、false，它还有第 3 个状态 null。如果某个"dp[i][j]"等于 null，则表示该位置对应的 $f(i, j)$ 还没有计算过，根据状态转移方程计算即可。

如果数组 nums 的长度为 n，目标和为 t，二维数组 dp 的大小为 $O(nt)$，那么空间复杂度是 $O(nt)$。由于二维数组 dp 中的每个数字只计算一次，因此时间复杂度也是 $O(nt)$。

❖ 根据状态转移方程写迭代代码

如果将二维数组 dp 看成一个表格，就可以用迭代的代码进行填充。例如，表 14.11 总结了判断能否将数组[3, 4, 1]分成和相等的两部分的过程，其中，T 表示 true，F 表示 false。

表 14.11 判断能否将数组[3, 4, 1]分成和相等的两部分的过程

i	j				
	0	1	2	3	4
0	T	F	F	F	F
1	T	F	F	T	F
2	T	F	F	T	T
3	T	T	F	T	T

根据状态转移方程，先将表 14.11 的第 1 列（j 等于 0）的所有格子都标为 true，第 1 行的其他格子（i 等于 0 并且 j 大于 0）都标为 false。接下来从第 2 行（i 等于 1）开始从上到下、从左到右填充表 14.11 中的每个格子。

第 2 行的第 2 个空格对应 $f(1, 1)$，它表示能否从数组的前一个数字（即 3）中选出若干数字使和等于 1。如果不选择 3，那么 $f(1, 1)$ 的值等于 $f(0, 1)$ 的值，而 $f(0, 1)$ 为 false。也可以考虑选择 3，但单是这个 3 就大于目标和 1，也就是说选择 3 是不可行的。因此，将 $f(1, 1)$ 标为 false。

第 2 行的第 3 个空格对应 $f(1, 2)$，它表示能否从数组的前一个数字（即 3）中选择若干数字使和等于 2。和前面类似，可以推导出 $f(1, 2)$ 也为 false。

第 2 行的第 4 个空格对应 $f(1, 3)$，它表示能否从数组的前一个数字（即 3）中选择若干数字使和等于 3。如果不选择 3，那么 $f(1, 3)$ 等于 $f(0, 3)$，而 $f(0, 3)$ 为 false。可以考虑选择 3，此时 $f(1, 3)$ 等于 $f(0, 0)$，而 $f(0, 0)$ 为 true，因此 $f(1, 3)$ 为 true。

表 14.11 中的其他空格也可以用类似方法推导，请读者自行练习计算。

表 14.11 的填充过程可以用如下所示的代码实现：

```java
private boolean subsetSum(int[] nums, int target) {
    boolean[][] dp = new boolean[nums.length + 1][target + 1];
    for (int i = 0; i <= nums.length; i++) {
        dp[i][0] = true;
    }

    for (int i = 1; i <= nums.length; i++) {
        for (int j = 1; j <= target; j++) {
            dp[i][j] = dp[i - 1][j];
            if (!dp[i][j] && j >= nums[i - 1]) {
                dp[i][j] = dp[i - 1][j - nums[i - 1]];
            }
        }
    }

    return dp[nums.length][target];
}
```

上述代码先用一个 for 循环将数组 dp 的第 1 列（j 等于 0）的值都设为 true。由于 Java 语言的 boolean 类型的默认值为 false，因此省略了将数组 dp 的第 1 行的其他值（i 等于 0、j 大于 0）设为 false 的代码。接下来用一个二重循环从上到下、从左到右逐一计算数组 dp 其他位置的值。

由于需要一个二维数组 dp 并逐一计算数组中的每个值，因此时间复杂度和空间复杂度都是 $O(nt)$（n 为数组 nums 的长度，t 为目标和）。

❖ 优化空间效率

可以优化空间效率。需要注意的是，上述代码在计算 $f(i, j)$ 时，只需要用到行号为 $i-1$ 的值，因此保存表格中的两行就可以。可以创建一个只有两行的数组 dp，$f(i, j)$ 保存在 "dp[i%2][j]" 中。

还可以再进一步优化空间效率。如果 $f(i, j)$ 和 $f(i-1, j)$ 可以保存到数组的同一个位置，那么只需要一个一维数组。如果按照从左到右的顺序填充表格，$f(i-1, j)$ 在计算完 $f(i, j)$ 之后还可能在计算右边其他值时被用到，那么不能用 $f(i, j)$ 替换 $f(i-1, j)$。但是如果按照从右到左的顺序填充表格，$f(i-1, j)$ 在

计算完 $f(i, j)$ 之后就再也不会被用到，$f(i-1, j)$ 被 $f(i, j)$ 替换掉不会引起任何问题。

优化空间效率之后的代码如下所示：

```
private boolean subsetSum(int[] nums, int target) {
    boolean dp[] = new boolean[target + 1];
    dp[0] = true;

    for (int i = 1; i <= nums.length; i++) {
        for (int j = target; j > 0; --j) {
            if (!dp[j] && j >= nums[i - 1]) {
                dp[j] = dp[j - nums[i - 1]];
            }
        }
    }

    return dp[target];
}
```

在优化空间效率之后，代码中的 $f(i, j)$ 和 $f(i-1, j)$ 都保存在 "dp[j]" 中。上述代码看起来只考虑了当选择下标为 $i-1$ 的数字时 $f(i, j)$ 等于 $f(i-1, j-nums[i-1])$ 的场景。这是因为当不选择下标为 $i-1$ 的数字时，$f(i, j)$ 等于 $f(i-1, j)$，而 $f(i, j)$ 和 $f(i-1, j)$ 都保存在 "dp[j]" 中，写成代码就是 "dp[j]=dp[j]"，这一行代码被省略了。

由于优化之后的代码只需要一个一维数组，因此空间复杂度是 $O(t)$。但时间复杂度仍然是 $O(nt)$。

面试题 102：加减的目标值

题目：给定一个非空的正整数数组和一个目标值 S，如果为每个数字添加 "+" 或 "-" 运算符，请计算有多少种方法可以使这些整数的计算结果为 S。例如，如果输入数组[2, 2, 2]并且 S 等于 2，有 3 种添加 "+" 或 "-" 的方法使结果为 2，它们分别是 2+2-2=2、2-2+2=2 及-2+2+2=2。

分析：在分析解决这个问题之前，需要先做数学运算。为输入的数组中的有些数字添加 "+"，有些数字添加 "-"。如果所有添加 "+" 的数字之和为 p，所有添加 "-" 的数字之和为 q，按照题目的要求，$p-q=S$。如果累加数字中的所有数字，就能得到整个数组的数字之和，记为 sum，即 $p+q=$sum。将这两个等式的左右两边分别相加，就可以得到 $2p=S+$sum，即 $p=(S+$sum$)/2$。

上面的等式表明，如果能够找出数组中和为(S+sum)/2 的数字，并给它们添加 "+"，然后给其他数字添加 "-"，那么最终的计算结果就是 S。因此，这个题目等价于计算从数组中选出和为(S+sum)/2 的数字的方法的数目。这是和前面的面试题非常类似的题目，是一个典型的 0-1 背包问题，可以用动态规划解决。

❖ 分析确定状态转移方程

用动态规划求解问题的关键在于确定状态转移方程。可以用函数 $f(i, j)$ 表示在数组的前 i 个数字（即 nums[0..i-1]）中选出若干数字使和等于 j 的方法的数目。如果数组的长度为 n，目标和为 t，那么 $f(n, t)$ 就是整个问题的解。

这个问题的状态转移方程和前面的非常类似，唯一的区别在于这里的 $f(i, j)$ 的值不再只是一个 true 或 false 的标识，而是一个数值。可以用下列等式表示状态转移方程，感兴趣的读者可以参照面试题 101 自行推导：

$$f(i, j) = \begin{cases} 1, & j == 0 \\ 0, & i == 0 \,\&\& \, j > 0 \\ f(i-1, j) + f(i-1, j - \text{nums}[i]), & i > 0 \text{ and } j > \text{nums}[i] \end{cases}$$

❖ 根据状态转移方程写代码

可以将上述状态转移方程转换成递归代码，只是要记得用一个二维数组缓存计算结果，确保每个 $f(i, j)$ 只计算一次。

计算 $f(i, j)$ 的过程可以看成填充表格的过程。首先创建一个行数和列数分别为 n+1 和 t+1 的二维数组，然后逐一根据状态转移方程计算 $f(i, j)$ 的值并保存到 "dp[i][j]" 中。

由于计算 "dp[i][j]" 只需要用上一行 "dp[i-1][j]" 和 "dp[i-1][j-nums[i]]" 的值，因此只保存表格中的两行。如果从右向左计算每行的值，$f(i, j)$ 和 $f(i-1, j)$ 就可以保存到同一个位置。因此，只创建一个一维数组 dp，按照从右到左的顺序计算，并将 $f(i-1, j)$ 和 $f(i, j)$ 都保存到 "dp[j]" 中。

最终优化空间效率之后的时间复杂度是 $O(nt)$，空间复杂度是 $O(t)$，参考代码如下所示：

```
public int findTargetSumWays(int[] nums, int S) {
    int sum = 0;
    for (int num : nums) {
```

```
        sum += num;
    }

    if ((sum + S) % 2 == 1 || sum < S) {
        return 0;
    }

    return subsetSum(nums, (sum + S) / 2);
}

private int subsetSum(int[] nums, int target) {
    int dp[] = new int[target + 1];
    dp[0] = 1;

    for (int num : nums) {
        for (int j = target; j >= num; --j) {
            dp[j] += dp[j - num];
        }
    }

    return dp[target];
}
```

面试题 103：最少的硬币数目

> 题目：给定正整数数组 coins 表示硬币的面额和一个目标总额 t，请计算凑出总额 t 至少需要的硬币数目。每种硬币可以使用任意多枚。如果不能用输入的硬币凑出给定的总额，则返回-1。例如，如果硬币的面额为[1, 3, 9, 10]，总额 t 为 15，那么至少需要 3 枚硬币，即 2 枚面额为 3 的硬币及 1 枚面额为 9 的硬币。

分析：如果将每种面额的硬币看成一种物品，而将目标总额看成背包的容量，那么这个问题等价于求将背包放满时物品的最少件数。值得注意的是，这里每种面额的硬币可以使用任意多次，因此这个问题不再是 0-1 背包问题，而是一个无界背包问题（也叫完全背包问题）。

❖ 分析确定状态转移方程

分析和解决完全背包问题的思路与 0-1 背包问题的思路类似。用函数 $f(i, j)$ 表示用前 i 种硬币（coins[0,…,i-1]）凑出总额为 j 需要的硬币的最少数目。当使用 0 枚标号为 i-1 的硬币时，$f(i, j)$ 等于 $f(i$-1, $j)$（用前 i-1 种硬币凑出总额 j 需要的最少硬币数目，再加上 1 枚标号为 i-1 的硬币）；当使用 1 枚标号为 i-1 的硬币时，$f(i, j)$ 等于 $f(i$-1, j-coins[i-1])加 1（用前 i-1 种硬币凑出

总额 j-coins[i-1]需要的最少硬币数目，再加上 1 枚标号为 i-1 的硬币）；以此类推，当使用 k 枚标号为 i-1 的硬币时，$f(i, j)$等于$f(i$-1, j-k×coins[i-1])加k（用前 i-1 种硬币凑出总额 j-k×coins[i-1]需要的最少硬币数目，再加上 k 枚标号为 i-1 的硬币）。由于目标是求出硬币数目的最小值，因此 $f(i, j)$是上述所有情况的最小值。该状态转移方程可以用如下等式表示：

$$f(i, j) = \min(f(i-1, j-k \times \text{coins}[i-1]) + k)(k \times \text{coins}[i-1] \leqslant j)$$

如果硬币有 n 种，目标总额为 t，那么 $f(n, t)$就是问题的解。

当 j 等于 0（即总额等于 0）时，$f(i, 0)$都等于 0，即从前 i 种硬币中选出 0 个硬币，使总额等于 0。当 i 等于 0 且 j 大于 0 时，即用 0 种硬币凑出大于 0 的总额，这显然是不可能的，但可以用一个特殊值表示。

❖ 根据状态转移方程写代码

和面试题 102 一样，可以用不同的方法实现这个状态转移方程。既可以将状态转移方程转换成递归的代码，也可以将计算 $f(i, j)$看成填充一个表格并用二重循环实现。还可以优化空间复杂度，只使用一个一维数组就能保存所有需要的信息。优化空间效率之后的参考代码如下所示：

```java
public int coinChange(int[] coins, int target) {
    int[] dp = new int[target + 1];
    Arrays.fill(dp, target + 1);
    dp[0] = 0;

    for (int coin : coins) {
        for (int j = target; j >= 1; j--) {
            for (int k = 1; k * coin <= j; k++) {
                dp[j] = Math.min(dp[j], dp[j - k * coin] + k);
            }
        }
    }

    return dp[target] > target ? -1 : dp[target];
}
```

硬币的面额是正整数，每种硬币的面额一定大于或等于 1。如果能用硬币凑出总额 target，那么硬币的数目一定小于或等于 target。上述代码用 target+1 表示某个面额不能用输入的硬币凑出。

上述代码的时间复杂度是 $O(ntk)$，空间复杂度是 $O(t)$。其中，n 是硬币的种类数，t 是目标总额，k 是用某种硬币凑出总额 t 的硬币数。

❖ 另一种思路

还可以换一个角度分析这个问题。用函数 $f(i)$ 表示凑出总额为 i 的硬币需要的最少数目。需要注意的是，这个函数只有一个参数，表示硬币的总额。如果目标总额为 t，那么 $f(t)$ 就是整个问题的解。

为了凑出总额为 i 的硬币，有如下选择：在总额为 i-coins[0]的硬币中添加 1 枚标号为 0 的硬币，此时 $f(i)$ 等于 $f(i$-coins[0]$)+1$（在凑出总额为 i-coins[0]的最少硬币数的基础上加 1 枚标号为 0 的硬币）；在总额为 i-coins[1]的硬币中添加 1 枚标号为 1 的硬币，此时 $f(i)$ 等于 $f(i$-coins[1]$)+1$。以此类推，在总额为 i-coins[n-1]的硬币中添加 1 枚标号为 n-1 的硬币，此时 $f(i)$ 等于 $f(i$-coins[n-1]$)+1$。因为目标是计算凑出总额为 i 的硬币，所以 $f(i)$ 是上述所有情况的最小值。该状态转移方程可以表示为

$$f(i) = \min(f(i - \text{coins}[j]) + 1)(\text{coins}[j] \leqslant i)$$

显然，$f(0)$ 等于 0，即凑出总额 0 至少需要 0 枚硬币。

由于状态转移函数只有 1 个参数，因此只需要一个一维数组就可以保存所有 $f(i)$ 的计算结果。这种思路的参考代码如下所示：

```java
public int coinChange(int[] coins, int target) {
    int[] dp = new int[target + 1];
    for (int i = 1; i <= target; ++i) {
        dp[i] = target + 1;
        for (int coin : coins) {
            if (i >= coin) {
                dp[i] = Math.min(dp[i], dp[i - coin] + 1);
            }
        }
    }

    return dp[target] > target ? -1 : dp[target];
}
```

上述代码的时间复杂度是 $O(nt)$，空间复杂度是 $O(t)$。其中，n 是硬币的种类数，t 是目标总额。

面试题 104：排列的数目

题目：给定一个非空的正整数数组 nums 和一个目标值 t，数组中的所有数字都是唯一的，请计算数字之和等于 t 的所有排列的数目。数组中的数字可以在排列中出现任意次。例如，输入数组[1, 2, 3]，目标值 t 为 3，那么总共有 4 个组合的数字之和等于 3，它们分别为{1, 1, 1}、{1, 2}、{2, 1}及{3}。

分析：如果将数组中的每个数字看成硬币的面额，而将目标值 t 看成总额，那么这个问题和面试题 103 是非常类似的。可以用类似的思路来推导状态转移方程。

用 $f(i)$ 表示和为 i 的排列的数目。为了得到和为 i 的排列，有如下选择：在和为 i-nums[0]的排列中添加标号为 0 的数字，此时 $f(i)$ 等于 $f(i$-nums[0]$)$；在和为 i-nums[1]的排列中添加标号为 1 的数字，此时 $f(i)$ 等于 $f(i$-nums[1]$)$。以此类推，在和为 i-nums[n-1]的排列中添加标号为 n-1 的数字（n 为数组的长度），此时 $f(i)$ 等于 $f(i$-nums[n-1]$)$。因为目标是求出所有和为 i 的排列的数目，所以将上述所有情况全部累加起来。该状态转移方程可以表示为

$$f(i) = \sum f(i - \text{nums}[j])(\text{nums}[j] \leqslant i)$$

由于只有一个空排列的数字之和等于 0，因此 $f(0)$ 等于 1。

可以根据状态转移方程写出如下所示的代码：

```java
public int permutationSum(int[] nums, int target) {
    int[] dp = new int[target + 1];
    dp[0] = 1;

    for (int i = 1; i <= target; ++i) {
        for (int num : nums) {
            if (i >= num) {
                dp[i] += dp[i - num];
            }
        }
    }

    return dp[target];
}
```

上述代码的时间复杂度是 $O(nt)$，空间复杂度是 $O(t)$。其中，n 为输入数组的长度，t 为排列的目标和。

14.6 本章小结

如果解决一个问题需要若干步骤，并且在每个步骤都面临若干选项，不要求列出问题的所有解，而只是要求计算解的数目或找出其中一个最优解，那么这个问题可以应用动态规划加以解决。

本章介绍了单序列问题、双序列问题、矩阵路径问题和背包问题，这

几类问题都适合运用动态规划来解决。运用动态规划解决问题的关键在于根据题目的特点推导状态转移方程。一旦确定了状态转移方程，那么问题就能迎刃而解。

状态转移方程是递归表达式，很容易就能将其转换成递归的代码。通常，直接用递归的代码实现状态转移方程存在大量的重复计算，因此需要将计算结果进行缓存，以确保每个值只计算一次。

递归的代码按照自上而下的顺序解决问题，而迭代的代码按照自下而上的顺序解决问题。迭代的代码可以更好地控制计算的顺序，可能会减少缓存所需要的空间复杂度，进一步优化空间效率。

第 15 章

15.1 图的基础知识

　　图是一种非常重要的数据结构，用来表示物体与物体之间的关系。图由若干节点及节点之间的边组成。确定图中的节点和边是应用图相关算法解决问题的前提。通常，物体对应图中的节点，如果两个物体存在某种关系，那么它们在图中对应的节点有一条边相连。

　　图可以分为有向图和无向图。如果给图的每条边规定一个方向，那么这样的图就是有向图，它的边为有向边。有向边就像城市里的单向路，只能沿着一个方向前进。与之相反的是无向图，无向图中的边都没有方向，它的边称为无向边。连接两个节点 A、B 的无向边可以看成两条有向边，分别由 A 指向 B 及由 B 指向 A。例如，图 15.1（a）是一个有向图，而图 15.1（b）是一个无向图。有向边的方向用箭头表示。

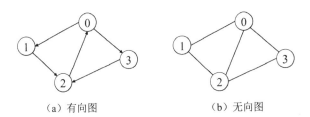

　　（a）有向图　　　　　　　（b）无向图

图 15.1　有向图和无向图

　　通常，图可以用邻接表或邻接矩阵表示。邻接表为图中的每个节点创建一个容器，第 i 个容器保存所有与第 i 个节点相邻的节点。例如，图 15.1（a）

中的有向图和图 15.1（b）中的无向图可以分别用如图 15.2（a）和图 15.2（b）所示的邻接表表示。

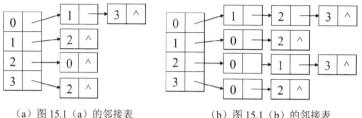

（a）图 15.1（a）的邻接表　　　（b）图 15.1（b）的邻接表

图 15.2　邻接表

如果一个图中有 n 个节点，那么它的邻接矩阵 M 的大小是 $n \times n$。如果节点 i 和节点 j 之间有一条边，那么 $M[i][j]$ 等于 1；反之，如果节点 i 和节点 j 之间没有边，那么 $M[i][j]$ 等于 0。例如，图 15.1（a）中的有向图和图 15.1（b）中的无向图可以分别用如图 15.3（a）和图 15.3（b）所示的邻接矩阵表示。

	0	1	2	3
0	0	1	0	1
1	0	0	1	0
2	1	0	0	0
3	0	0	1	0

	0	1	2	3
0	0	1	1	1
1	1	0	1	0
2	1	1	0	1
3	1	0	1	0

（a）图 15.1（a）的邻接矩阵　　　（b）图 15.1（b）的邻接矩阵

图 15.3　邻接矩阵

如果一个图是用邻接矩阵表示的，那么判断两个节点之间是否有边相连就非常简单，只需要判断矩阵中对应位置是 1 还是 0 即可，时间复杂度为 $O(1)$。但如果一个图中的节点数目非常大但比较稀疏（大部分节点之间没有边），那么邻接表的空间效率更高。

例如，微信有数亿个用户，大部分用户只有几百个好友。可以用一个图表示微信用户的好友关系，每个用户是图中的一个节点，如果两个用户是好友那么他们的节点之间有一条边。如果用邻接矩阵表示这个图，每个用户在矩阵中对应一行，每行有数亿个格子，而且绝大多数格子的值都是 0。如果用邻接表表示该图，那么一个用户有多少个好友，邻接表就只需要将多少个好友保存到他的好友列表中。

图还可以分为有权图和无权图。在有权图中，每条边都有一个数值权重，用来表示两个节点的某种关系，如两个节点的距离等。在无权图中所有的边都没有权重。

15.2 图的搜索

在图中搜索，如找出一条从起始节点到目标节点的路径或遍历所有节点，是与图相关的最重要的算法。按照搜索顺序不同可以将搜索算法分为广度优先搜索和深度优先搜索。

广度优先搜索系统地展开并检查图中的所有节点以找寻结果。实现广度优先搜索算法需要一个先进先出的队列。搜索的第 1 步是把起始节点添加到队列中。接下来每次从队列中取出一个节点，然后将与该节点相邻并且之前还没有到达过的节点添加到队列中。重复这个过程，直到所有节点搜索完毕。例如，按照广度优先搜索的顺序从节点 1 开始搜索图 15.4 中的节点，节点 1、节点 2、节点 3、节点 4、节点 5、节点 6、节点 7、节点 8 将依次被访问。

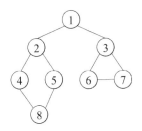

图 15.4　广度优先搜索先后访问节点 1、节点 2、节点 3、节点 4、节点 5、节点 6、节点 7、节点 8，深度优先搜索先后访问节点 1、节点 2、节点 4、节点 8、节点 5、节点 3、节点 6、节点 7

深度优先搜索算法沿着图中的边尽可能深入地搜索。深度优先搜索访问图中的某个起始节点 v_1 后，从节点 v_1 出发访问任一相邻并且尚未访问过的节点 v_2，再从节点 v_2 出发访问相邻并且尚未访问过的节点 v_3，以此类推。如果所有与某个节点 v_i 相邻的节点都已经被访问，那么回到节点 v_i 的前一个节点 v_{i-1}，继续访问与节点 v_{i-1} 相邻并且还没有访问过的节点。重复这个过程，直到所有节点都搜索完毕。例如，按照深度优先搜索的顺序从节点 1

开始搜索图 15.4 中的节点，节点 1、节点 2、节点 4、节点 8、节点 5、节点 3、节点 6、节点 7 将依次被访问。

广度优先搜索能够保证在无权图中从某个起始节点出发用最短的距离到达目标节点。在无权图中，两个节点的距离通常是连通两个节点的路径经过的节点的数目。例如，图 15.4 是一个无权图。虽然有两条不同的路径可以从节点 1 到节点 5，但广度优先搜索一定是沿着最短路径 1→2→5 到达节点 5。按照广度优先搜索的顺序，先访问节点 1，再将与该节点相邻的节点 2、节点 3 放入队列中。接下来从队列中取出节点 2 访问，将与之相邻的节点 4、节点 5 放入队列中。在先后访问节点 3、节点 4 之后，将访问节点 5。虽然在访问节点 8 的时候发现节点 5 与节点 8 相邻，但此时节点 5 已经访问过，因此不再重复访问，这就可以确保不会通过路径 1→2→4→8→5 访问节点 5。

如果访问与某个节点相邻的节点的顺序不同，那么深度优先搜索算法从起点开始到达某个节点的路径也不同。例如，图 15.4 中的节点 2 有两个相邻的节点，分别是节点 4 和节点 5。如果先访问节点 4，那么到达节点 5 的路径是 1→2→4→8→5，在这条路径上节点 1 与节点 5 的距离是 4；如果先访问节点 5，那么到达节点 5 的路径是 1→2→5，在这条路径上节点 1 与节点 4 的距离是 2。深度优先搜索从一个节点到达另一个节点并不能保证一定沿着最短路径。

由于深度优先搜索沿着相邻节点的边一直纵向搜索下去，因此很容易就能知道从起始节点到目标节点的路径所经过的所有节点。而广度优先搜索是根据和某个节点相邻的所有节点进行横向展开的，要想得到从起始节点到目标节点的路径就不是很直观（当然也可以做到）。

广度优先搜索和深度优先搜索在算法面试中都是非常有用的工具，很多时候使用任意一种搜索算法就能解决某些与图相关的面试题。如果面试题要求在无权图中找出两个节点之间的最短距离，那么广度优先搜索可能是更合适的算法。如果面试题要求找出符合条件的路径，那么深度优先搜索可能是更合适的算法。

🅰 解题小经验

如果面试题要求在无权图中找出两个节点之间的最短距离，那么广度优先搜索可能是更合适的算法。如果面试题要求找出符合条件的路径，那么深度优先搜索可能是更合适的算法。

前面介绍了如何实现树的广度优先搜索和深度优先搜索。树也可以看成图。实际上，树是一类特殊的图，树中一定不存在环。但图不一样，图中可能包含环。例如，图 15.4 中就包含两个环。当沿着图中的边搜索一个图时，一定要确保程序不会因为沿着环的边不断在环中搜索而陷入死循环。程序陷入死循环是很多应聘者在解决与图相关的面试题时经常出现的问题。

避免死循环的办法是记录已经搜索过的节点，在访问一个节点之前先判断该节点之前是否已经访问过，如果之前访问过那么这次就略过不再重复访问。

假设一个图有 v 个节点、e 条边。不管是采用广度优先搜索还是深度优先搜索，每个节点都只会访问一次，并且会沿着每条边判断与某个节点相邻的节点是否已经访问过，因此时间复杂度是 $O(v+e)$。

面试题 105：最大的岛屿

题目：海洋岛屿地图可以用由 0、1 组成的二维数组表示，水平或竖直方向相连的一组 1 表示一个岛屿，请计算最大的岛屿的面积（即岛屿中 1 的数目）。例如，在图 15.5 中有 4 个岛屿，其中最大的岛屿的面积为 5。

1	1	0	0	1
1	0	0	1	0
1	1	0	1	0
0	0	1	0	0

图 15.5　用 0、1 矩阵表示的海洋岛屿地图
说明：地图中有 4 个岛屿，最大的岛屿的面积为 5

分析：应用与图相关的算法解决问题的第 1 步是找出问题中隐含的图。看到这个题目之后，可能会有人问：输入的是一个矩阵，图在哪里？其实图是节点和边的集合，因此需要找出图的节点和边。这个题目关注的是地图中的岛屿，也就是矩阵中的 1。矩阵中的每个值为 1 的格子都是图中的一个节点。矩阵中的一个格子可能与位于它上、下、左、右的 4 个格子相邻，两个相邻的值为 1 的格子之间有一条边相连。例如，可以用图 15.6 表示图 15.5 中的岛屿。

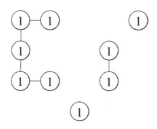

图 15.6 用图表示图 15.5 中的岛屿

一个图可能包含若干互不连通的子图，但子图内的所有节点相互连通。例如，图 15.6 中包含 4 个子图，每个子图对应一个岛屿。

将岛屿转换成图之后，岛屿的面积就变成子图中节点的数目。如果能计算出每个连通子图中节点的数目，就能知道最大的岛屿的面积。图 15.6 中有 4 个子图，其中最大的子图包含 5 个节点，因此最大的岛屿的面积为 5。

可以逐一扫描矩阵中的每个格子，如果遇到一个值为 1 的格子并且它不在之前已知的岛屿上，那么就到达了一个新的岛屿，于是搜索这个岛屿并计算它的面积。在比较所有岛屿的面积之后就可以知道最大的岛屿的面积。整个搜索、比较的过程可以用如下所示的代码实现：

```
public int maxAreaOfIsland(int[][] grid) {
    int rows = grid.length;
    int cols = grid[0].length;
    boolean[][] visited = new boolean[rows][cols];
    int maxArea = 0;
    for (int i = 0; i < rows; i++) {
        for (int j = 0; j < cols; j++) {
            if (grid[i][j] == 1 && !visited[i][j]) {
                int area = getArea(grid, visited, i, j);
                maxArea = Math.max(maxArea, area);
            }
        }
    }

    return maxArea;
}
```

上述代码创建了一个和输入矩阵相同大小的矩阵 visited，它的作用是用一个布尔值标识矩阵中的每个值为 1 的格子是否已经到达过，用来确保每个格子只搜索一次。

接下来从一个值为 1 的格子出发找出它所在岛屿的面积，即对应的节点所在连通子图的节点数目。由于需要搜索整个连通子图可以得到节点的数目，因此这就是一个典型的图的搜索问题。两种不同的图搜索算法分别为广度优先搜索和深度优先搜索。

❖ 广度优先搜索

　　广度优先搜索通常需要一个队列。先将起始节点添加到队列中。接下来每步从队列中取出一个节点进行访问。对于这个题目而言，每访问一个节点，岛屿的面积增加 1。接下来从上、下、左、右这 4 个方向判断相邻的节点是不是还有没有到达过的值为 1 的节点，如果有，就将其添加到队列中。重复这个过程，直到队列的长度为 0，此时初始节点所在的子图搜索完毕。

```java
private int getArea(int[][]grid, boolean[][] visited, int i, int j)
{
    Queue<int[]> queue = new LinkedList<>();
    queue.add(new int[]{i, j});
    visited[i][j] = true;

    int[][] dirs = {{-1, 0}, {1, 0}, {0, -1}, {0, 1}};
    int area = 0;
    while (!queue.isEmpty()) {
        int[] pos = queue.remove();
        area++;

        for (int[] dir : dirs) {
            int r = pos[0] + dir[0];
            int c = pos[1] + dir[1];
            if (r >= 0 && r < grid.length
                && c >= 0 && c < grid[0].length
                && grid[r][c] == 1 && !visited[r][c]) {
                queue.add(new int[]{r, c});
                visited[r][c] = true;
            }
        }
    }

    return area;
}
```

　　上述代码中队列的元素为矩阵中的坐标，每个坐标都包含行号和列号这两个值，用一个长度为 2 的数组表示。

　　二维数组 dirs 表示在矩阵中向上、下、左、右这 4 个方向前进一步时坐标的变化。在矩阵中向上移动一步时行号减 1 而列号不变，所以坐标的改变值为(-1, 0)，其他方向的改变值类似。用当前坐标 pos 加上坐标的改变值就得到向不同方向前进一步之后的坐标。这样写代码的好处是容易用一个简洁的循环实现向 4 个不同方向前进。本书反复使用这样的代码模板解决以矩阵为背景的图的面试题。

❖ **基于栈实现深度优先搜索**

这个问题也可以用深度优先搜索解决。如果将前面代码中的队列替换成栈，由于栈按照"后进先出"的顺序进行压栈、出栈操作，因此图搜索的顺序相应地变成深度优先搜索。基于栈的深度优先搜索的参考代码如下所示：

```java
private int getArea(int[][]grid, boolean[][] visited, int i, int j) {
    Stack<int[]> stack = new Stack<>();
    stack.push(new int[]{i, j});
    visited[i][j] = true;

    int[][] dirs = {{-1, 0}, {1, 0}, {0, -1}, {0, 1}};
    int area = 0;
    while (!stack.isEmpty()) {
        int[] pos = stack.pop();
        area++;

        for (int[] dir : dirs) {
            int r = pos[0] + dir[0];
            int c = pos[1] + dir[1];
            if (r >= 0 && r < grid.length
                && c >= 0 && c < grid[0].length
                && grid[r][c] == 1 && !visited[r][c]) {
                stack.push(new int[]{r, c});
                visited[r][c] = true;
            }
        }
    }

    return area;
}
```

基于栈的深度优先搜索的代码和基于队列的广度优先搜索的代码非常类似，所以接下来不再给出基于栈的代码。

❖ **基于递归实现深度优先搜索**

深度优先搜索还可以用递归代码实现。从起始节点出发的岛屿的面积等于起始节点的面积（一个节点的面积为 1）加上与之相邻并且没有访问过的节点能到达的岛屿的面积。求相邻节点能到达的岛屿的面积和初始问题完全一样，可以用递归函数求得。基于递归的参考代码如下所示：

```java
private int getArea(int[][]grid, boolean[][] visited, int i, int j) {
    int area = 1;
    visited[i][j] = true;
    int[][] dirs = {{-1, 0}, {1, 0}, {0, -1}, {0, 1}};
    for (int[] dir : dirs) {
        int r = i + dir[0];
```

```
        int c = j + dir[1];
        if (r >= 0 && r < grid.length
            && c >= 0 && c < grid[0].length
            && grid[r][c] == 1 && !visited[r][c]) {
            area += getArea(grid, visited, r, c);
        }
    }

    return area;
}
```

如果一个图的节点数目为 v，边的数目为 e，那么在该图上进行广度优先搜索和深度优先搜索的时间复杂度都是 $O(v+e)$。假设输入矩阵的大小为 $m×n$，那么图中的节点数是 $O(mn)$，每个节点最多有 4 条边，因此边的总数也是 $O(mn)$。所以，在以矩阵为背景的图上进行广度优先搜索和深度优先搜索的时间复杂度是 $O(mn)$。

 举一反三

题目：海洋岛屿地图可以用由 0、1 组成的二维数组表示，水平或竖直方向相连的一组 1 表示一个岛屿。请统计地图中岛屿的数目。例如，在图 15.5 中有 4 个岛屿。

与岛屿地图相关的面试题有很多变种，但解决的方法大同小异。将表示地图的矩阵中的 1 看成图的节点，上、下、左、右相邻的 1 之间用边相连。然后对图做搜索。对于这个题目而言，每搜索一个子图将数目加 1，图中子图的数目就是岛屿的数目。

面试题 106：二分图

题目：如果能将一个图中的节点分成 A、B 两个部分，使任意一条边的一个节点属于 A 而另一个节点属于 B，那么该图就是一个二分图。输入一个由数组 graph 表示的图，graph[i] 中包含所有和节点 i 相邻的节点，请判断该图是否为二分图。

例如，如果输入 graph 为 [[1, 3], [0, 2], [1, 3], [0, 2]]，那么可以将节点分为 {0, 2}、{1, 3} 两个部分，因此该图是一个二分图，如图 15.7（a）所示。如果输入 graph 为 [[1,2,3],[0,2],[0,1,3],[0,2]]，那么该图是一个非二分图，如图 15.7（b）所示。

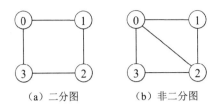

（a）二分图　　　（b）非二分图

图 15.7　二分图与非二分图

　　分析：根据题目提供的信息，二分图的节点可以分成两种不同的类型，任意一条边的两个节点分别属于两种不同的类型。可以为图中的所有节点着色，两种不同类型的节点分别涂上不同的颜色。如果任意一条边的两个节点都能被涂上不同的颜色，那么整个图就是一个二分图。

　　一个图可能包含多个连通子图，逐一对每个子图的节点着色。整个过程可以用如下所示的代码实现：

```
public boolean isBipartite(int[][] graph) {
    int size = graph.length;
    int[] colors = new int[size];
    Arrays.fill(colors, -1);
    for (int i = 0; i < size; ++i) {
        if (colors[i] == -1) {
            if (!setColor(graph, colors, i, 0)) {
                return false;
            }
        }
    }

    return true;
}
```

　　如果一个图中有 n 个节点，上述代码创建了一个长度为 n 的数组 colors 记录每个节点的颜色，节点 i 的颜色保存在 colors[i] 中。如果节点 i 还没有被着色，那么 colors[i] 的值为 -1；如果节点 i 已经被着色，那么 colors[i] 的值为 0 或 1。

　　函数 setColor 用来对以节点 i 为起始节点的一个连通子图着色，它的返回值用来表示能否按照二分图的规则对子图的所有节点进行着色。为了能够给所有节点着色，需要搜索所有与节点 i 连通的节点，每搜索到一个尚未着色的节点就按照二分图的规则给它涂上颜色。

❖ 利用广度优先搜索对子图着色

　　可以用广度优先搜索算法搜索与节点 i 连通的所有节点。广度优先搜索需要一个队列，先将起始节点 i 添加到队列中。接下来每次从队列中取出一个节点，如果与该节点相邻的节点之前没有访问过，那么相邻的节点被添加到队列中。本题用一个二维数组 graph 表示图，graph 实际上是图的邻接表，与节点 i 相邻的节点保存在 graph[i]中。重复这个过程，直到队列为空，此时与起始节点 i 连通的所有节点已经搜索完毕。这个广度优先搜索的过程可以用如下所示的参考代码实现：

```
private boolean setColor(int[][] graph, int[] colors, int i, int color){
    Queue<Integer> queue = new LinkedList<>();
    queue.add(i);
    colors[i] = color;
    while (!queue.isEmpty()) {
        int v = queue.remove();
        for (int neighbor ; graph[v]) {
            if (colors[neighbor] >= 0) {
                if (colors[neighbor] == colors[v]) {
                    return false;
                }
            } else {
                queue.add(neighbor);
                colors[neighbor] = 1 - colors[v];
            }
        }
    }

    return true;
}
```

上述代码每次从队列中取出一个节点 v，该节点在添加到队列的时候已经被涂上颜色，它的颜色保存在 colors[v]中。如果相邻的节点还没有着色（颜色值等于-1），就按照二分图的着色规律给相邻的节点涂上不同的颜色，即"1-colors[v]"。如果相邻的节点已经被涂上颜色，则判断它是否与节点 v 的颜色相同。如果节点 v 的颜色与它相邻的节点的颜色相同，那么违背了二分图的要求，因此返回 false。

❖ 利用深度优先搜索对子图着色

也可以用深度优先搜索来搜索图中的所有节点并进行着色。深度优先搜索可以用递归代码实现。函数 setColor 将节点 i 的颜色设为 color。如果该节点在此之前已经着色，并且它的颜色不是 color，那么意味着不能按照二分图的规则对图中的节点进行着色，直接返回 false。如果此时节点 i 还没有着色，则将它的颜色设为 color，然后给与它相邻的节点涂上颜色1-color。给相邻的节点着色与给节点 i 着色是相同的问题，可以递归调用函数 setColor 解决。基于深度优先搜索的参考代码如下所示：

```
private boolean setColor(int[][] graph, int[] colors, int i, int color){
    if (colors[i] >= 0) {
        return colors[i] == color;
    }

    colors[i] = color;
    for (int neighbor : graph[i]) {
        if (!setColor(graph, colors, neighbor, 1 - color)) {
            return false;
        }
    }

    return true;
}
```

如果输入的图中有 n 个节点和 e 条边，不管用哪种搜索算法判断图是否为二分图的时间复杂度都是 $O(v+e)$。

面试题 107：矩阵中的距离

题目：输入一个由 0、1 组成的矩阵 M，请输出一个大小相同的矩阵 D，矩阵 D 中的每个格子是矩阵 M 中对应格子离最近的 0 的距离。水平或竖直方向相邻的两个格子的距离为 1。假设矩阵 M 中至少有一个 0。

例如，图 15.8（a）是一个只包含 0、1 的矩阵 M，它的每个格子离最近的 0 的距离如 15.8（b）的矩阵 D 所示。$M[0][0]$等于 0，因此它离最近的 0 的距离是 0，所以 $D[0][0]$等于 0。$M[2][1]$等于 1，离它最近的 0 的坐标是(0, 1)、(1, 0)、(1, 2)，它们离坐标(2, 1)的距离都是 2，所以 $D[2][1]$等于 2。

0	0	0
0	1	0
1	1	1

（a）矩阵 M

0	0	0
0	1	0
1	2	1

（b）矩阵 D

图 15.8　矩阵中离 0 最近的距离

说明：（a）一个只包含 0、1 的矩阵；（b）每个格子为（a）中矩阵相应位置离最近的 0 的距离

分析：应用与图相关的算法解决问题的前提是能够找出图中的节点和边。这是一个背景为矩阵的问题，矩阵中的每个格子可以看成图中的一个节点，矩阵中上、下、左、右相邻的格子对应的节点之间有一条边相连。例如，可以将图 15.8（a）中的矩阵看成如图 15.9 所示的图。

图 15.9　用图表示图 15.8（a）中的矩阵

　　这个题目要求计算每个格子离最近的 0 的距离。根据题目的要求，上、下、左、右相邻的两个格子的距离为 1。可以将图看成一个无权图，图中两个节点的距离是连通它们的路径经过的边的数目。由于这个问题与无权图的最近距离相关，因此可以考虑应用广度优先搜索解决。

　　广度优先搜索需要一个队列。图中的哪些节点可以当作初始节点添加到队列中？这个问题是求每个格子离最近的 0 的距离，因此可以将所有的 0 当作初始节点添加到队列中，然后以值为 0 的节点作为起点做广度优先搜索。如果经过 d 步到达某个格子，那么该格子离最近的 0 的距离就是 d。基于广度优先搜索的参考代码如下所示：

```java
public int[][] updateMatrix(int[][] matrix) {
    int rows = matrix.length;
    int cols = matrix[0].length;
    int[][] dists = new int[rows][cols];
    Queue<int[]> queue = new LinkedList<>();
    for (int i = 0; i < rows; ++i) {
        for (int j = 0; j < cols; ++j) {
            if (matrix[i][j] == 0) {
                queue.add(new int[]{i, j});
                dists[i][j] = 0;
            } else {
                dists[i][j] = Integer.MAX_VALUE;
            }
        }
    }

    int[][] dirs = {{-1, 0}, {1, 0}, {0, -1}, {0, 1}};
    while (!queue.isEmpty()) {
        int[] pos = queue.remove();
        int dist = dists[pos[0]][pos[1]];
        for (int[] dir : dirs) {
            int r = pos[0] + dir[0];
            int c = pos[1] + dir[1];
            if (r >= 0 && c >= 0 && r < rows && c < cols) {
                if (dists[r][c] > dist + 1) {
                    dists[r][c] = dist + 1;
                    queue.add(new int[]{r, c});
                }
            }
        }
    }
```

```
    return dists;
}
```

上述代码创建了一个大小与输入矩阵 matrix 相同的二维数组 dists，用来记录每个格子离最近的 0 的距离。如果 matrix[i][j]为 0，那么这个格子离最近的 0 的距离自然是 0，因此 dists[i][j]设为 0。如果 matrix[i][j]的值为 1，则先用最大的整数值初始化 dists[i][j]，接下来搜索到对应的节点时再更新它的值。

队列中的元素是矩阵中格子的坐标，是一个长度为 2 的数组。一个格子的坐标被添加到队列中之前，它离最近的 0 的距离已经计算好并且保存在数组 dists 中。

每次从队列中取出一个坐标为 pos 的格子，该格子离最近的 0 的距离用变量 dist 表示。从该格子出发沿着上、下、左、右到达坐标为(r, c)的格子。如果该格子之前没有到达过，此时 "dists[r][c]" 的值仍然为最大的整数值，那么 "dists[r][c] > dist + 1" 的值为 true。由于是从离最近的 0 的距离为 dist 的格子多走一步到达该格子的，因此该格子离最近的 0 的距离是 dist+1。此外，还需要将该格子添加到队列中，以便接下来搜索与该格子相连的其他节点。

如果之前已经到达过坐标为(r, c)的格子，那么 dists[r][c]的值一定不可能大于 dist+1。这是因为用的是广度优先搜索，而广度优先搜索能够保证从起始节点到达任意节点一定是沿着最短路径的。当第 1 次到达坐标为(r, c)的格子时记录到 "dists[r][c]" 的值一定是从值为 0 的格子到该格子的最短距离。因此，当再次到达坐标为(r, c)的格子时，"dists[r][c] > dist + 1" 的值为 false。通过比较距离可以避免重复访问某个格子。

如果输入矩阵的大小为 $m \times n$，那么以矩阵为背景的图中的节点数为 $O(mn)$，边的数目也是 $O(mn)$，因此上述解法的时间复杂度是 $O(mn)$。

面试题 108：单词演变

题目：输入两个长度相同但内容不同的单词（beginWord 和 endWord）和一个单词列表，求从 beginWord 到 endWord 的演变序列的最短长度，要求每步只能改变单词中的一个字母，并且演变过程中每步得到的单词都必须在给定的单词列表中。如果不能从 beginWord 演变到 endWord，则返回 0。假设所有单词只包含英文小写字母。

例如，如果 beginWord 为"hit"，endWord 为"cog"，单词列表为["hot"，"dot", "dog", "lot", "log", "cog"]，则演变序列的最短长度为 5，一个可行的演变序列为"hit"→"hot"→"dot"→"dog"→"cog"。

分析：应用图相关算法的前提是找出图中的节点和边。这个问题是关于单词的演变的，所以每个单词就是图中的一个节点。如果两个单词能够相互演变（改变一个单词的一个字母能变成另一个单词），那么这两个单词之间有一条边相连。例如，可以用图 15.10 表示"hit"、"hot"、"dot"、"dog"、"lot"、"log"和"cog"的演变关系，可以看出，从"hit"演变成"cog"的最短序列的长度为 5，一个可行的最短序列经过的节点用阴影表示。

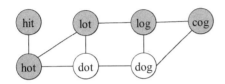

图 15.10　用图表示单词的演变关系
说明：图中标有阴影的节点为从"hit"演变成"cog"的一个最短序列

❖ 单向广度优先搜索

这个题目要求计算最短演变序列的长度，即求图中两个节点的最短距离。表示单词演变的图也是一个无权图，按照题目的要求，图中两个节点的距离是连通两个节点的路径经过的节点的数目。通常用广度优先搜索计算无权图中的最短路径，广度优先搜索通常需要用到队列。

为了求得两个节点之间的最短距离，常见的解法是用两个队列实现广度优先搜索算法。一个队列 queue1 中存放离起始节点距离为 d 的节点，当从这个队列中取出节点并访问的时候，与队列 queue1 中节点相邻的节点离起始节点的距离都是 $d+1$，将这些相邻的节点存放到另一个队列 queue2 中。当队列 queue1 中的所有节点都访问完毕时，再访问队列 queue2 中的节点，并将相邻的节点放入 queue1 中。可以交替使用 queue1 和 queue2 这两个队列由近及远地从起始节点开始搜索所有节点。这种交替使用两个队列实现广度优先搜索的参考代码如下所示：

```
public int ladderLength(String beginWord, String endWord, List<String>
wordList) {
    Queue<String> queue1 = new LinkedList<>();
    Queue<String> queue2 = new LinkedList<>();
    Set<String> notVisited = new HashSet<>(wordList);
```

```
    int length = 1;
    queue1.add(beginWord);
    while (!queue1.isEmpty()) {
        String word = queue1.remove();
        if (word.equals(endWord)) {
            return length;
        }

        List<String> neighbors = getNeighbors(word);
        for (String neighbor : neighbors) {
            if (notVisited.contains(neighbor)) {
                queue2.add(neighbor);
                notVisited.remove(neighbor);
            }
        }

        if (queue1.isEmpty()) {
            length++;
            queue1 = queue2;
            queue2 = new LinkedList<>();
        }
    }

    return 0;
}
```

上述代码首先将起始节点 beginWord 添加到队列 queue1 中。接下来每一步从队列 queue1 中取出一个节点 word 访问。如果 word 就是目标节点，则搜索结束；否则找出所有与 word 相邻的节点并将相邻的节点放到队列 queue2 中。当队列 queue1 中的所有节点都访问完毕时交换队列 queue1 和 queue2，以便接下来访问原本存放在队列 queue2 中的节点。每次交换队列 queue1 和 queue2 时都意味着距离初始节点距离为 d 的节点都访问完毕，接下来将访问距离为 d+1 的节点，因此距离值增加 1。

上述代码将单词列表中还没有访问过的节点放入 notVisited 中，每当一个单词被访问过就从这个 HashSet 中删除。如果一个节点不在 notVisited 之中，要么它不在单词列表之中，要么之前已经访问过，不管是哪种情况这个节点都可以忽略。

接下来考虑找出一个节点的相邻节点。按照这个题目的要求，相邻的节点对应的单词能相互演变，也就是将一个单词修改一个字母可以演变成另一个单词。找出将一个单词修改一个字母可以演变出的所有单词的代码如下所示：

```
private List<String> getNeighbors(String word) {
    List<String> neighbors = new LinkedList<>();
    char[] chars = word.toCharArray();
    for (int i = 0; i < chars.length; ++i) {
        char old = chars[i];
```

```
        for (char ch = 'a'; ch <= 'z'; ++ch) {
            if (old != ch) {
                chars[i] = ch;
                neighbors.add(new String(chars));
            }
        }

        chars[i] = old;
    }

    return neighbors;
}
```

❖ 双向广度优先搜索

这个题目是关于单一起始节点、单一目标节点的最短距离问题。前面的解法是从起始节点出发不断朝着目标节点的方向搜索，直到到达目标节点。针对这类问题有一种常见的优化方法，即在从起始节点出发不断朝着目标节点的方向搜索的同时，也从目标节点出发不断朝着起始节点的方向搜索。这种双向搜索的方法能够缩小搜索空间，从而提高搜索的时间效率。

图 15.11 是双向广度优先搜索缩小搜索空间的示意图，假设目标是求出图中顶部的黑色节点到底部的黑色节点的最短距离。如果采用单向广度优先搜索，那么图中所有节点都可能会被搜索到，如图 15.11（a）所示。如果采用双向广度优先搜索，则分别从起始节点和目标节点出发不断搜索，直到在中间某个位置相遇，那么图中只有部分节点被搜索到，如图 15.11（b）所示。

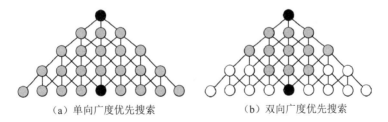

（a）单向广度优先搜索　　　　　（b）双向广度优先搜索

图 15.11　双向广度优先搜索缩小搜索空间的示意图

说明：黑色节点分别为起始节点、结束节点，灰色节点为可能搜索到的节点

基于双向广度优先搜索的参考代码如下所示：

```
public int ladderLength(String beginWord, String endWord, List<String>
wordList) {
    Set<String> notVisited = new HashSet<>(wordList);
    if (!notVisited.contains(endWord)) {
        return 0;
    }
```

```
Set<String> set1 = new HashSet<>();
Set<String> set2 = new HashSet<>();
int length = 2;
set1.add(beginWord);
set2.add(endWord);
notVisited.remove(endWord);
while (!set1.isEmpty() && !set2.isEmpty()) {
    if (set2.size() < set1.size()) {
        Set<String> temp = set1;
        set1 = set2;
        set2 = temp;
    }

    Set<String> set3 = new HashSet<>();
    for (String word : set1) {
        List<String> neighbors = getNeighbors(word);
        for (String neighbor : neighbors) {
            if (set2.contains(neighbor)) {
                return length;
            }

            if (notVisited.contains(neighbor)) {
                set3.add(neighbor);
                notVisited.remove(neighbor);
            }
        }
    }

    length++;
    set1 = set3;
}

return 0;
}
```

上述代码一共使用了 3 个 HashSet，其中，set1 和 set2 分别存放两个方向上当前需要访问的节点，set3 用来存放与当前访问的节点相邻的节点。之所以这里用的是 HashSet 而不是 Queue，是因为需要判断从一个方向搜索到的节点在另一个方向是否已经访问过。只需要 $O(1)$ 的时间就能判断 HashSet 中是否包含一个元素。

先将起始节点 beginWord 添加到 set1 中，将目标节点 endWord 添加到 set2 中。接下来每次 while 循环都是从需要访问的节点数目少的方向搜索，这样做是为了缩小搜索的空间。先确保 set1 中需要访问的节点数更少，接下来访问 set1 中的每个节点 word。如果某个与节点 word 相邻的节点 neighbor 在 set2 中，则说明两个不同方向的搜索相遇，已经找到了一条起始节点和目标节点之间的最短路径，此时路径的长度就是它们之间的最短距离，否则将节点 neighbor 添加到 set3 中。当 set1 中所有的节点都访问完毕，接下来可能会访问 set1 的节点的相邻节点，即 set3 中的节点，因此将

set1 指向 set3。然后继续从 set1 和 set2 中选择一个节点数目少的方向进行新一轮的搜索。每轮搜索都意味着在起始节点和目标节点之间的最短路径上多前进了一步,因此变量 length 增加 1。

面试题 109:开密码锁

题目:一个密码锁由 4 个环形转轮组成,每个转轮由 0~9 这 10 个数字组成。每次可以上下拨动一个转轮,如可以将一个转轮从 0 拨到 1,也可以从 0 拨到 9。密码锁有若干死锁状态,一旦 4 个转轮被拨到某个死锁状态,这个锁就不可能打开。密码锁的状态可以用一个长度为 4 的字符串表示,字符串中的每个字符对应某个转轮上的数字。输入密码锁的密码和它的所有死锁状态,请问至少需要拨动转轮多少次才能从起始状态"0000"开始打开这个密码锁?如果锁不可能打开,则返回-1。

例如,如果某个密码锁的密码是"0202",它的死锁状态列表是["0102", "0201"],那么至少需要拨动转轮 6 次才能打开这个密码锁,一个可行的开锁状态序列是"0000"→"1000"→"1100"→"1200"→"1201"→"1202"→"0202"。虽然序列"0000"→"0001"→"0002"→"0102"→"0202"更短,只需要拨动 4 次转轮,但它包含死锁状态"0102",因此这是一个无效的开锁序列。

分析:密码锁 4 个转轮上的数字定义了密码锁的状态,转动密码锁的转轮可以改变密码锁的状态。一般而言,如果一个问题是关于某事物状态的改变,那么可以考虑把问题转换成图搜索的问题。事物的每个状态是图中的一个节点,如果一个状态能够转变到另一个状态,那么这两个状态对应的节点之间有一条边相连。

对于这个问题而言,密码锁的每个状态都对应着图中的一个节点,如状态"0000"是一个节点,"0001"是另一个节点。如果转动某个转轮一次可以让密码锁从一个状态转移到另一个状态,那么这两个状态之间有一条边相连。例如,将状态"0000"分别向上或向下转动 4 个转轮中的一个,可以得到 8 个状态,即"0001"、"0009"、"0010"、"0090"、"0100"、"0900"、"1000"和"9000",那么图中节点"0000"就有 8 条边分别和这 8 个状态对应的节点相连。

由于题目要求的是找出节点"0000"到密码的对应节点的最短路径的长度,因此应该采用广度优先搜索。这是因为广度优先搜索是从起始节点开始首先达到所有距离为 1 的节点,接着到达所有距离为 2 节点。广度优先搜索一定是从起始节点沿着最短路径到达目标节点的。

搜索密码锁对应的图时还要注意避开死锁状态对应的节点，因为一旦到达这些节点之后就不能继续向下搜索。

利用两个队列实现广度优先搜索的参考代码如下所示：

```java
public int openLock(String[] deadends, String target) {
    Set<String> dead = new HashSet<>(Arrays.asList(deadends));
    Set<String> visited = new HashSet<>();
    String init = "0000";
    if (dead.contains(init) || dead.contains(target)) {
        return -1;
    }

    Queue<String> queue1 = new LinkedList<>();
    Queue<String> queue2 = new LinkedList<>();
    int steps = 0;
    queue1.offer(init);
    visited.add(init);
    while (!queue1.isEmpty()) {
        String cur = queue1.remove();
        if (cur.equals(target)) {
            return steps;
        }

        List<String> nexts = getNeighbors(cur);
        for (String next : nexts) {
            if (!dead.contains(next) && !visited.contains(next)) {
                queue2.add(next);
                visited.add(next);
            }
        }

        if (queue1.isEmpty()) {
            steps++;
            queue1 = queue2;
            queue2 = new LinkedList<>();
        }
    }

    return -1;
}
```

上述代码用两个队列实现广度优先搜索。队列 queue1 中存放的是需要转动 n 次到达的节点，队列 queue2 中存放的是和队列 queue1 中的节点相连但是还没有搜索到的节点。当队列 queue1 中的节点都删除之后，接着遍历需要转动 n+1 次到达的节点，也就是队列 queue2 中的节点，此时变量 steps 加 1。

如果仔细比较可以发现上述函数 openLock 和面试题 108 中实现单向广度优先搜索的代码非常类似，实际上，用广度优先搜索解决大多数最短路径问题的代码都大同小异。因此，应聘者应该熟练掌握这个代码模板，这样在面试的时候如果遇到类似的问题就能很快写出正确的代码。

和面试题 108 相比，这个题目要求获得与某一密码锁状态相连的状态的方法。可以向上或向下转动 4 个转轮中的任意一个转轮，因此 1 个状态与 8 个状态相连。下面的函数 getNeighbors 用来得到与某个状态相连的 8 个状态：

```
private List<String> getNeighbors(String cur) {
    List<String> nexts = new LinkedList<>();
    for (int i = 0; i < cur.length(); ++i) {
        char ch = cur.charAt(i);

        char newCh = ch == '0' ? '9' : (char)(ch - 1);
        StringBuilder builder = new StringBuilder(cur);
        builder.setCharAt(i, newCh);
        nexts.add(builder.toString());

        newCh = ch == '9' ? '0' : (char)(ch + 1);
        builder.setCharAt(i, newCh);
        nexts.add(builder.toString());
    }

    return nexts;
}
```

上述代码实现的是单向广度优先搜索。和面试题 108 类似，也可以用双向广度优先搜索来解决这个问题，感兴趣的读者请自行练习。

面试题 110：所有路径

> 题目：一个有向无环图由 n 个节点（标号从 0 到 $n-1$，$n \geqslant 2$）组成，请找出从节点 0 到节点 $n-1$ 的所有路径。图用一个数组 graph 表示，数组的 graph[i] 包含所有从节点 i 能直接到达的节点。例如，输入数组 graph 为[[1,2], [3], [3], []]，则输出两条从节点 0 到节点 3 的路径，分别为 0→1→3 和 0→2→3，如图 15.12 所示。

图 15.12　一个包含 4 个节点的有向无环图

说明：从节点 0 到节点 3 有两条不同的路径，分别为 0→1→3 和 0→2→3

分析：这个题目要求找出有向无环图中从节点 0 到节点 $n-1$ 的所有路径，自然需要搜索图中的所有节点。通常可以用广度优先搜索或深度优先搜索完成图的搜索。由于这个题目要求列出从节点 0 到节点 *n*-1 的所有路径，因此深度优先搜索是更合适的选择。

深度优先搜索通常用递归实现。从节点 0 出发开始搜索。每当搜索到节点 *i* 时，先将该节点添加到路径中去。如果该节点正好是节点 *n*-1，那么就找到了一条从节点 0 到节点 *n*-1 的路径。如果不是，则从 graph[*i*]找到每个相邻的节点并用同样的方法进行搜索。当从节点 *i* 出发能够抵达的所有节点都搜索完毕之后，将回到前一个节点搜索其他与之相邻的节点。在回到前一个节点之前，需要将节点 *i* 从路径中删除。这个过程可以用如下所示的递归代码实现：

```java
public List<List<Integer>> allPathsSourceTarget(int[][] graph) {
    List<List<Integer>> result = new LinkedList<>();
    List<Integer> path = new LinkedList<Integer>();
    dfs(0, graph, path, result);

    return result;
}

private void dfs(int source, int[][] graph, List<Integer> path,
List<List<Integer>> result) {
    path.add(source);
    if (source == graph.length - 1) {
        result.add(new LinkedList<Integer>(path));
    } else {
        for (int next : graph[source]) {
            dfs(next, graph, path, result);
        }
    }

    path.remove(path.size() - 1);
}
```

上述代码中的 path 记录当前路径中的所有节点，result 记录所有已经找到的路径。

上述代码中没有判断一个节点是否已经访问过。在做图搜索的时候通常需要判断一个节点是否已经访问过，这样可以避免反复访问环中的节点。由于这个题目已经明确图是一个有向无环图，因此没有必要担心重复访问环中的节点。

如果图中的节点数目为 *v*（graph.length）、边的数目为 *e*（∑graph[*i*].length），那么深度优先搜索的时间复杂度为 *O*(*v*+*e*)。

可能有的读者觉得上述代码和实现回溯法的代码很相像，这是因为回溯法从本质上来说就是深度优先搜索。

面试题 111：计算除法

题目：输入两个数组 equations 和 values，其中，数组 equations 的每个元素包含两个表示变量名的字符串，数组 values 的每个元素是一个浮点数值。如果 equations[i] 的两个变量名分别是 A$_i$ 和 B$_i$，那么 A$_i$/B$_i$=values[i]。再给定一个数组 queries，它的每个元素也包含两个变量名。对于 queries[j] 的两个变量名 C$_j$ 和 D$_j$，请计算 C$_j$/D$_j$ 的结果。假设任意 values[i] 大于 0。如果不能计算，那么返回-1。

例如，输入数组 equations 为[["a", "b"], ["b", "c"]]，数组 values 为[2.0, 3.0]，如果数组 queries 为[["a", "c"], ["b", "a"], ["a", "e"], ["a", "a"], ["x", "x"]]，那么对应的计算结果为[6.0, 0.5, -1.0, 1.0, -1.0]。由数组 equations 和 values 可知，a/b=2.0，b/c=3.0，所以，a/c=6.0，b/a=0.5，a/a=1.0。

分析：图可以用来表示物体与物体之间的关系，节点对应物体，而物体之间的关系用边表示。这个问题是关于两个变量之间的除法，因此可以将变量看作图中的节点。如果存在两个变量的除法等式，那么这两个变量对应的节点之间有一条边相连。一个除法等式除了被除数和除数，还有商。被除数和除数都对应图中的节点，商是两个变量的除法的结果，表达的是变量之间的关系，因此商应该是边的属性。可以给图中的每条边定义一个权重，为两个变量的除法的商。由于 a/b 一般不等于 b/a，因此从节点 a 到节点 b 的边和从节点 b 到节点 a 的边的权重不同，即这个图是有向图，节点 a 和节点 b 之间有两条不同方向的有向边。

可以尝试根据数组 equations[["a", "b"], ["b", "c"]]和数组 values[2.0, 3.0]构建对应的图。因为 a/b=2.0，所以图中有一条从节点 a 到节点 b 的边，权重为 2.0。同时由数学常识可知 b/a=1/2，所以图中还有一条由节点 b 指向节点 a 的权重为 1/2 的边。类似地，因为 b/c=3.0，所以图中有一条由节点 b 指向节点 c 的权重为 3.0 的边，还有一条由节点 c 指向节点 b 的权重为 1/3 的边。构建出来的图如图 15.13 所示。

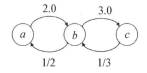

图 15.13　由数组 equations[["a", "b"], ["b", "c"]]和数组 values[2.0, 3.0]构建的图

构建出图之后就可以逐一计算数组 queries 中除法表达式的值。这个过程的代码如下所示：

```
public double[] calcEquation(List<List<String>> equations, double[]
values, List<List<String>> queries) {
    Map<String, Map<String, Double>> graph = buildGraph(equations, values);
    double[] results = new double[queries.size()];
    for (int i = 0; i < queries.size(); ++i) {
        String from = queries.get(i).get(0);
        String to = queries.get(i).get(1);
        if (!graph.containsKey(from) || !graph.containsKey(to)) {
            results[i] = -1;
        } else {
            Set<String> visited = new HashSet<>();
            results[i] = dfs(graph, from, to, visited);
        }
    }

    return results;
}

private Map<String, Map<String, Double>>
buildGraph(List<List<String>> equations, double[] values) {
    Map<String, Map<String, Double>> graph = new HashMap<>();
    for (int i = 0; i < equations.size(); i++) {
        String var1 = equations.get(i).get(0);
        String var2 = equations.get(i).get(1);

        graph.putIfAbsent(var1, new HashMap<String, Double>());
        graph.get(var1).put(var2, values[i]);

        graph.putIfAbsent(var2, new HashMap<String, Double>());
        graph.get(var2).put(var1, 1.0/ values[i]);
    }

    return graph;
}
```

在上述代码中，图是用 HashMap 表示的邻接表，HashMap 的键是图中的节点（对应一个变量，是有向边的起始节点），值是与该节点相连的其他节点。与一个节点相连的其他节点也用 HashMap 表示，它的键是图中的节点（对应一个变量，是有向边的终止节点），值是边的权重（也就是两个变量进行除法运算得到的商）。使用函数 buildGraph 构建出用 HashMap 表示的有向图。

接下来考虑如何计算除法。已知 a/b=2.0、b/c=3.0，那么 a/c 等于多少？由数学常识可知 $\frac{a}{b} \times \frac{b}{c} = \frac{a}{c}$，所以 a/c=6.0。由于 a/b=2.0 对应图中从节点 a 指向节点 b 的一条权重为 2.0 的边，b/c=3.0 对应图中从节点 b 指向节点 c 的一条权重为 3.0 的边，计算 a/c 的过程可以看成在图中找到一条从节点 a

到节点 c 的路径，并将该路径经过的边的权重相乘。

如果计算两个变量 v_i/v_j 的商，那么可以将 v_i 对应的节点作为起始节点，在图中搜索直到遇到 v_j 对应的节点，将从 v_i 对应的节点到 v_j 对应的节点的路径经过的边的权重相乘，就可以得到 v_i/v_j 的商。

因此，这个问题从本质上来说还是一个图搜索问题，由于需要记录从一个节点到另一个节点的路径，因此深度优先搜索可能更加适合用来解决这个问题。通常，深度优先搜索可以用递归的代码实现。

为了计算 v_i/v_j 的商，需要找一条从 v_i 到 v_j 的路径。首先从图中找到 v_i 的相邻节点。对于每个相邻节点 v_k，从 v_i 指向 v_k 的边的权重已经保存在图中，因此可以知道 v_i/v_k 的商。接下来需要计算 v_k/v_j 的商，即需要找到一条从 v_k 到 v_j 的路径，这和找一条从 v_k 到 v_j 的路径是相同的问题，可以用递归函数解决。

使用函数 dfs 用递归思路进行深度优先搜索的参考代码如下所示：

```
private double dfs(Map<String, Map<String, Double>> graph, String from,
String to, Set<String> visited) {
    if (from.equals(to)) {
        return 1.0;
    }

    visited.add(from);
    for (Map.Entry<String, Double> entry : graph.get(from).entrySet()) {
        String next = entry.getKey();
        if (!visited.contains(next)) {
            double nextValue = dfs(graph, next, to, visited);
            if (nextValue > 0) {
                return entry.getValue() * nextValue;
            }
        }
    }

    visited.remove(from);
    return -1.0;
}
```

如果图中的节点数目为 v（数组 equations 中出现的变量的数目），边的数目为 e（equations.length），那么计算每个 queries[i] 的时间复杂度是 $O(v+e)$。

面试题 112：最长递增路径

题目：输入一个整数矩阵，请求最长递增路径的长度。矩阵中的路径沿着上、下、左、右 4 个方向前行。例如，图 15.14 中矩阵的最长递增路径的长度为 4，其中一条最长的递增路径为 3→4→5→8，如阴影部分所示。

3	4	5
3	2	8
2	2	1

图 15.14　矩阵中一条最长的递增路径为 3→4→5→8（阴影部分），它的长度为 4

　　分析：这又是一个以矩阵为背景的经典题目。仍然可以将矩阵中的数字看成图中的节点。由于这个问题是关于递增路径的，因此只关心从较小的数字指向较大的数字的边，两个不同数字在图中对应的节点之间的边是有向边，针对这个问题构建出来的图是一个有向图。同时，由于图中所有边都是从较小的数字指向较大的数字，这样的边不可能形成环，因此构建出来的图一定是有向无环图。例如，根据图 15.14 中的矩阵构建的有向无环图如图 15.15 所示。

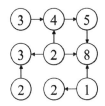

图 15.15　根据图 15.14 中的矩阵构建的有向无环图

　　接着考虑如何计算图中最长递增路径的长度。由于需要搜索图中的所有节点才能确定最长递增路径的长度，因此这也是一个关于图搜索的问题。解决图搜索通常用广度优先搜索和深度优先搜索这两种不同的方法。这个问题中的路径是非常关键的信息，而深度优先搜索能够很方便地记录搜索的路径，因此深度优先搜索更适合这个问题。

　　因为不知道从哪个节点开始的递增路径是最长的，所以试着找出从矩阵的每个数字出发的最长递增路径的长度，通过比较可以得出整个矩阵中的最长递增路径的长度。这个过程可以用如下所示的代码实现：

```
public int longestIncreasingPath(int[][] matrix) {
    if (matrix.length == 0 || matrix[0].length == 0) {
        return 0;
    }

    int[][] lengths = new int[matrix.length][matrix[0].length];
    int longest = 0;
    for (int i = 0; i < matrix.length; ++i) {
        for (int j = 0; j < matrix[0].length; ++j) {
            int length = dfs(matrix, lengths, i, j);
```

```
            longest = Math.max(longest, length);
        }
    }

    return longest;
}
```

上述代码创建了一个与输入矩阵 matrix 大小相同的矩阵 lengths，"lengths[i][j]" 保存的是从矩阵中坐标为(i, j)的数字出发的最长递增路径的长度，然后通过比较得出矩阵中最长的递增路径的长度 longest。

假设要计算从坐标(r_1, c_1)的数字开始的最长递增路径的长度，则可以在它上、下、左、右这 4 个方向尝试找到比它更大的相邻的数字。如果某个坐标为(r_2, c_2)的相邻的数字比坐标为(r_1, c_1)的数字大，那么从坐标(r_1, c_1)前往坐标(r_2, c_2)就是一条递增的路径，并且此时从坐标(r_1, c_1)开始的路径的长度比从坐标(r_2, c_2)开始的路径长 1。与坐标(r_1, c_1)相邻并且数字更大的可能不止一个(r_2, c_2)。如果以与坐标(r_1, c_1)相邻并且更大的数字为起点的所有递增路径的最长长度为 d，那么以坐标(r_1, c_1)为起点的最长递增路径的长度为 $d+1$。求以某个与坐标(r_1, c_1)相邻的数字为起点的最长递增路径的长度与求以坐标(r_1, c_1)的数字为起点的最长递增路径的长度是同一个问题，可以调用递归函数求得。参考代码如下所示：

```java
private int dfs(int[][] matrix, int[][] lengths, int i, int j) {
    if (lengths[i][j] != 0) {
        return lengths[i][j];
    }

    int rows = matrix.length;
    int cols = matrix[0].length;
    int[][] dirs = {{-1, 0}, {0, -1}, {1, 0}, {0, 1}};
    int length = 1;
    for (int[] dir : dirs) {
        int r = i + dir[0];
        int c = j + dir[1];
        if (r >= 0 && r < rows && c >= 0 && c < cols
            && matrix[r][c] > matrix[i][j]) {
            int path = dfs(matrix, lengths, r, c);
            length = Math.max(path + 1, length);
        }
    }

    lengths[i][j] = length;
    return length;
}
```

矩阵 lengths 的所有值都初始化为 0（因为在 Java 中 0 是整数类型的默认值，所以省略了将矩阵 lengths 中数字初始化为 0 的代码）。以矩阵中某个坐标为起点的最长递增路径的长度至少是 1。如果"lengths[i][j]"的值大于 0，就说明之前已经计算过以坐标(i, j)为起点的最长递增路径的长度，如果在计算以其他坐标为起点的最长递增路径的长度时需要以坐标(i, j)为起点的最长递增路径的长度，就没有必要再次计算，只需要直接返回就可以。矩阵 lengths 在这里还起到了缓存的作用，能够确保以任意坐标为起点的最长递增路径的长度只需要计算一次。

例如，在计算图 15.14 中矩阵以坐标(0, 0)为起点的最长递增路径的长度时，将计算以坐标(0, 1)为起点的最长递增路径的长度。接下来在计算以坐标(1, 1)为起点的最长递增路径的长度时，仍然需要计算以坐标(0, 1)为起点的最长递增路径的长度。如果在此之前已经缓存了以坐标(0, 1)为起点的最长递增路径的长度，那么就没有必要再次计算。

由于总是沿着数字递增的方向（"matrix[r][c] > matrix[i][j]"为 true 时）在矩阵对应的图中搜索，这相当于是在一个有向无环图中搜索，因此不会出现重复访问一个节点的情况，也无须判断一个节点之前是否访问过。

15.3 拓扑排序

拓扑排序是指对一个有向无环图的节点进行排序之后得到的序列。如果存在一条从节点 A 指向节点 B 的边，那么在拓扑排序的序列中节点 A 出现在节点 B 的前面。一个有向无环图可以有一个或多个拓扑排序序列，但无向图或有环的有向图都不存在拓扑排序。

在讨论有向无环图拓扑排序算法之前先介绍两个概念：入度和出度。节点 v 的入度指的是以节点 v 为终点的边的数目，而节点 v 的出度是指以节点 v 为起点的边的数目。例如，在图 15.16（a）的有向图中，节点 2 的入度是 1，出度是 2。

一种常用的拓扑排序算法是每次从有向无环图中取出一个入度为 0 的节点添加到拓扑排序序列之中，然后删除该节点及所有以它为起点的边。重复这个步骤，直到图为空或图中不存在入度为 0 的节点。如果最终图为空，那么图是有向无环图，此时就找到了该图的一个拓扑排序序列。如果最终图不为空并且已经不存在入度为 0 的节点，那么图中一定有环。

下面对图 15.16（a）中的图进行拓扑排序，该图中节点 1 的入度为 0，将该节点添加到拓扑排序序列中，并删除该节点及所有以该节点为起点的边，如图 15.16（b）所示。接下来重复这个步骤，依次找到入度为 0 的节点 2、节点 3、节点 4、节点 5，如图 15.16（c）、图 15.16（d）、图 15.16（e）所示，在先后删除这些节点之后图为空。因此，图 15.16（a）中的图是有向无环图，它的拓扑排序序列为[1, 2, 3, 4, 5]。

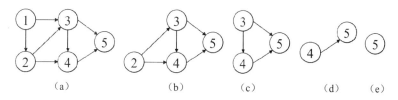

图 15.16　拓扑排序序列为[1, 2, 3, 4, 5]的一个有向无环图

说明：（a）一个有 5 个节点的有向无环图；（b）删除节点 1 和所有以它为起点的边；（c）删除节点 2 和所有以它为起点的边；（d）删除节点 3 和所有以它为起点的边；（e）删除节点 4 和所有以它为起点的边

上述算法也可以用来判断一个有向图是否有环。如果执行上述步骤最终得到一个非空的图，并且图中所有节点的入度都大于 0，那么该图一定包含环。例如，图 15.17 的有向图中的 3 个节点的入度都为 1，它们形成一个环。

图 15.17　一个有环的有向图

面试题 113：课程顺序

> 题目：n 门课程的编号为 0～n-1。输入一个数组 prerequisites，它的每个元素 prerequisites[i]表示两门课程的先修顺序。如果 prerequisites[i]=[a_i, b_i]，那么必须先修完 b_i 才能修 a_i。请根据总课程数 n 和表示先修顺序的 prerequisites 得出一个可行的修课序列。如果有多个可行的修课序列，则输出任意一个可行的序列；如果没有可行的修课序列，则输出空序列。

例如，总共有 4 门课程，先修顺序 prerequisites 为[[1, 0], [2, 0], [3, 1], [3, 2]]，一个可行的修课序列是 0→2→1→3。

分析：将课程看成图中的节点，如果两门课程存在先修顺序那么它们在图中对应的节点之间存在一条从先修课程到后修课程的边，因此这是一个有向图。例如，可以根据先修顺序 prerequisites 为[[1, 0], [2, 0], [3, 1], [3, 2]]构建出如图 15.18 所示的有向图。例如，课程先修顺序[1, 0]对应在图中就有一条从节点 0 到节点 1 的边。

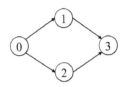

图 15.18　由课程先修顺序 prerequisites[[1, 0], [2, 0], [3, 1], [3, 2]]构建的有向图

可行的修课序列实际上是图的拓扑排序序列。图中的每条边都是从先修课程指向后修课程，而拓扑排序能够保证任意一条边的起始节点一定排在终止节点的前面，因此拓扑排序得到的序列与先修顺序一定不会存在冲突，于是这个问题转变成如何求有向图的拓扑排序序列。

对有向图进行拓扑排序的算法是每次找出一个入度为 0 的节点添加到序列中，然后删除该节点及所有以该节点为起点的边。重复这个过程，直到图为空或图中不存在入度为 0 的节点。

可以用如下所示的参考代码实现这个算法：

```java
public int[] findOrder(int numCourses, int[][] prerequisites) {
    Map<Integer, List<Integer>> graph = new HashMap<>();
    for (int i = 0; i < numCourses; i++) {
        graph.put(i, new LinkedList<Integer>());
    }

    int[] inDegrees = new int[numCourses];
    for (int[] prereq : prerequisites) {
        graph.get(prereq[1]).add(prereq[0]);
        inDegrees[prereq[0]]++;
    }

    Queue<Integer> queue = new LinkedList<>();
    for (int i = 0; i < numCourses; ++i) {
        if (inDegrees[i] == 0) {
            queue.add(i);
        }
    }

    List<Integer> order = new LinkedList<>();
    while (!queue.isEmpty()) {
        int course = queue.remove();
        order.add(course);
        for (int next : graph.get(course)) {
```

```
        inDegrees[next]--;
        if (inDegrees[next] == 0) {
            queue.add(next);
        }
    }
}

return order.size() == numCourses
    ? order.stream().mapToInt(i->i).toArray()
    : new int[0];
}
```

上述代码先根据先修顺序构建出有向图 graph，graph 用一个 HashMap 表示邻接表，它的键是先修课程，它的值是必须在键对应的课程之后学习的所有课程。同时，将每个节点的入度保存到数组 inDegrees 中，"inDegrees[i]" 表示节点 i 的入度。

接下来用广度优先搜索算法实现拓扑排序。队列中保存的是入度为 0 的节点。每次从队列中取出一个节点，将该节点添加到拓扑排序序列中，然后找到该课程的后修课程并将它们的节点的入度减 1，这相当于删除从先修课程到后修课程的边。如果发现新的入度为 0 的节点，则将其添加到队列中。重复这个过程直到队列为空，此时要么图中所有节点都已经访问完毕，已经得到了完整的拓扑排序序列；要么剩下的还没有搜索到的节点形成一个环，已经不存在入度为 0 的节点。

如果图中节点的数目为 m（变量 numCourses），边的数目为 n（数组 prerequisites 的长度），那么广度优先搜索的时间复杂度是 $O(m+n)$，拓扑排序的时间复杂度也是 $O(m+n)$。

面试题 114：外星文字典

题目：一种外星语言的字母都是英文字母，但字母的顺序未知。给定该语言排序的单词列表，请推测可能的字母顺序。如果有多个可能的顺序，则返回任意一个。如果没有满足条件的字母顺序，则返回空字符串。例如，如果输入排序的单词列表为["ac", "ab", "bc", "zc", "zb"]，那么一个可能的字母顺序是"acbz"。

分析：这个题目比较难。如果在面试中遇到比较难的问题，比较有效地分析、解决问题的思路是从具体的例子中总结出解题规律。

在排序的单词列表["ac", "ab", "bc", "zc", "zb"]中，一共出现了 4 个字母，即'a'、'b'、'c'和'z'。需要根据单词的顺序确定这个 4 个字母的顺序。由于"ac"

排在"ab"的前面，因此字母'c'应该排在字母'b'的前面（即'c'<'b'）。这是因为这两个单词的第 1 个字母相同，第 2 个字母不同，那么它们的第 2 个字母的顺序确定了两个单词的顺序。接下来两个相邻的单词是"ab"和"bc"，它们的第 1 个字母就不同，那么它们的顺序由它们的第 1 个字母确定，所以'a'<'b'。类似地，可以根据"bc"排在"zc"的前面得知'b'<'z'，根据"zc"排在"zb"的前面得知'c'<'b'。

由比较排序的单词列表中两两相邻的单词可知'c'<'b'、'a'<'b'和'b'<'z'，现在需要找出一个包含 4 个字母的字母序列满足已知的 3 个字母的大小顺序。这看起来就是一个关于拓扑排序的问题，可以将每个字母看成图中的一个节点。如果已知两个字母的大小关系，那么图中就有一条从较小的字母指向较大的字母的边。根据字母的大小关系'c'<'b'、'a'<'b'和'b'<'z'构建出的有向图如图 15.19 所示，该有向图有两个拓扑排序序列，"acbz"和"cabz"，相应地输入的单词列表就有两个可能的字母顺序。

图 15.19　根据字母的大小关系'c'<'b'、'a'<'b'和'b'<'z'构建出的有向图

如果能够得出该有向图的拓扑排序序列，那么任意一条边的起始节点（较小的字母）在拓扑排序序列中一定出现在终止节点（较大的字母）的前面。因此，这个问题实质上一个关于拓扑排序的问题。

可以用如下所示的代码构建有向图并进行拓扑排序：

```
public String alienOrder(String[] words) {
    Map<Character, Set<Character>> graph = new HashMap<>();
    Map<Character, Integer> inDegrees = new HashMap<>();
    for (String word : words) {
        for (char ch : word.toCharArray()) {
            graph.putIfAbsent(ch, new HashSet<Character>());
            inDegrees.putIfAbsent(ch, 0);
        }
    }

    for (int i = 1; i < words.length; i++) {
        String w1 = words[i - 1];
        String w2 = words[i];
        if (w1.startsWith(w2) && !w1.equals(w2)) {
            return "";
```

```
        }

        for (int j = 0; j < w1.length() && j < w2.length(); j++) {
            char ch1 = w1.charAt(j);
            char ch2 = w2.charAt(j);
            if (ch1 != ch2) {
                if (!graph.get(ch1).contains(ch2)) {
                    graph.get(ch1).add(ch2);
                    inDegrees.put(ch2, inDegrees.get(ch2) + 1);
                }

                break;
            }
        }
    }

    Queue<Character> queue = new LinkedList<>();
    for (char ch : inDegrees.keySet()) {
        if (inDegrees.get(ch) == 0) {
            queue.add(ch);
        }
    }

    StringBuilder sb = new StringBuilder();
    while (!queue.isEmpty()) {
        char ch = queue.remove();
        sb.append(ch);
        for (char next : graph.get(ch)) {
            inDegrees.put(next, inDegrees.get(next) - 1);
            if (inDegrees.get(next) == 0) {
                queue.add(next);
            }
        }
    }

    return sb.length() == graph.size() ? sb.toString() : "";
}
```

在上述代码中，图用 HashMap 类型的变量 graph 以邻接表的形式表示。与某节点相邻的节点（即比某字母大的字母）用一个 HashSet 保存。HashMap 类型的变量 inDegrees 保存每个节点的入度。代码一开始找出单词列表 words 中出现的所有字母并做相应的初始化。

接下来比较单词列表 words 中两两相邻的单词，从头找出第 1 组不同的两个字母，在图中添加一条从较小的字母（ch1）指向较大的字母（ch2）的边。

这里有一类特殊的输入需要特别注意。如果排在后面的单词是排在前面的单词的前缀，那么无论什么样的字母顺序都是不可能的。例如，如果排序的单词列表是["abc", "ab"]，不管是什么样的字母顺序，"abc"都不可能排在"ab"的前面，因此这是一个无效的输入，此时可以直接返回空字符串表示无效的字母顺序。

在构建有向图之后，采用广度优先搜索实现拓扑排序。队列中保存的是入度为 0 的节点。每次从队列中取出一个节点，将该节点添加到拓扑排序序列中（即字母顺序序列），然后找到比该字母大的字母并将它们节点的入度减 1，这相当于删除一条从较小的字母指向较大的字母的边。如果发现新的入度为 0 的节点，则将其添加到队列中。重复这个过程直到队列为空，此时要么图中所有节点都已经访问完毕，已经得到了完整的拓扑排序序列；要么剩下的还没有搜索到的节点形成一个环，已经不存在入度为 0 的节点。

如果单词列表的长度为 m，平均每个单词的长度为 n，由于上述代码在构建有向图时需要扫描并比较每个字母，因此构建有向图的时间复杂度是 $O(mn)$。该外星文的所有字母为英文字母。有向图中的节点为外星文的字母，最多只有 26 个，可以将其看成常数。最多根据单词列表 words 相邻的两个单词在图中添加一条边，所以边的数目是 $O(n)$。于是，采用广度优先搜索的拓扑排序的时间复杂度是 $O(n)$。综合来看，上述算法的总的时间复杂度是 $O(mn)$。

面试题 115：重建序列

> 题目：长度为 n 的数组 org 是数字 $1 \sim n$ 的一个排列，seqs 是若干序列，请判断数组 org 是否为可以由 seqs 重建的唯一序列。重建的序列是指 seqs 所有序列的最短公共超序列，即 seqs 中的任意序列都是该序列的子序列。

例如，如果数组 org 为[4, 1, 5, 2, 6, 3]，而 seqs 为[[5, 2, 6, 3], [4, 1, 5, 2]]，因为用[[5, 2, 6, 3], [4, 1, 5, 2]]可以重建出唯一的序列[4, 1, 5, 2, 6, 3]，所以返回 true。如果数组 org 为[1, 2, 3]，而 seqs 为[[1, 2], [1, 3]]，因为用[[1, 2], [1, 3]]可以重建出两个序列，[1, 2, 3]或[1, 3, 2]，所以返回 false。

分析：超序列和子序列是两个相对的概念。如果序列 A 中的所有元素按照先后顺序都在序列 B 中出现，那么序列 A 是序列 B 的子序列，序列 B 是序列 A 的超序列。

按照题目的要求，如果在 seqs 的某个序列中数字 i 出现在数字 j 的前面，那么由 seqs 重建的序列中数字 i 一定也要出现在数字 j 的前面。也就是说，重建序列的数字顺序由 seqs 的所有序列定义。

可以将 seqs 中每个序列的每个数字看成图中的一个节点，两个相邻的数字之间有一条从前面数字指向后面数字的边。例如，由[[5, 2, 6, 3], [4, 1, 5, 2]]构建的有向图如图 15.20（a）所示，由[[1, 2], [1, 3]]构建的有向图如图 15.20（b）所示。

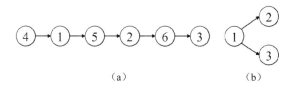

图 15.20　根据 seqs 构建有向图
说明：（a）由[[5, 2, 6, 3], [4, 1, 5, 2]]构建的有向图；（b）由[[1, 2], [1, 3]]构建的有向图

如果得到的是有向图的拓扑排序序列，那么任意一条边的起始节点在拓扑排序序列中一定位于终止节点的前面。因此，由 seqs 重建的序列就是由 seqs 构建的有向图的拓扑排序的序列。这个问题就转变成判断一个有向图的拓扑排序序列是否唯一。

图 15.20（a）中的有向图的拓扑排序序列是唯一的，其中，节点 4 是图中唯一一个入度为 0 的节点，删除该节点和以该节点为起始节点的边之后节点 1 是下一个唯一的入度为 0 的节点，重复这个过程直到图为空，就可以得到唯一的拓扑排序序列[4, 1, 5, 2, 6, 3]。

而图 15.20（b）则不然，其中，节点 1 是图中唯一一个入度为 0 的节点，删除该节点和以它为起始节点的边之后，节点 2 和节点 3 的入度都为 0，因此这个有向图有两个拓扑排序序列，分别为[1, 2, 3]和[1, 3, 2]。

可以用如下所示的代码实现构建有向图和对图进行拓扑排序：

```java
public boolean sequenceReconstruction(int[] org, List<List<Integer>>
seqs) {
    Map<Integer, Set<Integer>> graph = new HashMap<>();
    Map<Integer, Integer> inDegrees = new HashMap<>();
    for (List<Integer> seq : seqs) {
        for (int num : seq) {
            if (num < 1 || num > org.length) {
                return false;
            }

            graph.putIfAbsent(num, new HashSet<>());
            inDegrees.putIfAbsent(num, 0);
        }
```

```
        for (int i = 0; i < seq.size() - 1; i++) {
            int num1 = seq.get(i);
            int num2 = seq.get(i + 1);
            if (!graph.get(num1).contains(num2)) {
                graph.get(num1).add(num2);
                inDegrees.put(num2, inDegrees.get(num2) + 1);
            }
        }
    }

    Queue<Integer> queue = new LinkedList<>();
    for (int num : inDegrees.keySet()) {
        if (inDegrees.get(num) == 0) {
            queue.add(num);
        }
    }

    List<Integer> built = new LinkedList<>();
    while (queue.size() == 1) {
        int num = queue.remove();
        built.add(num);
        for (int next : graph.get(num)) {
            inDegrees.put(next, inDegrees.get(next) - 1);
            if (inDegrees.get(next) == 0) {
                queue.add(next);
            }
        }
    }

    int[] result = new int[built.size()];
    result = built.stream().mapToInt(i->i).toArray();
    return Arrays.equals(result, org);
}
```

上述代码首先根据序列列表 seqs 构建有向图，有向图以邻接表的形式用 HashMap 类型的 graph 保存。同时，统计每个节点的入度并保存到另一个 HashMap 类型的 inDegrees 中。

接下来对构建的有向图按照广度优先搜索进行拓扑排序。队列 queue 中保存的是入度为 0 的节点。每次从队列中取出一个节点添加到拓扑排序序列中，然后将所有与该节点相邻的节点的入度减 1（相当于删除所有以该节点为起始节点的边），如果发现有新的入度为 0 的节点则添加到队列之中。由于目标是判断图的拓扑排序序列是否唯一，而当某个时刻队列中的节点数目大于 1 时，就知道此时有多个入度为 0 的节点，那么按任意顺序排列这个入度为 0 的节点都能生成有效的拓扑排序序列，因此拓扑排序的序列不是唯一的。由此可知，上述代码只在队列的大小为 1 的时候重复添加加入度为 0 的节点。

如果图中节点的数目为 v（org.length）、边的数目为 e（$O(\sum \text{seqs}[i].\text{size})$），那么构建有向图和基于广度优先搜索进行拓扑排序的时间复杂度都是 $O(v+e)$，因此总体时间复杂度是 $O(v+e)$。

15.4 并查集

并查集是一种树形的数据结构，用来表示不相交集合的数据。并查集中的每个子集是一棵树，每个元素是某棵树中的一个节点。树中的每个节点有一个指向父节点的指针，树的根节点的指针指向它自己。例如，图 15.21（a）所示是一个由两棵树组成的并查集。

并查集支持两种操作，即合并和查找。合并操作将两个子集合并成一个集合，只需要将一个子集对应的树的根节点的指针指向另一个子集对应的树的根节点。将图 15.21（a）中的并查集的两个子集合并之后的并查集如图 15.21（b）所示。

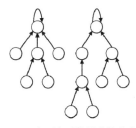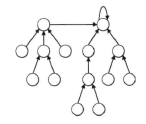

（a）由两个子集组成的并查集　　　　　（b）将两个子集合并之后的并查集

图 15.21　并查集的合并操作

另一种操作是查找，即确定某个元素 v 处于哪个子集中。并查集中的子集由对应的树的根节点代表。从元素 v 对应的节点开始沿着指向父节点的指针一直找到树的根节点，即节点的祖先节点。并查集的查找操作经常用来判断两个元素是否属于同一个子集。如果两个元素的祖先节点相同，那么它们属于同一个子集。

并查集经常用来解决图的动态连接问题。假设一个图中有 n 个节点，最开始的时候这 n 个节点互不连通，形成 n 个只有一个节点的子图。每次从图中选取两个节点，如果这两个节点不在同一个子图中，添加一条边连接这两个节点，那么它们所在的子图也就连通了。在添加 m 条边之后，这个图中子图的数目是多少？最大的子图有多少个节点？这类问题都可以用并查集解决。图中的每个子图对应并查集中的子集，判断图中的两个节点是否在同一个子图就是判断它们对应的元素是否在并查集的同一个子集中，连通图中的两个子图就是合并并查集中的两个子集。

面试题 116：朋友圈

> **题目**：假设一个班级中有 n 个学生。学生之间有些是朋友，有些不是。朋友关系是可以传递的。例如，A 是 B 的直接朋友，B 是 C 的直接朋友，那么 A 是 C 的间接朋友。定义朋友圈就是一组直接朋友或间接朋友的学生。输入一个 $n×n$ 的矩阵 M 表示班上的朋友关系，如果 $M[i][j]=1$，那么学生 i 和学生 j 是直接朋友。请计算该班级中朋友圈的数目。

例如，输入数组$[[1, 1, 0], [1, 1, 0], [0, 0, 1]]$，学生 0 和学生 1 是朋友，他们组成一个朋友圈；学生 2 一个人组成一个朋友圈。因此，该班级中朋友圈的数目是 2。

分析：朋友关系是对称的，也就是说，A 和 B 是朋友，那么 B 和 A 自然也是朋友。因此，输入的矩阵 M 是沿着对角线对称的。一个人和他自己是朋友，也就是说矩阵 M 中对角线上的所有数字都是 1。

朋友的关系可以用图表示，每个学生就是图中的一个节点，而直接朋友就是图中的边。如果学生 i 和学生 j 是直接朋友，就在节点 i 和节点 j 之间添加一条边。输入的矩阵是图的邻接矩阵。矩阵$[[1, 1, 0], [1, 1, 0], [0, 0, 1]]$转化成图之后如图 15.22 所示，不难发现这个图由两个子图组成，每个子图都是一个朋友圈，因此这个班有两个朋友圈。

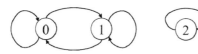

图 15.22　邻接矩阵为$[[1, 1, 0], [1, 1, 0], [0, 0, 1]]$的图

❖ 应用图搜索解决问题

一个班级可以包含一个或多个朋友圈，对应的图中可能包含一个或多个子图，每个朋友圈对应一个子图。因此，这个问题可以转化为如何求图中子图的数目。

图的搜索算法可以用来计算图中子图的数目。扫描图中所有的节点。如果某个节点 v 之前没有访问过，就搜索它所在的子图。当所有节点都访问完之后，就可以知道图中有多少个子图。

广度优先搜索和深度优先搜索都可以用来计算图中子图的数目。感兴趣的读者请自行练习用深度优先搜索计算图中子图的数目。基于广度优先搜索的参考代码如下所示：

```java
public int findCircleNum(int[][] M) {
    boolean[] visited = new boolean[M.length];
    int result = 0;
    for (int i = 0; i < M.length; i++) {
        if (!visited[i]) {
            findCircle(M, visited, i);
            result++;
        }
    }

    return result;
}

private void findCircle(int[][] M, boolean[]visited, int i) {
    Queue<Integer> queue = new LinkedList<>();
    queue.add(i);
    visited[i] = true;
    while(!queue.isEmpty()) {
        int t = queue.remove();
        for (int friend = 0; friend < M.length; friend++) {
            if (M[t][friend] == 1 && !visited[friend]) {
                queue.add(friend);
                visited[friend] = true;
            }
        }
    }
}
```

在上述代码中，如果某个学生 i 对应的节点之前没有访问过，则调用函数 findCircle 访问他所在朋友圈对应子图的所有节点。变量 result 记录朋友圈的数目，每访问一个朋友圈对应的子图，result 加 1。

函数 findCircle 基于广度优先搜索算法搜索某学生 i 所在朋友圈对应子图的所有节点。这个题目的图用邻接矩阵 M 表示，如果学生 i 和学生 j 是直接朋友，那么 $M[i][j]$ 等于 1，它们在图中对应的节点之间有一条边相连。

如果班级中有 n 个学生，那么图中有 n 个节点和 $O(n^2)$ 条边，广度优先搜索的时间复杂度是 $O(n^2)$。

❖ 应用并查集解决问题

一个表示 n 个学生的朋友关系的图中有 n 个节点。在初始化时这个图有 n 个子图，每个子图都只包含一个节点。接下来一步步连接彼此是朋友的两个学生对应的节点，逐步形成朋友圈。

朋友关系用矩阵 M 表示。当 $M[i][j]=1$ 时，学生 i 和学生 j 是直接朋友，因此他们在同一个朋友圈中。这个时候要解决两个问题：第一，如何判断学生 i 和学生 j 是不是已经在同一个朋友圈（即子图）中，也就是判断节点 i 和节点 j 是否连通；第二，如果学生 i 和学生 j 之前不连通（不在同一个子图中），那么应该如何合并他们所在的两个子图使他们位于同一个子图（即同一个朋友圈）中。并查集正好能完美地解决这两个问题。接下来介绍如何使用并查集。

并查集的子集和图中的子图对应，并查集中的子集用树形结构表示。子集的节点都有父节点，根节点的父节点就是它自身。同一个子集中不同节点的根节点一定相同。判断两个节点是不是连通，也就是判断它们是不是属于同一个子集，只需要看它们的根节点是不是相同就可以。

创建长度为 n 的数组 fathers 存储 n 个节点的父节点。有了这个数组 fathers，如果想知道节点 i 所在的子集的根节点，就可以从节点 i 开始沿着指向父节点的指针搜索，时间复杂度看起来是 $O(n)$，但可以将从节点 i 到根节点的路径压缩，从而优化时间效率。

我们真正关心的是节点 i 的根节点是谁而不是它的父节点，因此可以在 fathers[i] 中存储它的根节点。当第 1 次找节点 i 的根节点时，还需要沿着指向父节点的边遍历直到找到根节点。一旦找到了它的根节点，就把根节点存放到 fathers[i] 中。不仅如此，还可以一起更新从节点 i 到根节点的路径上所有节点的根节点。以后只需要 $O(1)$ 的时间就能知道这些节点的根节点。这种优化叫作路径压缩，因为从节点 i 到根节点的路径被压缩成若干长度为 1 的路径。

例如，如果查找图 15.23（a）中节点 5 的根节点，就沿着指向父节点的指针依次找到节点 3、节点 2 和节点 1，最终发现根节点是节点 1，于是节点 2、节点 3 和节点 5 的根节点都更新为节点 1，如图 15.23（b）所示。以后再查找这些节点的根节点，就只需要 $O(1)$ 的时间。

接下来考虑如何合并两个子图。假设第 1 个子图的根节点是 i，第 2 个

子图的根节点是 j。如果把 fathers[i]设为 j，就相当于把整个第 1 个子图挂在节点 j 的下面，让第 1 个子图成为第 2 个子图的一部分，也就是合并两个子图。

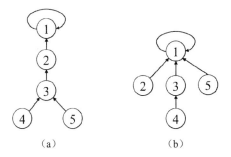

图 15.23　并查集的路径压缩

说明：（a）路径压缩之前的并查集；（b）查找节点 5 的根节点并做路径压缩之后的并查集

可以用如下所示的参考代码利用并查集解决这个题目：

```java
public int findCircleNum(int[][] M) {
    int[] fathers = new int[M.length];
    for (int i = 0; i < fathers.length; ++i) {
        fathers[i] = i;
    }

    int count = M.length;
    for (int i = 0; i < M.length; ++i) {
        for (int j = i + 1; j < M.length; ++j) {
            if (M[i][j] == 1 && union(fathers, i, j)) {
                count--;
            }
        }
    }

    return count;
}

private int findFather(int[] fathers, int i) {
    if (fathers[i] != i) {
        fathers[i] = findFather(fathers, fathers[i]);
    }

    return fathers[i];
}

private boolean union(int[] fathers, int i, int j) {
    int fatherOfI = findFather(fathers, i);
    int fatherOfJ = findFather(fathers, j);
    if (fatherOfI != fatherOfJ) {
        fathers[fatherOfI] = fatherOfJ;
        return true;
```

```
    }

    return false;
}
```

在上述代码中，数组 fathers 用来记录每个节点的根节点。如果班级中有 n 个学生，那么 n 个节点被初始化成 n 个互不连通的子图，在并查集中每个节点的父节点指针都指向它自己，即 fathers[i]=i。

当学生 i 和学生 j 互为朋友（$M[i][j]$等于 1）时，调用函数 union 在必要时合并他们的朋友圈，该函数首先判断节点 i 和节点 j 的根节点是否相同。如果它们的根节点不同，那么它们位于不同的子集中，将一个子集的根节点的指向父节点的指针指向另一个子集的根节点，这就合并了两个子集时。函数 union 在合并两个子集时返回 true。每当两个子集合并成一个子集，子集数目就减 1，相应地，班级中的朋友圈的数目也减 1。如果节点 i 和节点 j 的根节点相同，它们已经位于同一个子集中，那么它们对应的两个学生已经在同一个朋友圈中，也就没有必要合并，此时直接返回 false。

函数 findFather 用来查找一个节点的根节点。一旦得知节点 i 的根节点，就记录到 fathers[i]中，相当于压缩了路径。

在进行路径压缩优化的并查集中的每次查找和合并操作的时间复杂度为 $O(\alpha(n))$，其中 $\alpha(n)$在 n 十分大时还是小于 5，因此平均运行时间是一个极小的常数。由于函数 findCircleNum 可能需要对每两个节点进行合并、查找操作，因此总的时间复杂度是 $O(n^2)$。

面试题 117：相似的字符串

题目：如果交换字符串 X 中的两个字符就能得到字符串 Y，那么两个字符串 X 和 Y 相似。例如，字符串"tars"和"rats"相似（交换下标为 0 和 2 的两个字符）、字符串"rats"和"arts"相似（交换下标为 0 和 1 的字符），但字符串"star"和"tars"不相似。

输入一个字符串数组，根据字符串的相似性分组，请问能把输入数组分成几组？如果一个字符串至少和一组字符串中的一个相似，那么它就可以放到该组中。假设输入数组中的所有字符串的长度相同并且两两互为变位词。例如，输入数组为["tars","rats","arts","star"]，可以分成两组，一组为{"tars", "rats", "arts"}，另一组为{"star"}。

分析：把输入数组中的每个字符串看成图中的一个节点。如果两个字符串相似，那么它们对应的节点之间有一条边相连，也就属于同一个子图。例如，字符串["tars","rats","arts","star"]根据相似性分别属于两个子图，如图 15.24 所示。

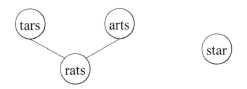

图 15.24　字符串["tars","rats","arts","star"]根据相似性分别属于两个子图

实际上，这个题目和面试题 116 非常类似。它们只是问题的背景不一样，一个是关于学生之间的朋友关系，一个是关于字符串的相似关系，但从本质上来看是同一类问题，都是求图中子图的数目。可以用非常相似的思路解决这个问题。基于并查集的参考代码如下所示：

```java
public int numSimilarGroups(String[] A) {
    int[] fathers = new int[A.length];
    for (int i = 0; i < fathers.length; ++i) {
        fathers[i] = i;
    }

    int groups = A.length;
    for (int i = 0; i < A.length; ++i) {
        for (int j = i + 1; j < A.length; ++j) {
            if (similar(A[i], A[j]) && union(fathers, i, j)) {
                groups--;
            }
        }
    }

    return groups;
}
```

初始化的时候 n 个字符串对应的 n 个节点分别属于 n 个子集，每个子集只有一个节点，因此每个 fathers[i] 的值都是 i，即任意节点在并查集中的父节点指针都指向自己。接着逐一判断每组两个单词是否相似，如果相似就将它们所在的子集合并，这是经典的并查集的应用。每当两个子集合并时，子集的数目就减 1。

函数 union 和面试题 116 中的相同，此处不再重复介绍。

函数 similar 用来判断两个字符串是否相似。由于题目假设输入的字符串为一组变位词，因此只要两个字符串之间对应位置不同字符的个数不超过两个，那么它们一定相似。可以用如下所示的代码判断两个字符串是否相似：

```
private boolean similar(String str1, String str2) {
    int diffCount = 0;
    for (int i = 0; i < str1.length(); ++i) {
        if (str1.charAt(i) != str2.charAt(i)) {
            diffCount++;
        }
    }

    return diffCount <= 2;
}
```

感兴趣的读者也可以用图搜索算法解决这个问题。

面试题 118：多余的边

> 题目：树可以看成无环的无向图。在一个包含 n 个节点（节点标号为从 1 到 n）的树中添加一条边连接任意两个节点，这棵树就会变成一个有环的图。给定一个在树中添加了一条边的图，请找出这条多余的边（用这条边连接的两个节点表示）。输入的图用一个二维数组 edges 表示，数组中的每个元素是一条边的两个节点[u, v]（$u<v$）。如果有多个答案，请输出在数组 edges 中最后出现的边。

例如，如果输入数组 edges 为[[1, 2], [1, 3], [2, 4], [3, 4], [2, 5]]，则它对应的无向图如图 15.25 所示。输出为边[3, 4]。

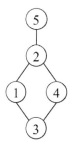

图 15.25　由边列表[[1, 2], [1, 3], [2, 4], [3, 4], [2, 5]]构成的图

分析：如果将树看成图，那么一棵有 n 个节点的树有 n-1 条边。如果再在树中添加一条边连接任意两个节点，那么一定会形成一个环。在如图 15.25 所示的图中一共有 5 个节点。如果是树，那么它只能有 4 条边。现在图中有 5 条边，所以一定有一条边对于树而言是多余的。

逐步在图中添加 5 条边以便找出形成环的条件。最开始的时候图中的 5

个节点是离散的，任意两个节点都没有边相连。也就是说，图被分割成 5 个子图，每个子图只有一个节点。

　　先在图中添加一条边[1, 2]，于是将节点 1 和节点 2 所在的子图连在一起，形成一个有两个节点的子图，如图 15.26（a）所示。接下来添加一条边[1, 3]。由于节点 1 和节点 3 分别属于两个不同的子图，添加这条边就将两个子图连成一个包含 3 个节点的子图，如图 15.26（b）所示。再在图中添加一条边[2, 4]。由于节点 2 和节点 4 分别属于两个不同的子图，添加这条边就将两个子图连成一个包含 4 个节点子图，如图 15.26（c）所示。然后在图中添加一条边[3, 4]。此时节点 3 和节点 4 属于同一个子图，添加边[3, 4]导致图中出现了一个环，如图 15.26（d）所示。最后添加边[2, 5]。节点 2 和节点 5 属于不同的子图，这条边将两个子图连在一起形成一个包含 5 个节点的子图。

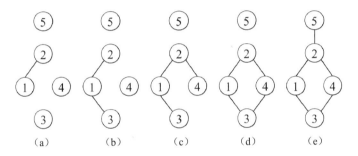

图 15.26　在包含 5 个节点的图中逐步添加边[[1, 2], [1, 3], [2, 4], [3, 4], [2, 5]]
说明：（a）添加边[1, 2]；（b）添加边[1, 3]；（c）添加边[2, 4]；（d）添加边[3, 4]，此时图中包含一个环；（d）添加边[2, 5]

　　通过上面一步步在图中添加边可以发现判断一条边会不会导致环的规律。如果两个节点分别属于两个不同的子图，添加一条边连接这两个节点，会将它们所在的子图连在一起，但不会形成环。如果两个节点属于同一个子图，添加一条边连接这两个节点就会形成一个环。

　　因此，为了找到多余的边需要解决两个问题：一是如何判断两个节点是否属于同一个子图，二是如何合并两个子图。并查集刚好可以解决这两个问题，由此可见，这是一个适合用并查集解决的问题。解决这个问题的参考代码如下所示：

```java
public int[] findRedundantConnection(int[][] edges) {
    int maxVertex = 0;
    for (int[] edge : edges) {
```

```
        maxVertex = Math.max(maxVertex, edge[0]);
        maxVertex = Math.max(maxVertex, edge[1]);
    }

    int[] fathers = new int[maxVertex + 1];
    for (int i = 1; i <= maxVertex; ++i) {
        fathers[i] = i;
    }

    for (int[] edge : edges) {
        if (!union(fathers, edge[0], edge[1])) {
            return edge;
        }
    }

    return new int[2];
}
```

函数 union 和前面几个题目中的一样，此处不再赘述。

由于题目指出节点的编号从 1 到 n，逐一扫描边的数组 edges 得到最大的节点编号确定 n 的值。接下来初始化并查集，将 n 个节点初始化为 n 个子集，每个节点的根节点都指向它自己，即 "fathers[i]=i"。接下来逐一在图中添加边，直到某条边的两个节点属于同一个子集，此时函数 union 将返回 false。添加这条边将导致图中出现环，对于树而言这条边就是多余的。

假设图中有 n 个节点、n 条边。在采用路径压缩之后，在并查集上的合并、查找操作的时间复杂度可以近似看成 $O(1)$，因此这种解法的总的时间复杂度是 $O(n)$。

面试题 119：最长连续序列

> 题目：输入一个无序的整数数组，请计算最长的连续数值序列的长度。例如，输入数组[10, 5, 9, 2, 4, 3]，则最长的连续数值序列是[2, 3, 4, 5]，因此输出 4。

分析：这个题目是关于整数的连续性的。如果将每个整数看成图中的一个节点，相邻的（数值大小相差 1）两个整数有一条边相连，那么这些整数将形成若干子图，每个连续数值序列对应一个子图。例如，将数组[10, 5, 9, 2, 4, 3]中相邻的整数用边连通后形成的图如图 15.27 所示。计算最长连续序列的长度就转变成求最大子图的大小。

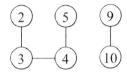

图 15.27　将数组[10, 5, 9, 2, 4, 3]中相邻的整数用边连通后形成的图

❖ 应用图搜索解决问题

如果将图 15.27 中的子图看成一个岛屿，也就是相邻的整数组成一个岛屿，那么连续整数的数目就是岛屿的面积，这个题目就变成求最大岛屿的面积。前面已经详细介绍了应用广度优先搜索或深度优先搜索求最大岛屿的面积，感兴趣的读者可以自行用深度优先搜索解决这个问题。基于广度优先搜索的参考代码如下所示：

```java
public int longestConsecutive(int[] nums) {
    Set<Integer> set = new HashSet<>();
    for (int num : nums) {
        set.add(num);
    }

    int longest = 0;
    while (!set.isEmpty()) {
        Iterator<Integer> iter = set.iterator();
        longest = Math.max(longest, bfs(set, iter.next()));
    }

    return longest;
}

private int bfs(Set<Integer> set, int num) {
    Queue<Integer> queue = new LinkedList<>();
    queue.offer(num);
    set.remove(num);
    int length = 1;
    while (!queue.isEmpty()) {
        int i = queue.poll();
        int[] neighbors = new int[] {i - 1, i + 1};
        for (int neighbor : neighbors) {
            if (set.contains(neighbor)) {
                queue.offer(neighbor);
                set.remove(neighbor);
                length++;
            }
        }
    }

    return length;
}
```

在上述代码中，每当搜索到整数 i 时，就判断输入的整数中是否包含 i-1 和 i+1，如果包含就将其添加到队列中以便接下来搜索。为了方便判断输入的整数中是否包含某个数字，上述代码将所有数字都添加到一个 HashSet 中。用 HashSet 只需要 $O(1)$ 的时间就能判断一个数字是否存在。

假设输入 n 个整数，两个相邻的整数存在一条边，因此图中有 n 个节点、$O(n)$ 条边。在图中进行广度优先搜索的时间复杂度是 $O(n)$。

❖ 应用并查集解决问题

也可以用并查集解决这个问题。在初始化并查集的时候输入数组中的每个整数放入一个子集中，父节点的指针指向它自己。然后对于每个整数 n，如果存在整数 n-1 和 n+1，则将它们所在的子集合并。每个子集的根节点记录它所在子集的元素的数目，在合并子集的时候需要更新合并之后新子集的根节点中子集元素的数目。

使用并查集解决这个问题的参考代码如下所示：

```java
public int longestConsecutive(int[] nums) {
    Map<Integer, Integer> fathers = new HashMap<>();
    Map<Integer, Integer> counts = new HashMap<>();
    Set<Integer> all = new HashSet<>();
    for (int num : nums) {
        fathers.put(num, num);
        counts.put(num, 1);
        all.add(num);
    }

    for (int num : nums) {
        if (all.contains(num + 1)) {
            union(fathers, counts, num, num + 1);
        }

        if (all.contains(num - 1)) {
            union(fathers, counts, num, num - 1);
        }
    }

    int longest = 0;
    for (int length : counts.values()) {
        longest = Math.max(longest, length);
    }

    return longest;
}
```

上述代码用哈希表 fathers 记录每个整数所在子集的父节点，哈希表

counts 用来记录以某个整数为根节点的子集中整数的数目。初始化并查集的时候每个整数的父节点都指向自己，也就是每个子集中只包含一个数字，所以哈希表 counts 的每个整数对应的值都被初始化为 1。

接下来对于每个整数 num，如果存在 num-1 和 num+1，当它们在不同的子图中时将它们所在的子图用函数 union 合并，并更新合并后子集中元素的数目。判断两个整数是否在同一个子集中的方法是用函数 findFather 得到它们所在子集的根节点并判断根节点是否相同。

在将所有可能合并的子集合并之后，扫描哈希表就能得到最大子集的大小，即最长连续数值序列的长度。

函数 union 和 findFather 的参考代码如下所示：

```java
private int findFather(Map<Integer, Integer> fathers, int i) {
    if (fathers.get(i) != i) {
        fathers.put(i, findFather(fathers, fathers.get(i)));
    }

    return fathers.get(i);
}

private void union(Map<Integer, Integer> fathers, Map<Integer,
Integer> counts, int i, int j) {
    int fatherOfI = findFather(fathers, i);
    int fatherOfJ = findFather(fathers, j);
    if (fatherOfI != fatherOfJ) {
        fathers.put(fatherOfI, fatherOfJ);

        int countOfI = counts.get(fatherOfI);
        int countOfJ = counts.get(fatherOfJ);
        counts.put(fatherOfJ, countOfI + countOfJ);
    }
}
```

假设输入 n 个整数，上述代码可能需要合并相邻的整数 $O(n)$ 次。由于函数 findFather 在查找根节点的同时进行了路径压缩，查找操作的平均时间复杂度可以近似看成 $O(1)$。因此，这种基于并查集的解法的时间复杂度是 $O(n)$。

15.5 本章小结

图在算法面试中经常出现，它的背景可能会千变万化，有可能是关于一个矩阵，也可能是关于某些物体或人物，但万变不离其宗，只要深刻理解图是用来研究物体与物体之间的关系的。物体就是图中的节点，如果两个物体之间存在某种关系，那么这两个物体在图中对应的节点之间就有一条边相连。很多时候找到图中的节点和边是解决图的问题的关键。

图的搜索算法是关于图的最重要的算法。很多图的问题都可以用广度优先搜索或深度优先搜索解决。但如果要求无权图中最短路径的长度，那么广度优先搜索是更好的选择；如果路径及路径上节点的顺序对于解决某个图的问题非常关键，那么可以考虑使用深度优先搜索。

拓扑排序可以解决与任务顺序相关的问题。如果某些任务必须在其他任务之前（或之后）完成，则可以用一个有向图描述任务之间的依赖关系，然后通过拓扑排序得到所有任务的执行顺序。

如果一个问题对应的图可以分成若干子图，并且需要判断两个节点是否在同一个子图中且在某些时候合并两个子图，那么可以考虑采用并查集来解决这个问题。并查集用一个树形结构表示集合中的一个子集，每个子集对应图中的一个子图。